철에서 헬륨까지, 인류 미래에 꼭 필요한 10가지 원소 이야기

원소, 끝나지 않은 이야기

ELEMENTS,
ECHOES FROM THE PAST,
WARNINGS FOR THE FUTURE

김병민 지음

자유아카데미

철에서 헬륨까지, 인류 미래에 꼭 필요한 10가지 원소 이야기

원소, 끝나지 않은 이야기

ELEMENTS,
ECHOES FROM THE PAST,
WARNINGS FOR THE FUTURE

김병민 지음

자유아카데미

차례

프롤로그

이 책의 교정지를 막 넘긴 다음 날, 나는 프롤로그를 다시 작성했다.

책을 집필하기 전 마음은 그랬다. 과학에서 다뤄지는 원자는 그저 퍼즐 같은 주기율표에만 지리적으로 기억돼서는 안 된다는 생각이었다. 각각의 원소는 그 자체로 물질의 근본이고, 세상이었으며, 우리 자신이기 때문이다. 책에서 다뤄지는 대상은 원소였으나, 원소를 통해 투영되는 상은 우리가 사는 세상의 모습이다. 원소 자체, 그 본질은 과학으로 이해되지만, 쓸모는 사람과 세상의 이야기이다. 원소를 바라보는 우리의 시선을 조금 더 확장해 과거의 과오 혹은 오만, 지금의 최선, 그리고 미래의 희망에 대한 이야기를 전하고 싶었다는 게 프롤로그의 초고였다. 하지만, 하나의 사건을 접하고 나는 냉정해야 했었음을 고백한다. 양립함에도 불구하고 불안을 숨기고 희망만을 꺼냈다. 프롤로그에서 나는 비현실적 낙관보다, 현실적 비관이 솔직한 심정임을 숨기고 있었다.

교정을 마친 2025년 10월 10일, 이날은 자본주의의 지표와 같은 주식시장에 샴페인이 터진 날이다. 코스피 지수가 최초로 3,600을 넘었다. 인공지능과 반도체가 견인하며 미국 주식시장 역시 연중 최고가를 경신한 종목이 쏟아졌다. 같은 달 말에는 경주에서 아시아태평양경제협력체제(APEC) 정상회의가 열릴 예정이다. 미국 트럼프 정부가 유례없는 관세 압박을 시작으로 전 세계가 극도의 긴장 상태로 여러 달을 보내고 있던 터라 이번 정상회담에 기대감이 있었다. 지난 4월 미국과 중국은 서로 100% 넘는 초고율 관세를 부과하는 '관세 전쟁'을 벌이다가 이후 고위급 협상을 이어오며 긴장이 소강상태를 보이고 있었다. 혼란한 국제사회에서 풀리지 않는 매듭이 조금씩 헐거워지는 느낌이 들던 그날 저녁, 중국은 무역과 관련해 극도로 공격적인 태도로 돌변했다. 중국이 전면적으로 '희토류' 생산과 관련된 모든 요소에 대해 수출 통제를 한다고 밝혔다. 미국은 이에 맞서 대중 추가 관세를 인상했다. 전례 없는 155%의 관세였다. 미·중 무역 갈등은 재점화됐다. 관세전쟁으로 다음 날 뉴욕 증시는 급락했고 전 세계 자본시장에 파란불이 일제히 들어오며 롤러코스터를 탔다. 전 세계 경제를 뒤흔드는 도구이자 무기는 아이러니하게도 우리가 과학책에서나 볼 수 있는 주기율표의 조각들이었다.

결과적으로, 나는 아직 끝나지 않은, 그리고 언제 끝날지 모르는, 현재진행형 시제의 옷을 입고 안개와 같은 미래를 걷는 원소의 이야기를 써 온 것이다. 원소를 둘러싼 위대한 이야기에는, 스스로 위대하다고 자부하는 국가들의 정치와 경제를 지탱하는 신념이 담겨 있다. 그러나 그 신념의 이면에는 세상과 이익을 나누지 않겠다는 배타적 의도가 숨어 있다. 이런 태도는 최근의 일이 아니다. 어쩌면 인류가 원소를 처음 발견하던 그 순간부터 이미 예정되어 있었는지도 모른다.

지질 시대 석탄기처럼 불안정한 시기를 오랫동안 거친 지구는 당시 지구가 품었던 에너지를 '탄소'라는 원소를 이용해 석탄과 석유라는 화석연료로 가두었고, 3억 년이 흐른 뒤, 인류는 근대 문명을 건설하기 위해 필요한 에너지를 탄소에서 꺼내는 방법을 알아냈다. 탄소가 품은 에너지는 이전 인류가 가진 어느 에너지보다 강력했다. 마치 20세기 인류를 위한 과거 지구의 선물이라 착각할 정도로 주기율표의 6번째 원소를 통해 문명은 수직으로 상승했다. 마치 신을 위한 도전처럼 탄소를 동력으로 바벨탑을 쌓은 것이다. 높이 오른 만큼 깊고 넓게, 지각에 남은 자원을 퍼 올릴 수 있는 데까지 퍼 올리며 큰 구덩이를 만들었다. 자원을 마음껏 쓰기 위해 권력은 각종 규제를 철폐했다. 자원에 접근할 수 있는 최소한의 한계를 무시한 규제 철폐와 감세 정책으로 고소득층에 혜택이 돌아갔다. 사람들 눈을 가린 건 낙수효과Trickle-Down Effect였다. 이 효과는 소비와 투자가 확대돼 경기가 활성화되면 그 혜택이 저소득층과 작은 기업에도 돌아간다고 하는 이론으로, 애덤 스미스가 주장한 '자유방임주의'의 한 이론이다. 시장에 맡긴 방임주의는 이후 1980년대 신자유주의를 표방한 영국과 미국에서 대처리즘과 레이거니즘으로 확대·재생산됐다. 1981년 미국 대통령에 당선된 로널드 레이건의 레이거니즘은 고소득자 감세, 기업 규제 완화, 정부지출을 축소했다. 이런 기조는 결국 도널드 트럼프 행정부까지 이어졌다. 개발, 효율, 성장, 성공 같은 행위는 모두 파괴 위에 건설된 것들이다. 특히 냉전이 끝나자마자 신자유주의라는 이름 아래 보존을 염두에 둔 적이 없고 파괴만 경험한 세대가 바로 인류세에 살고 있는 현 인류이다.

자연을 대상으로 최소한의 윤리는 없었다. 훗날 닥칠 재앙에는 아무도 관심이 없었다. 그래도 될 줄 알았다. 하지만, 그때는 맞고 지금은 틀렸다. 그저 인간의 어리석은 오만이었다. 지구에서 가장 지능이 높은 존재가 가장 어리석은 짓을 벌인 것이다. 미친 듯이 먹어도 인류의 허기는 좀처럼 채워지지 않았다. 데메테르의 저주를 받고 스스로 손발까지 먹는 에리직톤의 모습이 현대의 인류와 겹쳐 보인다. 원소를 다루는 교양 과학서에서 정치, 경제 이야기가 생경하게 들리겠지만, 서두에 언급했듯이 원소는 과학의 한 귀퉁이를 차지한 지식을 넘어 우리의 세상 그 자체이기 때문이다. 가령, 지구 위 최고의 권력을 가진 나라가 극도로 참여를 거부하는 세계적 선언과 계몽운동을 보자. 그 중심에 있는 대상은 과학에서 다루는 '탄소' 아닌가.

화학 원소를 다루는 학술서와 교양 과학 도서는 적잖게 있다. 거기에서 빠지지 않는 원소가 '탄소'이다. 특히 최근에는 기후 변화를 다루는 대부분 수사의 도구로 탄소는 열외가 없다. 탄소가 기후 변화의 주범, 심지어 악당이라는 별명까지 얻은 원소라는 사실은 이제 초등학생도 알고 있다. 탄소를 줄이거나 탈출하기 위한 행위로 내러티브가 전개된다. 하지만, 탄소가 주범이나 악당이라는 표현은 늘 내게 거슬린다. 굳이 누구도 기소하지 않은 피의자를 내세워야 한다면, 그 대상은 자연의 일부인 탄소가 아니라 인간이어야 한다는 사실을 우리는 알고 있다. 하지만 그 사실은 좀처럼 드러나지 않는다.

출판사로부터 집필 제안을 받았을 때, 나는 탄소를 이야기의 중심에 두고 싶지 않았다. '탄소'라는 상징은 너무나 거대하고, '지속가능성'이라는 이름 아래 오히려 더 본질적인 문제들이 가려질지도 모른다고 생각했기 때문이다. 물론 인류는 탄소를 회수하고, 더 이상 그 물질에 의존하지 않기 위해 끊임없이 노력할 것이다. 어쩌면 운이 좋아 다시 찬란한 시절을 맞이할 수도 있다. 하지만 나는 늘 의심한다. 동일과정설이 말하듯, 현재가 과거의 연장선 위에 있다면, 역사는 같은 실수를 되풀이할지도 모른다. 그 중심에는 여전히 '에너지Energy' 라는 키워드가 자리하고 있기 때문이다.

탄소 없이 생명은 존재할 수 없고 유지할 수도 없다. 생명은 탄소를 매개로 대순환하며 문명을 지속하기 위해 여전히 어디에선가 에너지를 얻어야 한다. 지금까지 탄소였지만, 이제는 탄소가 아니어야 한다. 결국 '대안' 혹은 '대체'라는 이름을 달고 있는 다른 물질로 관심을 옮겨가야 하는 것은 필연이다. 똑똑한 인류는 에너지를 얻기 위해 주기율표의 다른 장소를 찾아냈고, 앞으로도 더 찾아낼 것이다. 이 책에서 꺼낸, 익숙한 혹은 다소 생경한 10개의 원소-철, 리튬, 알루미늄, 구리, 소듐, 수소, 우라늄, 코발트, 네오디뮴, 헬륨-과 같은 물질은 그 희망의 시작이고 분명 인류 미래의 지속 가능함을 위해 필요한 물질임이 맞다. 하지만 앞서 말했듯, 인류는 과거의 역사에서 좀처럼 교훈을 얻지 못했다. 탄소를 얻기 위해 지각을 파헤쳐 만든 거대한 구덩이를 다시 메우기 위해, 감당할 수 없는 더 많은 구덩이를 파내고 있는 것은 아닐까. 그런 생각이 들었다. 에너지, 기후변화, 탄소중립 등 인류가 직면한 수많은 숙제 속에서, 자연을 향한 '절제'와 '배려', '관용'의 흔적은 좀처럼 찾기 어렵다. 우리는 여전히 새로운 물질을 두고 전쟁을 벌이고 있으며, 그 싸움은 멈추지 않는다. 마치 브레이크가 작동하지 않는 열차를 탄 것처럼 말이다. 이전처럼 여전히 자연은 파괴되고, 가난한 자는 늘 그랬던 것처럼 혜택받지 못한다. '지속 가능'이라는 선언하에 인류가 이토록 절박하게 대안을 찾기 위한 이유는 그동안 누려온 안위를 유지하기 위함이다. 그런데, 과연 누구를 위한 지속이고 안위일까. 이전보다 더 불편해지고 덜 편안해지는 게 오히려 더 빠른 해결책일 수 있음을 가르치지도 않고 배우려 하지도 않는다.

여기서 소개하는 10개의 원소는 지금의 희망이자 묵직한 임무이다. 이들의 발견 과정부터 현재의 개발 문제점, 특성, 장단점 그리고 앞으로의 개발 방향과 지속 가능성 등을 다루면서 이를 통해 원소의 화려한 능력과 희망의 얼굴 뒤에 우리가 미처 알지 못했던, 혹은 알고 있으나 미처 알려지지 않았던 일들이 있음을 알려주고 싶었다. 마치 52헤르츠의 울음을 내는 고래처럼, 지구 어딘가에서 들려오는 인류와 자연의 외로운 울음을 듣고, 그들을 찾아내어 기억하고 지키는 일도 함께 이루어져야 한다고 생각한다. 그렇지 않으면, 어쩌다 운 좋게 탄소의 구덩이에서 벗어나 해방되더라도, 상상하지 못한 일이 감당하기 어려운 부메랑이 되어 우리에게 되돌아올지도 모른다. 나는 독자들에게 열 가지의 이야기를 전한다. 그 이야기는 태양과 같은 별과 그리고 행성의 바다를 채운 물방울과 한 줌의 푸르고 검은 돌에서 시작한다. 그리고 모든 이야기는 아직 끝나지 않았다. 아마도 이야기의 끝은 우리가 모두 함께 써야 할 것이다. 나와 당신이, 그리고 우리의 이웃이. 함께.

제1장

별에서 만든 마지막 원소, 철

26

Fe

Iron

55.845

Fe

철은 별의 죽음으로 시작한다. 우주 어딘가에서, 우리 태양보다 수십 배 무거운 거대한 별이 마지막 숨을 내쉬고 있었다. 수십억 년 동안 핵융합의 불꽃을 밝게 타오르게 했던 이 항성은 이제 자신의 핵심부에서 철을 생산하기 시작했다. 이것은 별에게 사형선고나 다름없다. 수소를 헬륨으로, 헬륨을 탄소로, 그리고 점점 더 무거운 원소들로 변환시키며 에너지를 만들어내던 별은 마침내 철에 도달한다. 철은 핵융합으로 에너지를 생산할 수 있는 마지막 관문이자, 더 이상의 에너지 생산이 불가능한 우주의 벽이다. 철 원자핵은 자연계에서 가장 단단히 결합된 핵 중 하나다. 이보다 가벼운 원소들은 융합할 때 에너지를 방출하지만, 철은 그렇지 않다. 오히려 철 원자들을 융합하려면 먼저 더 강한 에너지를 투입해야 한다. 하지만, 이제 별에서는 철 원자를 융합할만한 에너지를 만들지 못 한다. 별의 관점에서 보면, 철은 핵융합의 에너지 수지를 마이너스로 돌리는 상징적인 장벽인 셈이다. 별의 중심부에 철 핵이 생성되는 순간, 그 별은 죽음을 맞이하기 시작한다.

철의 탄생과 별의 죽음은 극적이다. 몇 초 만에 별의 중심부는 붕괴하고, 외부 층은 우주로 폭발적으로 퍼져 나간다. 이 초신성 폭발은 상상할 수 없을 정도로 격렬해서 몇 주 동안 한 은하 전체보다도 밝게 빛난다. 그리고 이 폭발 과정에서 철보다 무거운 모든 원소들이 탄생한다. 금, 은, 납, 우라늄 등, 주기율표의 하단에 위치한 이 무거운 원소들은 모두 별의 최후 순간에 태어난다.

철은 별의 생애주기에서 마지막 자연적 생성물이다. 그것은 우주의 화학적 진화에서 중요한 전환점이며, 지구를 포함한 태양계의 형성에 필수적인 요소였다. 우리가 밟고 선 이 행성의 중심에는 거대한 철 덩어리가 자리 잡고 있다. 그리고 철 없이는 우리 몸속의 혈액은 산소를 제대로 다룰 수 없었을 것이다. 이렇게 철은 별들의 죽음에서 태어나 생명의 핵심 요소가 되었다. 인류가 철을 처음 발견했을 때, 그것이 먼 별들의 마지막 숨결이라고는 상상도 못했을 것이다. 하지만 철의 뛰어난 특성을 알게 되기까지는 그리 오래 걸리지 않았다. 그 발견은 인류 역사의 흐름을 바꾸어 놓았다.

지구는 철로 만들어진 금속 행성이다. 우리가 생활하는 지각에는 철이 약 5%에 불과해 암석 행성이라 여기겠지만, 지구 전체로 보면 무려 35%가 철이다. 우리 별 태양이 그저 거대한 수소와 헬륨 덩어리인 것과 달리, 지구는 상당 부분이 철로 이루어져 있다. 지구 중심의 내핵과 외핵은 대부분 철로 구성되어 있고, 이 거대한 철 덩어리가 지구의 자기장을 생성하고 우주방사선으로부터 생명체를 보호한다.

인류가 처음 철을 만난 것은 아마도 하늘에서 떨어진 운석을 통해서였을 것이다. 지각에 흩어져 존재하는 철을 꺼내고 다룰 수 있는 방법은 쉽지 않았다. 운석 철은 이미 정제된 상태로 존재하기 때문에, 제련 기술이 발달하기 전에도 사용할 수 있었다. 고대 이집트인들은 이 하늘에서 온 철을 '신의 금속' 혹은 '하늘에서 온 금속ba-en-pet'이라 불렀다. 투탕카멘 무덤에서 발굴된 철제 단검은 운석에서 얻은 철로 만들어졌다. 이 초기의 철기 도구는 하늘에서 내려온 신비로운 선물로 여겨진 것이다. 진정한 철기 시대는 사람들이 땅에서 철을 추출하는 방법을 발견했을 때 시작되었다. 운석 철 이후 두 번의 천 년이 지난 기원전 10세기경이다. 아이러니하게도, 철은 지구에서 네 번째로 흔한 원소임에도 불구하고 청동기 시대보다 늦게 시작되었다. 그 이유는 간단하다. 철의 제련은 청동보다 훨씬 더 높은 온도를 필요로 했기 때문이다. 구리는 나무를 연소시켜 얻을 수 있는 열(청동의 녹는점 1,085℃)로 얻을 수 있지만, 철이 녹는 데에는 섭씨 약 1,500℃가 필요하다. 또 다른 이유로는 철의 존재조차 알기 쉽지 않았기 때문이다. 지각에 뭉쳐있는 금속 구리는 육안으로도 보인다. 하지만, 철은 뭉친 형태의 금속으로 존재하지 않는다. 설사 운좋게 금속 결합으로 뭉쳐있다 해도 산소가 가만히 두질 않는다. 철은 자연에 산화철 형태로 존재한다. 흔히 우리가 '녹rust'이라고 부르는 것은 철이 산소와 결합한 상태이며, 이것이 철광석의 본래 모습이다. 가장 풍부한 철광석은 적철광(Fe_2O_3)과 자철광(Fe_3O_4)이다. 자줏빛을 띤 붉은 흙의 색이 바로 이 산화철의 빛 흡수 성질 때문인데, 철광석이 유독 많은 화성의 표면이 붉게 보이는 것도 같은 이유다. 인류는 무의식적으로, 자신들이 '붉은 행성'에 살고 있다는 것을 눈치채지 못했던 것이다.

현대의 채광 기술은 금광의 방식과 크게 다르지 않을 정도로 난폭하다. 철광석을 캐내기 위해 우리는 여전히 산을 폭파하고, 거대한 구덩이를 파내고, 집채만한 트럭으로 암석을 운반한다. 브라질의 카라자스Carajás 광산이나 호주의 필바라Pilbara 지역 같은 세계 최대 철광 지역에서는 매일 수십만 t의 광석이 지표면에서 떠내어진다. 이런 대규모 채굴이 가능한 이유는 철광석이 지각에 비교적 고농도로 존재하기 때문이다. 철광석은 보통 철 함량이 50~70%에 이른다. 금과 같은 귀금속이 대개 1 t당 몇 g 정도의 농도로 존재하는 것과 비교하면 엄청난 차이다. 이는 금과 달리, 철을 얻기 위해 그리 많은 암석을 처리할 필요가 없어 보인다. 하지만 절대적인 양으로 보면 이야기가 달라진다. 현대 문명은 매년 20억 t이 넘는 철광석을 소비한다. 이는 다른 금속을 모두 합친 것보다 많은 양이다.

철이 인류 문명에 가져온 변화는 혁명적이었다. 청동보다 단단하고 흔했기 때문에, 철기는 더 많은 사람들이 더 나은 도구를 가질 수 있게 했다. 농기구부터 무기까지, 철은 생산성을 크게 향상시켰다. 그리고 단단함은 결국 문명의 뼈대가 되었다.

철의 독특한 원자 구조

철의 원자 구조와 화학적 다양성은 그 자체로 경이롭다. 철은 원자번호 26, 원자량 55.845의 전이금속이다. 중성 상태의 철 원자는 26개의 양성자와 30개의 중성자를 핵에 품고, 26개의 전자가 핵 주위에 오비탈이라는 공간에 존재한다. 전자들의 지리적 위치는 양자역학으로 설명된다. 물리학자들 덕분에 에너지라는 관점에서 전자의 배치는 오비탈 배열로도 표현할 수 있다. 전자들을 일렬로 세울 수 있게 된 것이다. 이 전자들의 배열이 철의 독특한 성질을 결정한다. 철의 전자 배치는 [Ar] $3d^6 4s^2$로 표기된다. 여기서 [Ar]은 아르곤의 전자 배치를 나타내며, 그 뒤에 3d 오비탈에 6개, 4s 오비탈에 2개의 전자가 있음을 의미한다. 이 배치는 철에게 독특한 화학적, 자기적 특성을 부여한다. 주기율표에서 철은 d-블록, 또는 전이 금속 그룹에 속한다. 원래 d 오비탈은 전자가 10개까지 들어가는 공간이다. 하지만 대부분 전이 금속들은 부분적으로 채워진 d 오비탈을 가지고 있다. 이런 상태는 원자 전체가 다양한 산화 상태를 가질 수 있게 한다. 철은 가장 바깥 오비탈인 4s에 있는 두 개의 전자를 버리고 주로 +2가(Fe^{2+}, 철(II) 또는 제1철) 이온으로 존재한다. 전자가 떨어져 나간 원자는 핵과 균형을 이룬 전기적 중성 상태가 깨지며 양이온이 된다. 또 d 오비탈에 있는 전자 한 개조차 버리고 +3가(Fe^{3+}, 철(III) 또는 제2철) 이온 상태로 존재한다. 드물게는 +6가 철Fe^{6+} 상태도 있다. 전이 금속은 d 오비탈 전자의 유연한 이동으로 인해 다양한 산화 상태를 가질 수 있다. 가령, 망간(Mn)은 −3부터 +7까지 총 10가지 산화상태를 가진다. 이 능력은 철이 다양한 화학 반응에 참여할 수 있게 하며, 생물학적 시스템에서 중요한 역할을 하는 이유이기도 하다. d 오비탈 전자의 부분적 채움($3d^6$)이 산화 상태 변화($Fe^{2+} \leftrightarrow Fe^{3+}$)를 용이하게 한다.

철의 물리적 특성 역시 인상적이다. 실온에서 철은 은백색의 광택을 띠는 금속으로, 밀도는 7.87 g/cm³이다. 비교를 위해 말하자면, 이는 알루미늄(2.7 g/cm³)보다 거의 3배 가량 무겁지만, 금(19.3 g/cm³)보다는 훨씬 가볍다. 철의 녹는점은 1,538℃, 끓는점은 2,862℃

로 매우 높다. 이 높은 녹는점이 초기 인류가 철을 제련하는 데 어려움을 겪었던 이유이다. 특히 흥미로운 것은 철의 다형성polymorphism이다. 철 원자들이 금속 결합을 시작하면 대열을 갖춘다. 금속 원자들의 뭉치는 특정한 배열을 하며 '결정 구조'라 부른다. 그런데 온도에 따라 네 가지 다른 결정 구조를 가질 수 있다. 우리가 실온에서 흔히 만나는 철은 알파(α)철이다. 실온에서부터 약 910℃까지는 강자성ferro-magnetic을 띠는 체심 입방 구조(BCC)를 띤다. 철은 큐리 온도라고 부르는 770℃ 이상에서는 자성을 잃는다. 상온에서 녹는점까지 온도 구간별로 자성과 구조가 조금씩 달라지며 베타, 감마, 델타라는 이름으로 구분한다. 용광로 안에서 이런 다형체들 사이의 전환은 철강 생산에서 중요한 역할을 한다. 예를 들어, 910℃에서 1,394℃ 사이에서 다른 결정을 갖는 감마(γ)철은 탄소를 더 많이 용해할 수 있어 철에 탄소를 첨가하는 과정에서 중요하다. 그리고 이 구조적 변화는 철의 열처리 과정에서 강도와 인성을 조절하는 기본 원리가 된다.

철의 원자 구조에서 가장 놀라운 특징 중 하나는 핵 결합 에너지이다. 철-56(26개의 양성자와 30개의 중성자로 구성)은 핵자nucleon당 가장 높은 결합 에너지를 가진 핵종이다. 달리 말하면, 철-56 원자핵은 자연계에서 가장 단단히 결합된 핵종이라는 뜻이다. 이는 별의 핵융합 과정이 철에서 멈추는 이유를 설명한다. 핵융합 과정에서, 철보다 가벼운 원소들은 융합할 때 에너지를 방출한다. 이것이 별이 빛을 내는 원리이다. 그러나 철에 도달하면, 더 이상의 융합은 에너지를 생성하지 않고 오히려 더 많은 에너지를 소비한다. 이런 이유로 철은 별의 마지막 '재료'로서, 별의 에너지 생산이 끝나는 지점이 된다.

철의 활발한 화학적 활동 - 산화와 환원

철의 화학적 특성은 인류 역사와 문명 발전에 깊은 영향을 미쳤다. 우리 삶의 풍경 속에 있는 철은 변하지 않는 단단함과 강인함의 상징이다. 하지만, 화학적으로 철은 매우 활발하게 반응하는 물질이다. 물론 그 시간은 아주 느리지만 끊임없이 세상과 반응하는 물질이다. 이유는 대기 중의 산소 때문이다. 철은 산소와 쉽게 반응하여 철 산화물, 즉 녹rust을 형성한다. 이것은 우리에게 친숙한 주황색-갈색의 부식 물질이다. 철의 부식 과정은 간단한 화학 반응이지만, 그 영향은 엄청나다. 왜냐하면 이 반응은 철 금속이 사라질 때까지 멈추지 않기 때문이다. 기본적으로 철은 산소와 반응하여 철(III) 산화물을 형성한다.

$$4Fe + 3O_2 \rightarrow 2Fe_2O_3$$

사실 순수한 철과 산소만 만나는 건 이론적으로 성립하지만, 실제 녹의 반응은 물이 전해질 역할을 하며 발생한다. 물(H_2O)이 있으면 반응 과정은 더 복잡해진다. 물은 철의 부식을 촉진하는 전해질로 작용하여 이온 이동을 촉진해 산화-환원 반응을 가속하는 전기화학적 반응을 일으킨다. 반응식을 더 자세히 보자. 철은 두 개의 전자를 잃고 2가 이온으로 산화된다.

$$Fe \rightarrow Fe^{2+} + 2e^-$$

동시에 공기와 물에 있는 산소는 전자를 받고 수산화 이온으로 환원된다.

$$O_2 + 2H_2O + 4e^- \rightarrow 4OH^-$$

이제 수산화 이온과 철 이온이 반응해 수산화 철(II) $Fe(OH)_2$이 만들어지고, 추가적인 산화 과정을 통해 우리가 흔히 보는 수화 철(III) 산화물($Fe_2O_3 \cdot nH_2O$)인 녹이 생성된다. 만약 염분(NaCl)이나 산성조건(H^+)이 존재하면 반응은 더욱 급속해진다. 이 과정은 매년 전 세계적으로 수천억 달러의 경제적 손실을 가져온다. 전 세계 GDP의 3.4% 가량이 녹으로 사라지기 때문이다. 철의 부식을 막기 위해 도금, 도장, 합금화 등 다양한 방법을 사용한다. 가령 바다 위를 움직이는 거대한 철제선은 이 반응을 막기 위해 거대한 '희생양극scarificial anode'이라는 금속 패치를 붙이고 있다.

산소가 21%나 존재하는 지구 환경에서 철은 매우 취약한 물질이지만, 바로 이러한 '약점'이 생물계에서는 오히려 장점으로 작용한다. 쉽게 산화 상태를 바꿀 수 있다는 철의 특성(Fe^{2+}에서 Fe^{3+}로, 혹은 그 반대로) 덕분에 생명체는 철을 통해 전자를 주고받을 수 있다. 이것은 에너지 전달과 산소 운반 같은 생물학적 핵심 과정에 필수적이다. 헤모글로빈에서 철 원자는 산소와 결합하여 폐에서 몸 전체로 산소를 운반한다. 철은 헴heme 복합체의 중심에 위치하며, 이곳에서 산소 분자와 가역적으로 결합한다. 이 과정에서 철의 산화 상태는 +2에서 +3으로, 산소를 방출하며 다시 +2로 변화한다. 만약 철이 다른 금속이었다면, 이 과정은 불가능했을 것이다. 또한 철은 다양한 산화 상태를 가질 수 있어 풍부한 화학적 다양성을 보인다. 가장 흔한 산화 상태는 +2와 +3이지만, 특수한 배위환경에서는 +6까지의 산화 상태도 가능하다. 이 다양성은 철이 다양한 화합물을 형성할 수 있게 하며, 이것이 철이 화학 산업에서 중요한 촉매(Catalyst)로 사용되는 이유이다.

철의 또 다른 흥미로운 화학적 특성은 일산화탄소(CO)와의 관계이다. 철은 일산화탄소와 강하게 결합하여 철 카르보닐 화합물을 형성한다. 일산화탄소는 탄소(C)를 통해 철과 선형 결합(Fe－C≡O)을 형성하며, 철의 d－오비탈과 일산화탄소의 π 오비탈 간 역수용 결합 back-bonding이 강하게 작용한다. 이 특성은 철을 포함한 생체 효소가 일산화탄소에 의해 억제될 수 있게 만들며, 이것이 일산화탄소 중독이 위험한 이유 중 하나이다. 일산화탄소는 산소보다 먼저 헤모글로빈의 철과 결합하여 산소 운반을 방해한다.

철의 화학은 또한 현대 산업의 핵심이다. 철광석에서 철을 추출하는 과정은 본질적으로 산화철에서 산소를 제거하는 화학적 환원 과정이다. 용광로에서 코크스(탄소)는 철광석에서 산소를 제거하는 환원제로 작용한다. 코크스가 산소와 결합하여 일산화탄소를 생성하고, 이 일산화탄소가 다시 산화철에서 산소를 빼앗아 철을 만든다. 쉽게 말해 제련이란 '녹슨' 철에서 녹을 제거하는 과정이다. 문제는 부산물로 온실가스인 이산화탄소를 내보낸다는 점이다.

$$2Fe_2O_3 + 3CO \rightarrow 2Fe + 3CO_2$$

이러한 철의 화학적 특성은 제철 기술의 발전뿐만 아니라, 현대 화학 산업에서도 중요한 역할을 한다. 철 기반 촉매는 암모니아 합성(하버－보슈 공정), 피셔－트롭슈 합성, 수성 가스 전환 반응 등 중요한 화학 공정에 사용된다.

눈에 보이지 않는 철의 힘 - 자성

철의 독특한 물리적 특성 중 하나는 강자성ferromagnetism이다. 사실, 강자성이라는 용어 자체가 철ferrum의 라틴어 이름에서 유래했다. 철은 니켈과 코발트와 함께 실온에서 강자성을 띠는 몇 안 되는 원소 중 하나이다. 철의 자기적 특성 역시 전자에서 비롯된다. 철 원자의 3d 오비탈에 짝지어지지 않은 전자들은 각각 작은 자석처럼 행동한다. 일반적인 물질에서는 이러한 자기 모멘트가 무작위로 배열되어 서로를 상쇄한다. 그러나 철에서는 양자역학적 현상인 교환 상호작용exchange interaction으로 인해 인접한 원자들의 자기 모멘트가 같은 방향으로 정렬되는 경향이 있다. 이로 인해 거시적 규모의 자기장이 형성된다. 흥미롭게도, 철의 자성은 온도에 의존한다. 철을 770℃(큐리 온도) 이상으로 가열하면 열적 운동이 교환 상호작용을 극복하여 자성을 잃는다. 이 온도 이상에서 철은 상자성paramagnetic이 되어, 외부 자기장에만 약하게 반응한다.

철의 자기적 특성은 인류 역사에서 중요한 역할을 했다. 나침반은 자철광(Fe_3O_4, 자연 자석)을 사용한 최초의 응용 사례 중 하나였다. 중국인들은 기원전 4세기 경에 자철광이 항상 남북 방향을 가리킨다는 것을 발견했고, 이것이 나침반의 발명으로 이어졌다. 이 간단한 도구는 항해와 탐험의 역사를 완전히 바꿔 놓았다. 현대 사회에서 철의 자기적 특성은 더욱 중요해졌다. 전기 모터, 발전기, 변압기, 릴레이, 스피커, 하드 드라이브 등 수많은 장치가 철의 자성에 의존한다. 전자기유도의 원리를 이용한 이 장치들은 현대 전기 시스템의 근간이다. 특히 전기 강판electrical steel은 변압기와 모터의 핵심 소재다. 이 소재는 소량의 규소를 첨가한 철 합금으로, 자기적 특성이 향상되고 전기적 손실이 감소하는 특성이 있다. 최신 전기차의 효율적인 모터도 이러한 특수 철 합금 덕분에 가능하다.

철의 자기적 특성을 이용한 또 다른 중요한 응용은 자기 기록이다. 하드 드라이브는 철 산화물이나 다른 자성 재료로 코팅된 디스크를 사용하여 정보를 저장한다. 디스크의 작은 영역들은 비트 정보를 나타내기 위해 다른 방향으로 자화된다. 이 기술은 현대 정보 혁명의 기반이 되었다. 자기공명영상MRI도 철의 자기적 특성에 의존한다. 인체에 있는 수소 원자핵(양성자)은 강한 자기장 안에서 특정 방향으로 정렬된다. 이 자기장은 강력한 전자석에 의해 생성되며, 이 전자석의 코어는 철로 만들어진다. 이 기술은 인체 내부의 상세한 이미지를 만들어내어 현대 의학에 혁명을 가져왔다. 철의 자기적 특성은 나노기술 분야에서도 흥미로운 응용 가능성을 보인다. 자성 나노입자는 암 치료, 약물 전달, 환경 정화 등 다양한 응용 분야에서 연구되고 있다. 이러한 입자들은 외부 자기장을 통해 원격으로 조작할 수 있어, 의학 및 환경 기술의 새로운 가능성을 열어준다.

광석에서 쇳물까지 – 용광로

인류는 철을 만나기 전부터 이미 금, 은, 구리를 다루고 있었다. 이 금속들은 자연 상태에서 순수한 형태로 발견되거나, 비교적 낮은 온도에서 광석에서 분리될 수 있었다. 그러나 철은 달랐다. 철을 얻기 위해서는 1,538℃라는 높은 용융점을 극복해야 했다. 최초의 철 제련은 아마도 우연의 산물이었을 것이다. 도자기를 굽는 가마나 요리용 화덕의 바닥에서 작은 철 덩어리가 발견되었을지도 모른다. 이러한 우연한 발견이 의도적인 제련으로 발전하는 데는 수세기가 걸렸다. 초기 제철법은 광석을 목탄과 함께 쌓아 올린 노(爐)에서 불을 피우는 단순한 방식이었다. 그러나 이 방법으로는 완전히 녹은 철을 얻기 어려웠고, 결과물은 스펀지처럼 구멍이 많은 해면철이었다.

진정한 혁명은 용광로blast furnace의 발명과 함께 찾아왔다. 중국에서는 한나라 시대에, 유럽에서는 중세 시대에 발전한 이 기술은 철 생산의 양과 질을 획기적으로 향상시켰다. 용광로의 원리는 간단하다. 철광석, 코크스(석탄에서 추출한 탄소), 석회석flux을 위에서 넣고, 아래에서 뜨거운 공기를 불어blast넣는다. 철광석에는 실리카(SiO_2, 모래 등) 등 다양한 불순물이 포함되어 있다. 석회석(CaO_3)은 고온에서 분해되어 산화칼슘(CaO, quicklime)을 만든다. 산화칼슘은 실리카등 불

용광로에서 쇳물을 생산 중인 모습

순물과 반응해 용융점이 낮은 슬래그($CaSiO_3$, 규산칼슘)를 형성한다. 슬래그는 불순물을 포집해 녹은 철과 분리되어 위로 뜨고, 쉽게 제거할 수 있어 철의 품질이 높아진다. 현대의 용광로는 거대하다. 높이가 100 m에 달하는 이 구조물은 하루에도 수천 t의 쇳물을 생산할 수 있다. 용광로의 내부 온도는 약 2,000℃로, 이곳에서 쇳물은 마그마처럼 붉게 빛나며 흐른다. 이 광경은 단테의 지옥을 연상시킬 정도로 압도적이다. 그런데 용광로에서 나오는 철은 아직 완성품이 아니다. 이 '선철pig iron'은 약 4%의 탄소를 함유하고 있어 강도에 매우 취약하다. 실용적인 철 제품을 만들기 위해서는 이 탄소 함량을 조절해야 한다. 여기서 강철의 이야기가 시작된다.

강철의 다양한 변신

약간의 탄소, 그것이 바로 강철의 비결이다. 탄소 함량에 따라 철의 특성이 극적으로 변화하는데, 이 단순한 사실이 현대 문명의 물질적 기반을 형성했다. 금속의 세계에서 순수한 철은 꽤 무른 편에 속한다. 하지만 여기에 약간의 탄소를 첨가하면, 그 경도와 강도가 놀랍게 향상된다. 탄소 원자들이 철의 결정 구조 사이에 끼어들어 철 원자들의 움직임을 방해하기 때문이다. 강철의 종류는 탄소 함량에 따라 저탄소강mild steel, 중탄소강medium carbon steel, 고탄소강high carbon steel으로 나뉜다. 이때 강철의 탄소 함유량은 0.05~1.5% 정도이다.

철이 다른 원소들과 이렇게 친해질 수 있는 이유는 무엇일까? 과학적으로 말하자면, 철의 전자 배치([Ar] $3d^6 4s^2$)는 놀라울 정도로 유연하다. 철은 d 오비탈에 짝을 이루지 않은 전자들을 가지고 있어 다른 원소들과 결합하거나 자리를 나눠줄 여유가 있다. 그뿐만 아니라 철은 다양한 결정 구조(체심 입방 구조와 면심 입방 구조)를 가질 수 있어, 다른 원소들이 끼어들 수 있는 공간의 종류도 여러 가지다. 이런 특성은 마치 아파트의 방을 여러 형태로 재배치할 수 있는 것과 같다. 때로는 원룸으로, 때로는 복층으로, 또 다른 때는 스튜디오 형태로 변신이 가능한 것이다. 이렇게 변화무쌍한 성질 덕분에 철은 주기율표의 거의 모든 원소를 받아들일 수 있다. 특히 흥미로운 점은 철이 다른 원소들과 섞일 때, 그저 물리적으로 섞이는 것이 아니라 고체 용액solid solution을 형성한다는 것이다. 마치 커피에 설탕을 녹이듯, 합금 원소들은 철의 결정 격자 속에 녹아든다. 어떤 원소는 철 원자를 대체하고(치환형 고용, substitutional solid solution), 어떤 원소는 철 원자 사이의 공간에 끼어든다(침입형 고용, nterstitial solid solution). 이것은 마치 혼잡한 파티에서 어떤 손님은 원래 손님 자리를 차지하고, 다른 손님은 소파 사이의 빈 공간에 자리를 잡는 것과 비슷하다.

이렇게 철의 결정 구조에 다른 원소들이 끼어들면 무슨 일이 벌어질까? 기본적으로 두 가지 현상이 일어난다. 첫째, 전자 구름이 변형되어 철의 물리적, 화학적 성질이 바뀐다. 둘째, 결정 격자가 왜곡되어 철 원자들이 쉽게 미끄러지지 못하게 된다. 이것은 마치 대열을 이루고 있는 사람들 사이에 키 크고 몸집 큰 사람들이 끼어들면 전체적인 움직임이 방해받는 것과 같다. 이런 현상을 '고용 강화'라고 하며, 이것이 합금이 순수 금속보다 강한 이유다. 내가 특히 좋아하는 비유는 이것이다. 철 원자들만 있는 곳은 한 종류의 바둑알만 가득한 바둑판과 같다. 모든 알이 같으니 쉽게 움직일 수 있다. 그러나 여기에 다른 크기와 색깔의 장기알(다른 원소)을 섞으면 어떻게 될까? 당연히 전체 바둑판이 더 복잡해지고, 알들이 쉽게 움직이지 못하게 된다. 이것이 합금이 순수 철보다 더 단단하고 강한 이유다. 물론 실제 원자 세계에서는 이런 일들이 나노미터 수준에서 일어나지만 말이다.

모든 것은 과유불급에서 자유롭지 못하다. 탄소가 2% 이상이 되면 철 내부에 과도한 탄화물인 시멘타이트 Fe_3C가 만들어진다. 4%가 넘어가면 탄소자체로 흑연Graphite이 만들어지기도 한다. 이 탄화물은 매우 단단하지만, 철의 결정 구조내에서 결함과 불연속적인 경계면을 만들게 된다. 균열이 많아지고 인성(충격을 흡수하고 늘어나는 능력)과 연성(늘어나거나 구부러지는 능력)이 급격히 저하돼 충격이나 변형에 쉽게 깨지기 쉬운 취성성질을 가지게 된다.

강철의 진정한 능력은 여기에 다른 금속을 추가할 때 일어난다. 크롬, 니켈, 망간, 몰리브덴, 바나듐 등의 원소를 혼합하면 놀라운 특성을 가진 합금강이 탄생한다. 스테인리스 스틸은 철에 최소 10.5%의 크롬을 첨가하여 만든다. 크롬은 금속 표면에 보이지 않는 산화 피막을 형성해 부식을 방지한다. 여기에 니켈을 더하면 더욱 내식성이 향상된다.

전설의 칼날에서 할리우드까지

합금 중에서도 특별한 위치를 차지하는 것이 다마스커스 강이다. 서로 다른 탄소 함량을 가진 두 종류 이상의 강철을 층층이 쌓아 만든 이 합금은 단단함과 유연성을 동시에 가지고 있어 칼날로 만들면 그 어떤 검보다 예리하고 내구성이 뛰어나다. 그 표면의 물결무늬는 마치 물 위의 달빛이 반사된 것 같은 아름다움을 뽐낸다. 다마스커스 강의 제조법은 수 세기 동안 대장장이들의 비밀이었다. '다마스커스'라는 이름은 무역 중심지인 시리아 다마스쿠스에서 유래했을 가능성이 높으나, 실제 제조법은 인도와 중앙아시아에서 발전했다. 전설에 따르면 다마스커스 검은 머리카락이 떨어지면 그것을 정확히 반으로 가를 수 있을 정도로 예리했다고 한다. 역사 기록에는 살라딘이 십자군과의 전투에서 다마스커스 검으로 사슬 갑옷을 마치 옷감처럼 갈랐다는 이야기도 있다. 그런데 이 전설의 강철은 19세기 말경 제조법이 잊혀져 버렸다. 현대 야금학자들은 겨우 2000년 경부터 그 비밀을 재발견하기 시작했다. 고고학자들이 발굴한 고대 다마스커스 강에서는 탄소 나노튜브와 나노와이어가 발견되었는데, 이것이 그 놀라운 특성의 비밀이었다. 고대 대장장이들은 이런 나노구조가 무엇인지 모른 채, 세대를 거쳐 전수된 방법으로 철을 단조하고 있었던 것이다.

쿠엔틴 타란티노 감독의 영화 〈킬빌〉에서 우마 서먼이 휘두른 핫토리 한조의 전설적인 검도 아마 이런 종류의 강철로 만들어졌을 것이다. 영화에서 그 검이 "사람을 두부처럼 썰어버릴 수 있다"고 묘사된 것은 결코 과장이 아니다. 실제로 다마스커스 강으로 만든 일본도는 깃털을 공중에 던져 떨어질 때, 깃털이 그 위에 떨어지면 절반으로 잘릴 수 있을 정도로 예리하다. 타란티노가 영화에서 보여준 핫토리 한조의 칼날은 아마도 현대의 패턴 용접 다마스커스pattern-welded Damascus 기법으로 만들어진 것일 텐데, 이는 고대 기법을 현대적으로 재현한 것이다. 그 제작 과정은 마치 파티쉐가 밀가루 반죽을 접고 펴기를 반복하며 크루아상의 층을 만드는 것과 비슷하다. 다만 반죽 대신

영화 <킬빌>에서 검을 휘두르는 우마 서먼
영화 <킬빌>(쿠엔틴 타란티노, 2003) 중 한 장면. ⓒ Miramax Films / CJ ENM.

강철을, 오븐 대신 용광로를 사용할 뿐이다. 다마스커스 강의 특별함은 그 이중성에 있다. 단단한 고탄소강과 유연한 저탄소강이 번갈아 층을 이루어, 쉽게 부러지지 않으면서도 날카로운 칼날을 유지할 수 있다. 이것은 마치 강인한 엄마와 부드러운 아빠 사이에서 자란 아이가 두 가지 성격의 장점을 모두 물려받는 것과 같다. 강철이 DNA를 물려받는 것은 아니지만, 그 금속학적 유산은 확실히 존재한다.

현대 야금학자들이 다마스커스 강의 비밀을 완전히 해독했다고 말하기는 어렵다. 오늘날 만드는 패턴 용접 다마스커스 강은 아름답고 효과적이지만, 고대 장인들이 만든 진정한 다마스커스 강wootz Damascus의 특성을 완벽히 재현했다고 확신하기는 어렵다. 마치 고대 이집트인의 파라오 미라 제작법이나 로마인의 콘크리트 배합법처럼, 일부 고대 기술은 여전히 현대 과학자들을 당혹스럽게 만든다.

합금의 무한한 가능성

철은 합금의 세계에서 가장 사교적인 원소라고 할 수 있다. 마치 파티에서 누구와도 대화를 나눌 수 있는 완벽한 호스트처럼, 철은 거의 모든 금속 원소와 어울려 특별한 합금을 만들어낸다. 이런 넓은 스펙트럼의 합금 가능성은 다른 금속들에겐 찾아보기 힘든 특별한 능력이다. 강철의 세계는 무한히 넓다. 인류는 지난 몇 세기 동안 수천 가지의 다른 강철 합금을 개발했다. 각각은 특정 용도에 최적화되어 있다. 아연을 도금한 강판은 자동차 차체에, 붕소를 첨가한 강철은 발전소의 터빈 블레이드에, 망간강은 굴삭기의 버킷에 사용된다.

특히 주목할 만한 합금은 니켈과 크롬을 함유한 인바Invar이다. 이 합금은 온도가 변해도 거의 팽창하지 않는 특성이 있어, 정밀 측정 장비나 시계에 사용된다. 뮤메탈Mu-metal은 자기장을 차단할 수 있어 민감한 전자 장비를 보호하는 데 사용된다. 이런 특성들은 마치 두 평범한 사람이 만나 놀라운 댄스 파트너가 되는 것과 같다. 혼자서는 할 수 없지만, 함께하면 마법 같은 동작이 가능해지는 것이다. 철의 합금 세계는 계속해서 진화하고 있다. 금속학자들은 나노 구조 강철, 비정질 금속(액체 금속이라고도 함), 초고강도 강철 등 새로운 경계를 계속 탐험하고 있다. 이 모든 혁신은 원자 수준에서 철과 다른 원소들이 어떻게 상호작용하는지를 더 깊이 이해함으로써 가능해진다.

마치 요리사가 같은 기본 재료로 다양한 요리를 만들 수 있듯이, 금속학자들은 철이라는 기본 캔버스에 다양한 원소들을 '그려넣어' 놀라운 특성의 합금들을 만들어낸다. 철은 그저 회백색의 평범한 금속이 아니라, 무한한 변신이 가능한 금속계의 카멜레온인 셈이다.

이런 다양한 강철의 개발이 가능했던 것은 철의 결정 구조가 변할 수 있기 때문이다. 철은 온도에 따라 체심 입방 구조(BCC)와 면심 입방 구조(FCC) 사이를 오간다. 이러한 상전이가 철의 가소성을 부여하고, 다양한 처리 방법을 가능하게 한다.

철강 제조 공정의 중심에는 여러 열처리 기술이 있다. 담금질quenching은 뜨겁게 달군 강철을 차가운 물이나 기름에 급속히 냉각시켜 단단하게 만드는 공정이다. 달굼annealing은 강철을 천천히 식혀 부드럽고 가공하기 쉽게 만든다. 뜨임tempering은 담금질된 강철을 다시 적당히 가열해 취성을 줄이고 인성을 높인다. 이러한 기술들은 수천 년에 걸쳐 발전해왔다. 일본 사무라이 칼은 담금질과 뜨임의 정교한 조합으로 제작되었고, 톨레도의 대장장이들은 특별한 담금질 방법으로 유명했다. 이런 장인정신은 현대 제철소에서도 이어진다. 다만 오늘날에는 컴퓨터 제어 시스템과 정밀한 측정 장비가 장인의 눈과 경험을 대신할 뿐이다.

현대 문명의 뼈대

만약 외계인들이 우리 행성을 방문해 인류 문명을 한 마디로 표현해야 한다면, 아마도 '철의 시대'라고 할 것이다. 우리 주변을 둘러보라. 철없이 지어진 현대 건물은 거의 없다. 자동차, 기차, 비행기는 모두 철로 만들어졌다. 도시의 수도관, 전선을 지탱하는 철탑, 바다를 항해하는 선박, 심지어 우주로 향하는 로켓까지 – 모두 철의 자손들이다. 현대 건축의 상징인 고층 건물은 철골 구조가 없었다면 불가능했을 것이다. 19세기 후반 시카고에서 처음 등장한 철골 구조물은 건물의 하중을 효과적으로 분산시키며 수직 확장을 가능하게 했다. 엠파이어 스테이트 빌딩부터 부르즈 칼리파까지, 모든 초고층 건물의 뼈대는 강철이다. 교량 역시 철의 승리를 보여주는 좋은 사례다. 뉴욕의 브루클린 브릿지, 샌프란시스코의 골든 게이트 브릿지, 영국의 포스 브리지는 모두 강철 케이블과 빔으로 만들어졌다. 이런 현수교는 때로 45만 t에 달하는 하중을 지탱하면서도 우아한 곡선을 그린다. 교량 설계자들은 강철의 인장 강도를 최대한 활용해 과거에는 상상할 수 없었던 길이의 다리를 건설했다.

그러나 철의 승리는 눈에 보이지 않는 곳에서도 계속된다. 현대 도시의 지하는 철과 강철로 만든 파이프와 케이블로 가득 차 있다. 물, 가스, 하수는 철 파이프를 통해 운반된다. 전력선과 통신 케이블은 철강 구조물에 의해 보호된다. 철은 문자 그대로 우리 도시의 순환계 역할을 한다. 공장의 기계에서도 철은 중추적인 역할을 한다. 선반, 밀링머신, 프레스, 파쇄기 등 대부분의 산업용 장비는 주로 강철로 만들어진다. 강철의 내구성은 이러한 기계가 수십 년간 계속 작동할 수 있게 한다. 현대 제조업은 실질적으로 철로 만든 기계가 철을 가공하여 더 많은 철 제품을 만드는 과정이라고 볼 수 있다.

20세기의 자동차 혁명 역시 철 없이는 불가능했을 것이다. 자동차 한 대에는 평균 900 kg의 철강이 사용된다. 엔진 블록은 주철로, 차체는 강판으로, 변속기와 크랭크샤프트는 합금강으로 만들어진다. 물론 최근에는 알루미늄과 탄소섬유 등 경량 소재가 일부 대체하고 있지만, 여전히 자동차의 주요 구성 요소는 철과 강철이다. 철의 이용은 해양과 항공 분야까지 확장된다. 현대 컨테이너선은 길이가 400 m

에 달하는 거대한 강철 구조물이다. 한 척에 사용되는 강철의 양은 약 5만 t에 이른다. 이는 에펠탑 5개를 만들 수 있는 양이다. 비행기 또한, 외부는 알루미늄이지만 엔진과 착륙장치 같은 중요 부분은 특수 합금강으로 만들어진다.

심지어 전자기기 시대에도 철의 중요성은 계속된다. 컴퓨터와 스마트폰에는 적은 양이지만 철과 철 합금이 필수적으로 사용된다. 하드 드라이브의 디스크는 철 산화물로 코팅되어 있으며, 전기 모터와 변압기의 코어는 특수 철 합금으로 만들어진다. 반도체를 만드는 기계 자체도 정밀한 강철 부품 없이는 만들 수 없다. 재미있는 사실은 우리가 일상적으로 사용하는 스테인리스 강 냄비의 소재가 실제로는 화성의 표면과 동일하다는 점이다. 처음에는 부식에 취약한 철이, 크롬과 니켈이라는 동반자를 만나 부식을 이기는 금속이 된 것이다. 철은 그렇게 계속 진화해왔다.

철은 현대 문명의 뼈대라 할 수 있다. 건물, 교량, 자동차, 선박, 각종 기계 등 우리의 삶을 지탱하는 거의 모든 구조물에 철이 쓰인다. 철이 없는 현대 사회는 사실상 존재할 수 없다. 그러나 이 모든 철을 만들어내기 위해 치러야 하는 대가는 결코 가볍지 않다.

생명의 금속

철은 단순한 건축 재료를 넘어 생명체에게도 필수적인 원소다. 철은 미량 영양소로, 인체에는 약 4~5 g의 철이 존재한다. 이것은 동전 몇 개 정도의 무게에 불과하지만, 이 작은 양의 철 없이는 생명을 유지할 수 없다. 인체에서 철의 가장 중요한 역할은 산소 운반이다. 헤모글로빈은 적혈구의 주요 단백질로, 네 개의 헴heme 그룹을 포함한다. 각 헴 그룹 중앙에는 철 원자 하나가 자리 잡고 있다. 이 철 원자는 폐에서 산소와 결합하여 몸 전체의 세포로 운반한다. 마치 철이 산소를 어깨에 태워 몸 구석구석으로 배달하는 택배 기사와 같다.

철의 독특한 전자 배치가 이 과정을 가능하게 한다. 철 원자는 산소 분자와 약한 가역적 결합을 형성할 수 있어, 산소가 필요한 곳에서 쉽게 분리된다. 다른 금속들은 산소와 너무 강하게 결합하거나 너무 약하게 결합해 이 역할을 제대로 수행하지 못한다. 철은 딱 적당한 결합력을 가져 생명 유지에 이상적이다. 철이 부족하면 어떻게 될까? 철 결핍은 세계에서 가장 흔한 영양 결핍으로, 특히 여성과 어린이에게 많이 발생한다. 철 결핍 빈혈은 헤모글로빈의 생산이 감소하여 발생하며, 피로, 약화, 집중력 저하 등의 증상을 일으킨다. 심각한 경우 면역 체계가 약화되고 인지 발달이 지연될 수 있다. 반면, 과도한 철은 독성을 나타낼 수 있다. 철은 산화-환원 반응에 참여하며 자유 라디칼을 생성할 수 있는데, 이것은 세포 손상을 일으킬 수 있다. 유전적 질환인 혈색소침착증은 체내에 과도한 철이 축적되어 간, 심장, 췌장 등 주요 장기에 손상을 입힌다.

식물도 철에 의존한다. 식물은 철을 광합성과 질소 고정에 필요한 효소의 필수 요소로 사용한다. 철 결핍 식물은 잎이 노랗게 변하는 황화 현상을 보인다. 이로 인해 철분 비료는 농업에서 중요한 역할을 한다. 미생물도 철을 필요로 한다. 많은 박테리아와 곰팡이는 철을 운반하고 저장하기 위한 특수한 분자(사이데로포어라고 함)를 생산한다. 감염 중에 우리 몸은 의도적으로 혈액에서 철을 제거하여 병원균의 성장을 억제하는 '영양 면역'을 보여준다.

철의 생물학적 역할은 수십억 년 전 지구 대기에 산소가 축적되기 시작했을 때부터 진화했다. 초기 지구에서 철은 주로 수용성 철(II, Fe^{2+}) 형태로 존재했다. 시아노박테리아가 광합성을 시작하여 산소를 방출하자, 이 철은 산화되어 불용성 철(III, Fe^{3+})이 되었다. 이로 인해 바다에 용해된 철이 침전되어 오늘날 우리가 채굴하는 거대한 철광층이 형성되었다. 이 과정은 지질학적 기록에서 '대산소 사건'으로 알려져 있으며, 약 24억 년 전에 발생했다. 지구의 대기와 해양 화학의 이 근본적인 변화는 철의 지구화학적 순환을 영구적으로 변화시켰고, 이후 진화한 생명체들은 이 새로운 산화적 환경에 적응해야 했다. 철의 부족과 산화적 스트레스에 맞서 생명체는 구리(Cu), 아연(Zn), 몰리브덴(Mo) 등 다른 금속을 활용하는 방향으로 진화했다. 갑각류에는 혈액이 존재하지만 붉은 색이 아니라 투명하다. 철 원자 대신 구리가 들어있기 때문이다. 흥미롭게도, 철의 생물학적 이용 가능성은 현대 해양 생태계에서 여전히 제한 요소다. 대양의 많은 지역에서 철은 식물성 플랑크톤 성장의 주요 제한 요소이다. 이로 인해 일부 과학자들은 해양 철 비옥화를 통한 탄소 격리를 제안했는데, 이는 대기 중 이산화탄소를 줄이기 위해 바다에 철을 추가하는 것이다. 그러나 추가된 철의 일부만 생물 활용되고 상당량이 침적 또는 리간드 결합해 버린다. 한편, 영양염 고갈로 생태계 교란 위험과 해양 산성화를 악화시킬 가능성이 있고 기술적 한계로 인해 대규모 적용은 여전히 논쟁적이다.

철을 얻기 위한 생물학적 경쟁은 감염 과정에서도 중요한 역할을 한다. 인간과 병원균 모두 생존을 위해 철을 필요로 하기 때문에,

철 획득은 감염 중 중요한 경쟁 지점이 된다. 이것이 우리 면역 시스템이 철 격리를 감염에 대한 방어 전략으로 사용하는 이유이다.

탄소 배출의 주범

철은 현대 문명의 영웅이지만, 동시에 환경 측면에서는 기후 악당이기도 하다. 철강 산업은 전 세계 이산화탄소 배출량의 약 7~8%를 차지한다. 이는 모든 항공기, 선박, 트럭이 배출하는 양보다 많은 수치다. 단일 산업으로는 가장 많은 온실가스를 배출하는 셈이다. 왜 철강 생산이 이렇게 많은 탄소를 배출할까? 그 이유는 제철 과정의 화학적 본질에 있다. 앞서 설명했듯이, 철광석에서 철을 추출하기 위해서는 산소를 제거해야 한다. 현대 제철법에서는 이 환원제로 주로 코크스(석탄에서 추출한 거의 순수한 탄소)를 사용한다. 코크스가 산소와 결합하면서 이산화탄소가 필연적으로 발생하는 것이다. 이 화학 반응은 철 1 t을 생산할 때마다 약 1.8 t의 이산화탄소를 발생시킨다. 게다가 용광로를 가열하는 데 사용되는 에너지까지 고려하면, 실제 배출량은 더 많아진다. 세계 최대 철강회사들은 매년 수억 t의 이산화탄소를 대기 중으로 방출한다.

제철소의 환경 영향은 온실가스에만 국한되지 않는다. 전통적인 제철 공정에서는 대기 오염물질인 아황산가스, 질소산화물, 미세먼지도 다량 발생한다. 과거 철강 도시들은 종종 스모그로 뒤덮였고, 주변 강과 호수는 오염되었다. 미국의 러스트 벨트나 독일의 루르 지방 같은 전통적인 철강 생산지는 수십 년간 심각한 환경 문제를 겪었다. 독일 엠셔 강은 산업폐수로 생물학적 산소 요구량BOD이 30 mg/L 달해 '죽음의 강'으로 불렸다. 또한 철광석 채굴 과정에서 발생하는 환경 파괴도 심각하다. 브라질 미나스 제라이스주의 브루마지뉴 댐 붕괴 사고(2019년)는 철광석 채굴의 위험성을 보여주는 비극적인 사례다. 광미(광석 찌꺼기)를 담고 있던 댐이 무너지면서 270명이 목숨을 잃고, 리오도시 강은 독성 광물로 오염되었다.

이러한 환경 문제에도 불구하고, 세계의 철강 생산량은 계속 증가하고 있다. 특히 중국은 지난 20년간 철강 생산을 폭발적으로 늘려 현재 세계 생산량의 절반 이상을 차지한다. 이 과정에서 중국의 많은 도시들이 심각한 대기 오염을 경험했다. 철강 산업의 환경 영향은 모순적인 상황을 만든다. 철과 강철은 현대 사회의 기반이자, 재생 에너지 인프라 구축에도 필수적이다. 풍력 터빈 한 기에는 약 260 t의 강철이 사용되며, 태양광 발전소의 구조물과 송전탑도 대부분 강철로 만들어진다. 전기차의 모터와 배터리 하우징에도 특수 강판이 필요하다. 결국 기후변화에 대응하기 위해서도 철강이 필요한 것이다. 이러한 모순을 해결하기 위해, 철강 업계는 '녹색 철강'이라는 새로운 도전에 직면해 있다. 탄소 배출을 줄이면서도 현대 사회의 강철 수요를 충족시킬 수 있을까? 다행히도, 몇 가지 유망한 해결책이 등장하고 있다.

수소 환원법과 전기 아크로

스웨덴 북부의 작은 도시 룰레오. 이곳에서 철강의 미래가 만들어지고 있다. 스웨덴 철강회사 SSAB는 이곳에서 세계 최초의 화석 연료 없는 제철소를 건설 중이다. 이 혁신적인 공장에서는 석탄 대신 재생에너지로 생산한 수소를 환원제로 사용한다. 이 수소 직접 환원법Hydrogen Direct Reduction은 제철 공정의 화학 반응을 근본적으로 바꾼다. 쉽게 말해 일산화탄소를 이용하지 않고 철에 있는 산소를 수소로 뽑아내는 것이다.

$$2Fe_2O_3 + 3H_2 \rightarrow 2Fe + 3H_2O$$

이 반응의 부산물은 이산화탄소가 아니라 물이다. 만약 수소가 재생에너지로 생산된다면, 전체 공정에서 탄소 배출이 거의 발생하지 않는다. SSAB는 2026년까지 상업적 규모의 생산을 시작할 계획이다. 독일의 티센크루프, 일본의 신일본제철 등 다른 철강 기업들도 유사한 프로젝트를 진행 중이다. 물론 한국 역시 동참하고 있다.

다른 접근법은 전기 아크로Electric Arc Furnace, EAF의 확대다. 전통적인 용광로와 달리, 전기 아크로는 주로 철 스크랩을 재활용하는 데 사용된다. 강한 전류로 철을 녹이기 때문에, 석탄이 필요 없다. 물론 막대한 전기를 요구하는 조건을 피할 수는 없다. 만약 재생에너지로 생산된 전기를 사용한다면, 이 공정 역시 탄소 배출을 크게 줄일 수 있다. 전기 아크로는 이미 미국과 유럽에서 철강 생산의 상당 부분을 차지하고 있다. 미국의 경우, 전체 철강 생산의 약 70%가 전기 아크로를 통해 이루어진다. 그러나 이 방식은 스크랩 철에 의존하기 때문에, 모든 철강 수요를 충족시킬 수는 없다. 특히 자동차나 가전제품 같은 고급 용도에는 순도가 높은 새 철이 필요하다. 이외에도 탄소 포집 및 저장Carbon Capture and Storage, CCS 기술을 활용하는 방법이 있다.

제철 과정에서 발생하는 이산화탄소를 포집하여 지하에 영구 저장하는 것이다. 아랍에미리트의 에미레이트 스틸은 이미 CCS 기술을 도입한 제철소를 운영하고 있다.

새로운 제철 기술의 개발은 환경적 필요성뿐만 아니라 경제적 측면에서도 중요하다. 유럽연합과 미국 등 주요 경제권은 탄소국경조정제도를 도입하고 있다. 이는 탄소 집약적 방식으로 생산된 철강에 추가 관세를 부과하는 정책이다. 이러한 규제 환경에서 저탄소 제철 기술은 경쟁 우위가 될 수 있다. 또 다른 희망적인 접근법은 순환 경제의 강화다. 철은 다른 금속과 달리 재활용해도 품질 저하가 거의 없다. 철 분자는 몇 번이고 녹였다 식혀도 원래의 특성을 유지한다. 현재 세계적으로 철강 스크랩의 재활용률은 약 85%에 달한다. 이는 이미 상당한 양의 탄소 배출을 방지하고 있음을 의미한다.

그러나 기술적 도전도 남아있다. 수소 환원법은 아직 상업적 규모로 검증되지 않았다. 수소의 대량 생산과 저장도 해결해야 할 과제다. 전기 아크로는 고품질 강철 생산에 한계가 있다. CCS는 비용이 많이 들고 영구 저장소를 찾는 것도 쉽지 않다. 그럼에도 불구하고, 철강 산업의 녹색 전환은 불가피하다. 기후변화 대응을 위해서는 산업 전반의 탈탄소화가 필수적이며, 철강은 그 중심에 있다. 다행히도 철의 역사는 끊임없는 혁신의 역사였다. 석탄 코크스의 도입, 산소전로법Basic Oxygen Furnace의 발명, 연속주조법의 개발 등 철강 산업은 계속해서 진화해왔다. 저탄소 제철법으로의 전환은 이러한 혁신의 새로운 장이 될 것이다.

철의 역설

철은 우리에게 흥미로운 역설을 보여준다. 현대 문명을 건설하는 데 필수적이면서도, 그 생산 과정은 환경에 심각한 위협이 된다. 인류 발전의 기반이자 동시에 지구 환경의 주요 위험 요소이기도 하다. 철의 이야기는 인류와 기술, 그리고 지구 환경의 복잡한 관계를 압축적으로 보여준다. 더 흥미로운 것은 철이 우주적 역설도 품고 있다는 점이다. 철은 별의 생애 주기에서 마지막으로 만들어지는 원소로, 별의 죽음을 알리는 신호다. 그러나 바로 그 철이 지구상의 생명에게는 필수적인 원소가 되었다. 우리 혈액의 헤모글로빈은 철 원자 없이는 산소를 운반할 수 없다. 식물의 광합성도 철이 포함된 효소에 의존한다. 별의 죽음을 가져온 원소가 지구의 생명에게는 생존의 열쇠가 된 것이다. 인류 역사에서 철의 역할도 이중적이다. 철기의 등장은 더 효율적인 농기구로 생산성을 높였지만, 동시에 더 치명적인 무기도 가능하게 했다. 중세 시대의 갑옷과 성은 철로 만들어졌고, 그것을 무너뜨리는 대포도 철로 만들어졌다.

철의 미래는 어떨까? 한편으로는 나노기술과 결합한 초소형 철 입자가 의료 혁명을 가져올 수 있다. 자기 유도 약물 전달, 암세포 표적 치료, 초정밀 이미징이 가능해질 것이다. 다른 한편으로는 우주 개발에서 철의 중요성이 더욱 커질 것이다. 화성의 표면은 철 산화물로 가득하다. 미래의 화성 정착민들은 그곳의 흙에서 산소와 철을 추출해 거주지와 장비를 만들 수 있을 것이다. 철의 화학적 특성 또한 미래 에너지 기술에 중요한 역할을 할 것이다. 철-공기 배터리는 리튬보다 훨씬 저렴하고 풍부한 철을 사용하여 재생에너지를 저장할 수 있을 것으로 기대된다. 철 촉매는 수소 생산과 합성 연료 개발에 필수적이다. 철 기반 초전도체는 이론적으로 에너지 손실 없는 송전을 가능하게 할 수도 있다.

이렇게 보면, 철의 이야기는 아직 끝나지 않았다. 오히려 지금, 새로운 장이 열리고 있다. 철이 우리에게 가져다 준 모든 혜택을 유지하면서도, 그 생산과 사용이 환경에 미치는 영향을 최소화하는 방법을 찾는 것이 앞으로의 과제다. 별의 죽음에서 태어나 문명의 기반이 된 철. 그것은 인류가 하늘로부터 받은 선물이자, 우리가 지혜롭게 사용해야 할 책임이기도 하다. 철의 역사는 지구와 인류, 그리고 별들이 나누는 대화이며, 그 대화는 앞으로도 오래도록 이어질 것이다.

제2장

땅의 눈물 위에서, 리튬

3
Li
Lithium
6.941

Li

리튬은 한 방울의 물로 이야기가 시작된다. 우리 우주가 탄생한 순간부터 별이 형성되고 소멸되며 행성이 만들어졌다. 그 과정에서 특이하게도 주기율표에서 가장 가벼운 금속이 탄생했다. 이 금속은 물에 던지면 마치 만나면 안 될 대상을 만난 상황처럼 미친 듯이 도망 다니며 불꽃을 튀기는 독특한 성질을 가지고 있다. 바로 리튬(Li)이다. 우리는 이 금속을 늘 손에 쥐고 있다. 스마트폰 안에 들어있는 배터리에는 약 3 g의 리튬이 들어있다. 각설탕 한 개 무게의 양이다. 이 작은 양의 금속이 없었다면, 지금 우리가 당연하다고 여기는 삶의 방식은 상상도 하지 못했을 것이다. 스마트폰은 물론이고 노트북, 태블릿, 그리고 머지않아 우리 모두가 타게 될, 혹은 타지 않게 될 전기차까지, 지금 인류의 대부분 문명은 이 가벼운 금속에 의존하고 있다.

어디에나 있지만, 어디에도 있지 않다. 이 역설을 품은 금속의 여행은 생각보다 꽤 먼 곳에서 시작한다. 자, 이제 칠레 아타카마 사막으로 여행을 떠나보자. 세계에서 가장 건조한 이곳에서 가장 먼저 눈에 띄는 것은 거대한 초록색 웅덩이들이다. 마치 외계인들이 지구

칠레 아타카마 사막의 모습

에 착륙하기 위해 만든 신호등처럼 보이는 이 기괴한 풍경은 사실 리튬을 추출하는 인공연못인 증발지(蒸發池, evaporation pool)다. 실제 이 광경은 영화 〈매트릭스〉에서 본 인간 배양 캡슐을 떠올리게 한다. 다행히도 혹은 불행히도 이 웅덩이들은 인류의 미래를 위한 완전히 다른 종류의 '배양소'였다.

행복의 물질

1817년, 스웨덴의 화학자 요한 아르프베드손Johan August Arfvedson은 페탈라이트($LiAlSi_4O_{10}$)라는 미지의 광물을 분석하다가 새로운 알칼리 금속을 발견했다. 그것은 그리스어로 '돌'을 뜻하는 lithos에서 이름을 얻은 리튬이었다. 아르프베드손은 이 새로운 원소의 존재를 발견했지만, 순수한 형태로 분리하는 데에는 성공하지 못했다. 그가 발견한 물질은 너무나 반응성이 높았기 때문이다. 실험실에서 리튬을 다루는 일은 마치 이제 막 걸음을 걷고 세상에 관심이 많아진 아이를 돌보는 것과 같다. 잠시라도 눈을 떼면, 공기 중의 산소나 수분과 반응해 엉망이 되어버린다. 순수한 리튬을 최초로 추출한 사람은 1821년 윌리엄 브랜드William Thomas Brande이다. 그는 리튬 산화물에 전기를 통과시켜 작은 양의 빛나는 은백색 금속을 얻었다. 이런 도전적 화학자들이 없었다면, 우리는 아마 아직도 양초 불빛 아래서 종이 편지를 쓰고 있을지 모른다. 물론 이런 풍경도 나름 정겹긴 하다. 추출이 어렵고 다루기 힘든 물질은 바로 쓸모를 찾기 어렵다. 간혹 진정한 쓸모는 시간이 걸리거나, 다소 엉뚱한 곳에서 나타나기도 한다.

한 세기가 지난 리튬의 엉뚱한 여정 중 하나는 의학 분야이다. 1949년, 호주의 정신과 의사 존 케이드John Cade는 리튬염lithium carbonate(특히 탄산리튬)이 조증 환자들을 진정시키는 효과가 있다는 것을 발견했다. 이것은 현대 정신의학의 혁명적 발견 중 하나였다. 몇 세기 동안 '미치광이'로 취급받던 양극성 장애 환자들이 갑자기 치료 가능한 사람이 된 것이다. 당시 양극성 장애 환자들에게 할 수 있는 일이 거의 없던 정신의학 분야에서 리튬은 페니실린과 같았다. 리튬이 뇌화학에 영향을 미친다는 발견은 '행복의 금속'이라는 별명을 가져다주었다. 조증을 진정시키는 기전은 분자·세포 수준의 다양하고 복합적인 작용이 원인이다. 가령 과도하게 활성화된 도파민이나 흥분성 신경전달물질인 글루타메이트의 방출을 감소시키거나 억제성 신경전달물질인 GABA의 활성을 증가시켜 뇌의 전반적 진정 효과를 유도해 과도한 신경 흥분을 억제한다. 그런데 아이러니하게도, 냉전 시대에 미국과 소련은 이 '행복의 금속'을 수소폭탄의 주요 성분으로 사용했다. 리튬-6 동위원소는 핵융합 반응에서 중요한 역할을 했기 때문이다. 이런 모순은 리튬의 본질을 잘 보여준다. 인간의 감정을 안정시키는 동시에 지구를 파괴할 수 있는 무기를 만드는 데 사용되는 이중성을 지녔다.

20세기 중반까지도 여전히 리튬의 가장 혁명적인 쓸모는 발견되지 않았다. 1970년대까지 리튬은 미국에서는 주로 7Up 음료의 원료로 알려져 있어 식용 첨가물로 인식됐다. 실제로 1948년까지 7Up에는 리튬이 들어있었다. '기분 전환 음료'라는 초기 광고가 단순한 마케팅이 아니었던 셈이다. 7Up은 1929년 출시 당시 'Bib-Label Lithiated Lemon-Lime Soda'라는 이름으로, 실제로 리튬 시트레이트lithium citrate가 들어있었다. 미국 식품의약국FDA이 1948년 음료 및 맥주에 리튬 사용을 금지하면서 7Up의 리튬 성분도 제거되었다. 그러나 과학자들은 리튬이 훨씬 더 중요한 용도가 있다는 것을 곧 발견하게 된다.

가벼운 원소의 무거운 과학

주기율표를 살펴보면, 리튬은 맨 왼쪽 위, 수소와 헬륨 바로 아래에 위치한다. 원자번호 3, 원자량 6.94의 이 원소는 마치 고등학교 1학년생처럼 주기율표에 막 입학한 듯한 느낌을 준다. 그런데 이 '신입생'이 가진 특성은 놀랍다. 리튬은 0.534 g/cm^{3}의 밀도를 가지는데, 이는 물의 절반 수준이다. 금속인데 물에 뜬다! 이건 마치 코끼리가 헬륨 풍선처럼 하늘을 날아다니는 것만큼이나 직관에 반하는 현상이다. 다른 모든 금속은 물에 가라앉지만, 리튬은 정말로 물 위에 뜬다. 물론 잠시 동안이다. 물과 만나면 다음과 같은 화학 반응이 일어나기 때문이다.

$$2Li + 2H_2O \rightarrow 2LiOH + H_2$$

이 반응은 불에 기름을 붓는 것만큼이나 위험한 실험이다. 리튬은 물과 만나면 격렬하게 반응하여 수소 가스와 수산화리튬을 생성한다. 그리고 반응식에는 보이지 않는 엄청난 열을 발생시킨다. 그 열은 수소를 발화시켜 불꽃을 일으킨다. 화학과 교수들이 학생들의 관심을 끌기 위해 가장 좋아하는 실험이 리튬이나 소듐 같은 알칼리금속의 물반응이다. 리튬 조각을 물에 넣으면, 그것은 마치 뜨거운 프라이팬 위의 물방울처럼 표면을 빠르게 튕기듯 움직이며 붉은 불꽃을 내뿜는다. 그러나 이러한 '과잉행동'은 리튬이 전자를 쉽게 내주는 능력에서 비롯된다. 그리고 바로 이 성질이 리튬을 배터리의 이상적인 재료로 만든다.

리튬 이온 배터리의 작동 원리는 사실 거대한 도시의 출퇴근 시스템과 매우 유사하다. 그것은 기본적으로 리튬 이온(Li^+)이라는 작은 통근자들이 양극과 음극이라는 두 도시 구역 사이를 규칙적으로 오가는 일종의 왕복 통행 시스템이다. 충전 중에는 리튬 이온 통근자들이 양극이라는 번화가에서 흑연층으로 구성된 음극의 아파트 단지로 이동한다(각 층 사이에 정확히 배치된다). 방전할 때는 이 통근자들이 아침 출근 시간처럼 일제히 전해질을 통해 반대 방향으로 이동한다. 이때 또 다른 대규모 통근 행렬이 전선이라는 고속도로를 따라 움직인다. 바로 전자들의 교통 흐름이 발생하고, 이것이 바로 우리가 '전기'라고 부르는 현상이다. 가장 흥미로운 점은 이 도시 시스템이 수천 번의 출퇴근 사이클을 견딜 수 있도록 설계되었다는 점이다.–단, 교통 체증(과열)이 발생하지 않는 조건이다.–

이 과정을 화학자들은 '인터칼레이션intercalation(삽입)'이라고 부른다. 리튬 이온이 전극 물질의 층 사이로 들어갔다 나오는 것을 의미한다. 리튬 이온은 마치 도서관 책장 사이에 책을 꽂았다 빼는 것처럼 전극 구조를 손상시키지 않고도 이동할 수 있다. 이 특성 덕분에 리튬 이온 배터리는 수천 번의 충방전 사이클을 견딜 수 있다. 그러나 모든 좋은 관계가 그렇듯, 여기에도 문제가 있다. 리튬 이온이 너무 빠르게, 너무 흥분해서 이동하면 '열 폭주thermal runaway'라는 위험한 상황이 발생할 수 있다. 이는 인간 관계로 치면 격분한 상태에서 서로에게 상처 주는 말을 쏟아내는 것과 비슷하다. 결과는? 과열, 그리고 최악의 경우 폭발. 2016년 삼성 갤럭시 노트7의 불명예스러운 '폭발 사태'는 이런 위험성을 극적으로 보여주었다. 그리고 최근 연이어 발생하는 배터리 폭발 사고는 리튬의 독특한 성질 때문이다.

현재 과학자들은 더 안전하고 효율적인 배터리를 개발하기 위해 노력하고 있다. 예를 들어, 고체 전해질을 사용한 '전고체 배터리'는 액체 전해질의 화재 위험을 제거할 수 있다. 이는 마치 연인 사이에 다소 냉정한 중재자를 두는 것과 같다고 할 수 있다. 물론 감정적 폭발은 줄어들지만, 관계의 역동성도 다소 감소한다.

초록빛 웅덩이와 소금 평원

리튬은 생각보다 지구상에 풍부하게 존재한다. 지각에서 약

0.006%의 비율로 존재하는데, 이는 아연이나 니켈보다 더 많은 양이다. 그러나 높은 반응성 때문에 리튬은 자연 상태에서 순수한 금속으로는 발견되지 않는다. 마치 혼자 있는 것을 견디지 못하는 사람처럼, 항상 다른 원소와 결합해 있다. 리튬을 얻는 주요 방법 중 하나는 염수(鹽水) 채굴이다. 남미의 '리튬 삼각지대'로 불리는 칠레, 볼리비아, 아르헨티나의 접경 지역에는 세계 리튬 매장량의 약 60%가 집중되어 있다. 이곳의 염호salt lake에서는 지하로부터 리튬이 풍부한 염수가 퍼올려진 다음, 거대한 증발지에서 태양과 바람의 힘으로 물을 증발시켜 리튬을 추출한다.

이 과정을 바라보고 있자면 아이러니한 생각이 든다. 아이폰이나 테슬라 같은 최첨단 기술 제품의 핵심 재료를 얻는 가장 효율적인 방식이, 중세 시대의 소금 생산법과 크게 다르지 않기 때문이다. 석·박사급 연구진과 최첨단 실험실을 모두 투입한다 해도, 결국 가장 효과적인 방법은 '태양 아래서 물을 말리는 것'이다. 리튬이 함유된 염수brine는 리튬 농도가 매우 낮다. 보통 500~1,000 mg/L 정도이다, 바로 화학적으로 추출하기엔 비효율적이다. 따라서 먼저 농축 과정이 필요한데, 자연증발은 태양과 바람을 이용해 대량의 물을 저렴하게 증발시켜 리튬 농도를 높이는 가장 단순하고 비용이 적게 드는 방법이다. 리튬 삼각지대는 고온, 건조, 강한 일사량, 낮은 강수량 등 자연증발에 최적화된 기후를 지녔다. 최대 1년 반이나 걸리는 자연 증발 방식이지만, 효율 측면에서는 이 지역을 따라올 수가 없다.

이 증발지를 하늘에서 내려다보면 마치 거대한 컬러링 북 같다. 용액의 농도와 미생물의 활동에 따라 푸른색, 녹색, 노란색, 때로는 붉은색까지 다양한 색조가 드러난다. 세계 최대 규모의 현대 미술관이라 해도 과언이 아닐 정도다. 다만 이 '예술작품'을 감상하려면 비행기를 타야 한다는 불편함이 있다. 그러나 이런 장관 뒤에는 숨겨진 진실이 있다. 리튬 1톤을 생산하려면 약 200만 리터의 물이 필요하다는 점이다. 이는 올림픽 규격 수영장 용적의 약 80%에 해당하는 양이다. 세계에서 가장 건조한 사막 중 하나인 아타카마에서 이 정도의 물을 사용한다는 사실은, 마치 사막 한가운데서 물 축제를 여는 것만큼이나 모순적이다. 볼리비아 남부의 원주민들은 조상 대대로 수천 년을 살아왔다. 그런데 지금은 물을 구하기 위해 몇 시간씩 걸어야 한다. 광산회사들이 모든 물을 가져가기 때문이다. 어쩌면 우리 문명이 그들 후손의 미래를 마시고 있는 상황일지 모른다. 이런 모순은 '리튬 역설'의 한 부분이다. 지구를 구하기 위한 녹색 기술의 핵심 원료가, 그것을 생산하는 과정에서 환경과 지역 사회에 심각한 손상을 입히고 있는 것이다.

리튬을 얻는 또 다른 방법은 경암(硬岩) 채굴이다. 호주, 중국, 짐바브웨 같은 곳에서는 리튬이 풍부한 광물을 캐내 화학적으로 처리한다. 이 방식은 상대적으로 물 사용량이 적지만, 대규모 토지 교란과 화학 처리 과정에서 환경 문제를 일으킨다. 땅을 파헤치는 과정은 마치 거대한 치과의사가 지구의 충치를 치료하는 것처럼 보인다. 마치 마취 없이 행하는 무자비함이 벌어진다. 이 과정에서 발생하는 대기 환경 문제도 심각하다. 리튬이 한국이나 일본의 배터리 공장으로 수출되기까지, 지구 전체를 이동하고 여러 단계의 정제 과정을 거치면서 엄청난 양의 이산화탄소를 배출한다. 유럽환경청 자료에 따르면, 리튬이온 배터리 1 kWh 생산에서 배출되는 이산화탄소는 배터리만 따져도 61~106 kg에 달한다. 아이러니하게도, 탄소를 줄이기 위한 전기차가 생산 단계에서는 휘발유차보다 더 많은 탄소를 배출할 수 있다는 의미이다. 물론 생산단계의 탄소배출은 전기차 주행 시 최대 2년 안팎에 상쇄된다. 중요한 사실은 뭐든 공짜로 얻는 것은 없다는 것이다.

바다가 품은 리튬의 대체자

리튬의 환경적 영향과 공급 불안이 심화되면서, 과학자들은 대안을 찾기 시작했다. 그리고 그들은 주기율표에서 리튬의 바로 아래, 그러니까 리튬의 '사촌뻘' 되는 원소에 주목했다. 바로 소듐(Na)이다. 소듐은 부피와 무게 모두 더 크지만, 화학적으로는 리튬과 매우 유사하다. 리튬이 할리우드 스타라면, 소듐은 덜 유명하지만 꽤 재능 있는 조연배우라고 할 수 있다.

소듐은 지각에서 리튬보다 약 1,180배 많은 2.8%의 비율로 존재한다. 바닷물에서도 풍부하게 발견되기 때문에 사실상 '지구가 선물한 무한자원'이라고도 불린다. 바닷물 1 L에는 약 10.8 g의 소듐이 녹아 있고 전 세계 해양의 소듐 총량이 약 1.4×10^{16} kg에 달한다. 비유하자면, 리튬은 희귀한 트러플 버섯이고 소듐은 흔한 양송이 버섯과 같다.

소듐 이온 배터리는 리튬 이온 배터리와 작동 원리가 거의 동일하다. 다만 리튬 대신 소듐 이온이 전극 사이를 오간다는 점은 다르다. 소듐은 원자 크기가 리튬보다 크기 때문에, 전극 내에서의 이동이 덜 효율적이다. 이는 마치 좁은 복도를 통과하는 사람들을 생각해보면 된다. 작은 사람(리튬)은 빠르게 지나갈 수 있지만, 덩치가 큰 사람

(소듐)은 조금 더 어려움을 겪는다. 저장공간이 같으면 리튬이 소듐보다 훨씬 많이 들어간다. 이 밀도 한계는 전지 효율과 깊이 관련있다.

2021년, 중국의 CATL(컨템포러리 암페렉스 테크놀로지)은 세계 최초로 상용 규모의 소듐 이온 배터리 생산 계획을 발표했다. 이 소식은 배터리 업계에 태풍급 충격을 주었다. 마치 코카콜라가 갑자기 '설탕 대신 스테비아만 사용하겠다'고 선언한 것만큼이나 혁명적인 발표였다. 소듐 배터리의 가장 큰 장점은 가격이다. 리튬 가격이 폭등하는 동안에도 소듐은 안정적이었다. 이건 마치 금값이 폭등할 때 은으로 대체하는 것과 같다. 소듐 이온 배터리는 리튬 이온 배터리보다 에너지 밀도가 낮지만, 2세대의 경우 효율이 리튬 대비 90% 수준에 이른다. 이외에도 몇 가지 뛰어난 장점이 있다. 리튬과 달리 저온에서도 성능이 좋고, 완전 방전 상태로 운송할 수 있어 안전하며, 무엇보다 리튬 배터리와 동일한 생산 라인을 활용할 수 있다. 이는 마치 기존 주유소 인프라를 그대로 활용하면서 연료만 바꿀 수 있는 상황과 같다. 2024년, 미국 에너지부의 연구진은 소듐 이온 배터리의 에너지 밀도를 크게 높일 수 있는 새로운 음극 재료를 개발했다. 이들은 탄소나노튜브와 소듐을 결합한 복합체(CNT-Cu_2S)를 만들어, 소듐 이온의 이동 효율을 획기적으로 개선했다. 마치 소듐 이온을 위한 전용도로를 건설한 셈이다. 중국의 과학기술은 예상을 뛰어 넘었다. CATL은 2025년 4월, 세계 최초로 대규모 상용화가 가능한 소듐 이온 배터리Naxtra를 공식 발표했다. 2025년 6월부터 본격 양산에 돌입하고, 이 책이 나올 즈음에는 대량 생산 체계가 완전히 갖춰질 예정이라고 하니 중쇄에는 보완을 해야 할 지도 모르겠다.

물론 소듐 배터리도 만능은 아니다. 여전히 에너지 밀도 개선이 필요하고, 사이클 수명도 리튬 배터리보다 짧은 편이다. 하지만 기술 발전 속도를 고려하면, 10년 내에 많은 분야에서 리튬을 대체할 가능성이 높다. 특히 전력망 저장장치나 저가형 전기차 시장에서는 더욱 그렇다. 리튬이 고급 스포츠카라면, 소듐은 실용적인 패밀리카와 같다. 모두에게 페라리가 필요한 것은 아니다.

깊어지는 지정학적 리스크: 배터리 패권 전쟁

천연자원을 둘러싼 갈등은 인류 역사에서 늘 있어왔다. 19세기 영국과 러시아의 '그레이트 게임'이 중앙아시아 통제권을 놓고 벌어졌다면, 21세기에는 리튬, 코발트, 니켈 같은 배터리 금속을 둘러싼 '뉴 그레이트 게임'이 전개되고 있다. '21세기의 석유' 혹은 '화이트 골드'라는 말은 골드만삭스, 프랑스 〈르몽드〉, 국제에너지기구IEA에서 리튬에 붙인 별명이다. 이 표현은 다소 진부할지 모르지만, 놀라울 정도로 명료하다. 석유가 20세기 세계 질서를 형성했듯이, 리튬과 같은 배터리 금속들이 21세기의 지정학적 지형을 만들어가고 있다. 상황을 더욱 흥미롭게 만드는 것은 리튬 자원의 불균형적 분포다. 전 세계 리튬 생산의 약 90%가 호주, 칠레, 중국, 아르헨티나 단 4개국에 집중되어 있다. 이런 집중도는 OPEC의 석유 지배력을 연상시킨다. 다만 이 '리튬-OPEC'은 아직 공식적으로 형성되지 않았다는 점이 다를 뿐이다.

특히 주목할 점은 중국의 역할이다. 중국은 2025년 기준으로 세계 리튬 정제 능력의 약 65%, 배터리 셀 생산의 75% 이상을 통제하고 있다. 이는 마치 한 나라가 세계 석유의 절반 이상을 정제하고, 동시에 모든 자동차 엔진의 3/4를 생산하는 것과 같은 상황이다. 중국은 미국이 20세기에 석유를 중심으로 행사한 위력을 21세기에 들어 리튬으로 복제하고 있다. 이러한 상황에 위기감을 느낀 미국과 유럽은 '배터리 공급망 자립화'에 박차를 가하고 있다. 2021년, 바이든 행정부는 '중요 광물 공급망 검토'를 지시했고, 리튬을 포함한 핵심 광물의 국내 생산을 촉진하기 위한 정책을 발표했다. 마치 1970년대 오일쇼크 이후 미국 닉슨-포드 정부가 에너지 독립을 추진했던 것과 놀랍도록 유사한 패턴이다.

배터리 금속을 둘러싼 지정학적 긴장은 이미 여러 사건에서 드러났다. 2021년 중국의 간팡리튬은 호주의 리튬 생산업체 인수를 시도했으나 무산되었고, 2023년에는 미국 기업 Austroid Corporation이 호주 자회사를 통해 같은 업체 인수를 추진했으나 호주 정부의 반대로 성사되지 못했다. 중국계 자본 및 경영진과 밀접한 연관이 있다는 이유였다. 원래 호주와 중국은 철광석이나 석탄 거래에서는 매우 우호적인 관계였지만, 리튬만큼은 예외였다. 이는 마치 오랜 거래 관계가 있는 두 사업자가 특정 희귀 상품만큼은 절대 공유하지 않겠다고 고집하는 것과 같다. 리튬을 둘러싼 경쟁은 새로운 '사파리'를 촉발했다. 세계 각국의 기업들이 아프리카의 짐바브웨, 말리, 콩고민주공화국 같은 곳에서 새로운 리튬 매장지를 찾아 헤매고 있다. 19세기 유럽 열강들이 아프리카를 분할했던 것처럼, 21세기에는 중국, 미국, 유럽 기업들이 리튬 자원을 확보하기 위해 '신(新) 식민지 경쟁'을 하고 있는 셈이다.

리튬 가격의 변동성도 문제다. 2010년대 초까지만 해도 t당 2,600달러에 거래되던 리튬은 2022년 11월에는 최고 8만 달러까지 치솟았다. 이런 가격 변동성은 전기차와 배터리 산업에 심각한 위협이 된다. 마치 휘발유 가격이 하루아침에 30배 뛰어오른 상황을 상상해보라. 이후 공급 과잉과 수요 조정으로 2025년 리튬 가격은 t당 1만 달러대 중반 수준으로 하락했으나, 여전히 2010년대 초와 비교하면 5배 이상 높은 수준이다.

불편한 진실과 희망

기후변화에 맞서기 위해 우리는 화석연료에서 벗어나야 한다. 이것은 인류 최대의 도전 중 하나다. 그리고 이 전환에서 전기차와 배터리는 핵심 역할을 한다. 문제는, 이 '청정' 기술이 실제로 얼마나 청정한가 하는 점이다. 스웨덴 환경연구소IVL의 연구에 따르면, 75 kWh 용량의 전기차 배터리를 제조하는 과정에서 약 4.5~10 t, 드물게는 일부 연구에서 17.5 t 수준까지 이산화탄소 배출이 보고된다. 이는 차종·연비에 따라 다르나, 휘발유 차량으로 대략 km당 0.2~0.25 kg CO_2 배출량으로 환산하면, 1~5만 km를 주행할 때 발생하는 배출량에 해당한다. 쉽게 말해, 전기차는 출고되기도 전에 이미 상당한 '탄소 빚'을 지고 있는 셈이다. 물론 이 '탄소 빚'은 전기차가 운행되면서 점차 갚아나간다. 그러나 그 속도는 전기가 얼마나 깨끗하게 생산되는지에 따라 크게 달라진다. 석탄 발전이 지배적인 나라에서 전기차를 운행하는 것은, 마치 술을 덜 마시겠다고 맥주 대신 위스키를 마시는 것과 비슷하다. 순간적인 양은 줄일 수 있을지 모르지만, 장기적 영향은 비슷하거나 더 나쁠 수도 있다.

또 다른 도전은 배터리 재활용이다. 현재 리튬 이온 배터리의 재활용률은 전 세계적으로 5% 미만이다. 나머지 95%는 대부분 매립되거나 부적절하게 처리된다. 배터리 재활용은 마치 특별한 기술이 필요한 외과 수술과 같다. 다양한 배터리 화학 조성, 구조의 복잡성, 폭발 위험 등 일단 배터리를 분해하는 것부터가 위험하고 복잡하며, 금속 분리 공정의 비용 등으로 인해 대규모 자동화가 어렵고, 수작업과 고도의 기술이 필요하다.

2035년까지 매년 약 1,200만 t의 리튬 이온 배터리가 수명을 다할 것으로 예상된다. 이는 엠파이어 스테이트 빌딩 33개의 무게와 맞먹는 양이다. 이 엄청난 양의 배터리 폐기물을 어떻게 처리할 것인가는 우리 세대가 풀어야 할 중요한 퍼즐이다. 다행히도, 배터리 재활용 기술은 꾸준히 발전하고 있다. 미국의 리사이클Li-Cycle, 독일의 듀센펠드Duesenfeld 같은 기업들은 폐배터리에서 리튬을 비롯해 다른 귀중한 금속을 회수하는 기술을 개발하고 있다. 이들은 '도시 광산urban mining'이라는 개념을 내세우는데, 폐배터리가 새로운 광산이 될 수 있다는 아이디어다. 리튬-이온 배터리에서 전극 재료로 사용되는 리튬, 코발트, 니켈은 실제 광산에서 추출되는 원광석보다 농도가 2~3배 높다. 예를 들어, 리튬 광석에서는 리튬 함량이 약 1~2%에 불과하지만, 배터리 내에서는 약 5~7%에 달한다. 이는 마치 쓰레기통에서 금괴를 발견하는 것과 같다.

또 다른 희망은 배터리 기술 자체의 진화다. 앞서 언급한 소듐 이온 배터리 외에도, 전고체 배터리Solid-State Battery, 리튬-황Li-S 배터리, 리튬-공기Li-Air 배터리 등 다양한 차세대 기술이 개발되고 있다. 이들은 현재의 리튬 이온 배터리보다 더 안전하고, 에너지 밀도가 높으며, 환경 영향이 적을 가능성이 있다. 특히 전고체 배터리는 많은 연구가 진행되고 있다. 이 기술은 기존 리튬 이온 배터리의 액체 전해질을 고체로 대체함으로써 화재 위험을 획기적으로 줄이고, 에너지 밀도도 높일 수 있다. 토요타, 삼성, 퀀텀스케이프 같은 기업들은 이미 시제품을 만들어 테스트 중이다. 하지만 전고체 배터리는 배터리 기술의 '성배Holy Grail'로 불린다. 모든 기업이 찾고 있지만, 아직 완벽하게 손에 쥔 기업은 없기 때문이다.

섬세한 균형의 시대

리튬과 소듐, 그리고 아직 발견되지 않은 다른 배터리 기술들은 인류에게 새로운 기회를 제공한다. 화석 연료 의존에서 벗어나 더 지속 가능한 에너지 시스템으로 전환할 수 있는 기회다. 그러나 이 기회를 제대로 활용하기 위해서는 지혜가 필요하다. 역사는 늘 우리에게 교훈을 준다. 석탄에서 석유로의 전환이 그러했듯이, 석유에서 리튬(또는 소듐)으로의 전환 역시 단순한 대체가 아니라 전체 시스템의 재구성을 요구한다. 이는 마치 집에서 나무 난로를 가스 보일러로 바꾸는 일이 단순히 열원만 교체하는 것이 아니라, 집의 구조와 생활 방식 전반을 바꾸는 것과 같은 일이다.

리튬 시대의 도전은 기술적인 것만큼이나 사회적, 윤리적인 세심함이 요구된다. 우리는 이전 세대의 실수를 반복하지 않을 지혜가 필요하다. 석유가 그러했듯이 리튬도 결국 유한한 자원이며, 자원을 얻는 과정에서 발생하는 환경적, 사회적 비용을 고려해야 한다.

생각없이 파낸 구덩이를 메우기 위해 또 다른 구덩이를 파내는 실수는 하지 않아야 한다. 진정한 지속 가능성은 단순히 한 연료에서 다른 연료로 전환하는 것이 아니라, 우리의 에너지 소비 방식 자체를 재고하는 것이다. 더 적게 소비하고, 더 효율적으로 사용하며, 더 많이 공유하는 방식으로 전환해야 한다. 가령 식단을 바꾸는 것은 단순히 한 종류의 고기에서 다른 종류의 고기로 바꾸는 것이 아니라, 전체적인 음식 소비 패턴을 변화하는 게 중요한 것처럼 말이다. 우리는 석기 시대의 감정, 중세의 제도, 그리고 신과 같은 기술을 가진 존재일지 모른다. 우리의 기술은 급속도로 발전했지만, 우리의 사고방식과 제도는 그에 미치지 못하는 경우가 많다. 리튬 배터리는 21세기의 마법과도 같은 기술이지만, 그것을 다루는 우리의 체계는 여전히 과거의 유산에 갇혀 있다.

리튬은 우리에게 질문을 던진다. 우리는 다음 세대에 어떤 세상을 물려줄 것인가? 더 많은 구덩이와 독성 폐기물이 있는 세상인가, 아니면 지속 가능하고 공정한 에너지 시스템이 있는 세상인가? 리튬 배터리의 천재적 발명가인 존 굿이너프John B. Goodenough는 2019년 97세의 나이에 노벨상을 받으면서 이렇게 말했다: "우리는 아직 더 나은 배터리가 필요하다." 그는 단순히 기술적 개선만을 의미한 것이 아니라, 지속가능성, 환경 영향, 사회적 책임까지 포괄하는 더 나은 시스템을 상상했을 것이다. 그가 덧붙인 말에서 그 의미를 알 수 있다. "기술은 본질적으로 도덕적이지 않으며, 우리가 어떻게 사용하느냐에 따라 그 가치가 달라진다"

가장 가벼운 금속이 던지는 가장 무거운 질문에 대한 답을 찾는 것은 쉽지 않다. 그러나 이 질문을 회피하는 것보다는 직면하는 것이 더 현명하다. 리튬은 지금의 우리에게 또 한 번의 기회를 주었다. 과거의 실수를 반복하지 않고, 진정으로 지속 가능한 미래를 향해 나아갈 기회일지 모른다. 언젠가 먼 미래에서, 우리의 후손들은 리튬에 대해 이렇게 말할지도 모른다. "할아버지 시대에는 정말 배터리에 리튬을 썼대. 믿어지니? 그게 얼마나 비효율적이고 위험했는지 알면 깜짝 놀랄 거야!" 그렇게 우리 세대의 최첨단 기술이 그들에게 구식 골동품이 될 때, 우리가 남긴 환경적 유산도 함께 역사의 뒤안길로 사라지기를 바랄 뿐이다.

잊혀진 천재들의 이야기

오늘날 우리가 당연하게 여기는 배터리의 역사는 생각보다 깊고 드라마틱하다. 이 이야기는 18세기 이탈리아의 한 대학교수로부터 시작된다. 알레산드로 볼타Alessandro Volta는 1799년, 아연과 구리 디스크를 소금물에 적신 천으로 분리해 쌓아 올린 '볼타 전지'를 발명했다. 그가 만든 이 기둥 모양의 장치는 세계 최초의 지속적인 전류를 생산하는 배터리였다. 볼타 전지는 이전의 라이덴병Leyden jar과 달리, 연속적으로 전류를 공급할 수 있었고, 곧바로 전기분해, 전기화학, 새로운 원소의 발견 등 수많은 과학적 발견으로 이어졌다. 볼타의 발명은 그 자체로 혁명적이었지만, 그 뒤에는 흥미로운 경쟁 관계가 숨어 있었다. 그의 동료 루이지 갈바니Luigi Galvani는 개구리 다리 근육이 금속에 닿으면 경련을 일으킨다는 사실을 발견했고, 이를 '동물 전기'라고 불렀다. 볼타는 이 현상이 개구리의 특성이 아니라 두 가지 다른 금속 사이의 화학 반응 때문이라고 반박했다. 이 학문적 논쟁이 역사상 첫 배터리 발명의 촉매제가 된 것이다.

볼타와 갈바니의 논쟁은 과학사에서 가장 생산적인 논쟁 중 하나이다. 이 논쟁은 이탈리아와 유럽 과학계 전체를 양분할 정도로 격렬했다. '동물 전기'(갈바니) 대 '금속 전기'(볼타)라는 두 이론이 맞선 것이다. 1800년 볼타의 전지 발표는 과학계의 판도를 바꿨고, 논쟁의 승자는 볼타로 마무리됐다. 실제로 잘못된 이론인 동물 전기를 반박하려는 시도가 현대 배터리의 탄생으로 이어진 셈이다. 볼타의 업적을 기려 전압의 단위 '볼트Volt'가 그의 이름에서 유래했다. 이 장치는 세계 최초로 지속적인 전류를 생산한 배터리로 인정받으며, 전기화학과 현대 전기공학의 출발점이 되었다. 실제로 볼타 전지는 곧바로 영국의 니콜슨과 칼라일에 의해 전기분해(물의 분해) 실험에 사용되었고, 이는 전기화학의 출발점으로 알려진다. 하지만 볼타의 발명 이후 150년 동안, 배터리 기술은 놀라울 정도로 느리게 발전했다. 납축전지, 니켈-카드뮴 배터리 등이 차례로 등장했지만, 구조자체에 혁명적인 변화는 없었다. 그러다 1970년대 석유 위기가 촉발한 대체 에너지 연구 붐 속에서, 배터리 기술은 새로운 전기를 맞이하게 된다.

1980년, 옥스퍼드 대학의 존 굿이너프John Goodenough교수는 리튬 코발트 산화물($LiCoO_2$)을 양극 재료로 사용한 배터리를 개발했다. 이 발견은 현대 리튬 이온 배터리의 기초가 되었다. 하지만 그 당시 학계에서는 이 발견이 크게 주목받지 못했다. 동료 과학자들은 리튬 이온이 고체 결정 내에서 충분히 빠르게 이동할 수 있을지 의문을 가졌고, 그의 아이디어에 회의적인 반응을 보였다. 굿이너프의 발견을 실용적인 배터리로 만든 것은 일본의 화학자 아키라 요시노Akira Yoshino

였다. 그는 1985년, 석유 부산물인 폴리아세틸렌을 음극 재료로 사용하는 데 성공했다. 이후 그는 전극을 더 안정적인 탄소 재료로 대체했고, 이것이 오늘날 우리가 사용하는 리튬 이온 배터리의 기본 구조가 되었다. 요시노의 천재성은 안전성과 실용성을 동시에 해결했다는 점에 있다. 그는 연구만이 아닌 '상품'으로서의 리튬 이온 배터리를 탄생시킨 인물이다.

두 명의 과학자와 함께 스탠리 휘팅엄M. Stanley Whittingham을 포함한 세 명은 2019년 리튬 이온 배터리 개발 공로로 노벨화학상을 공동 수상했다. 당시 굿이너프는 97세로 역대 최고령 노벨상 수상자가 되었다. 지난 30년 동안 리튬 이온 배터리는 점진적으로 개선되어 왔지만, 근본적인 구조는 크게 변하지 않았다. 에너지 밀도는 약 3배 향상되었고, 가격은 90% 이상 하락했다. 이것이 바로 스마트폰과 전기차 혁명을 가능하게 한 숨겨진 동력이다.

알루미늄에서 바닷물, 미생물까지

소듐 이온 배터리 외에도, 과학자들은 다양한 대안적 배터리 기술을 탐색하고 있다. 이 중에는 상당히 극적인 혁신 가능성을 보여주는 기술들이 있다.

알루미늄–공기 배터리는 특히 흥미로운 후보다. 알루미늄은 리튬보다 훨씬 풍부하고 저렴하며, 이론적으로는 리튬 이온 배터리보다 30배 높은 에너지 밀도를 제공할 수 있다. 물론 이론일 뿐 실제로는 최대 8배이다. 이스라엘의 스타트업 '피너지Phinergy'는 이미 알루미늄-공기 배터리로 구동되는 전기차 프로토타입을 개발했다. 알루미늄-공기 배터리의 가장 큰 장점은 '공기'를 활용한다는 점이다, 배터리 내부에 산소를 저장할 필요가 없기 때문에, 더 많은 공간을 활성금속에 할애할 수 있다. 이는 마치 자동차가 연료통 대신 공기에서 직접 에너지를 얻는 것과 같다.

또 다른 유망한 기술은 리튬-황 배터리다. 이 배터리는 값비싼 코발트와 니켈 대신 저렴하고 풍부한 황을 양극 재료로 사용한다. 이론적으로 리튬-황 배터리는 현재 리튬 이온 배터리의 5배 에너지 밀도를 제공할 수 있다. 이 또한 이론일 뿐 실제로는 1.8배 수준이다. 영국 기업의 옥시스 에너지Oxis Energy는 리튬이온(250 Wh/kg) 대비 450 Wh/kg의 에너지 밀도를 가진 리튬-황 배터리 셀을 개발했었다. 확실히 이 분야는 급변하는 시장이 맞다. 이 책을 쓰기 시작한 2023년을 넘기지 못하고 옥시스는 파산됐다. 리튬-황 배터리는 사이클 수명이 짧다는 치명적인 단점이 있다. 충방전을 반복하면 황 전극이 분해되어 배터리의 수명이 크게 줄어드는 것이다. 옥시스는 이 치명적 단점을 극복하지 못한 것으로 보인다.

가장 야심찬 배터리 기술 중 하나는 '바닷물 배터리'다. 이 배터리는 해수를 전해질로 사용하기 때문에, 별도의 전해질 생산 과정이 필요 없고 사실상 자원이 무한하다는 장점이 있다. 바닷물 배터리는 지구상에서 가장 풍부한 자원을 활용하기 때문이다. 더구나 전해질 누출로 인한 화재 위험도 없다. 누출되는 것은 그저 짠물일 뿐이니까. 이러한 혁신적 배터리 기술들이 상용화되기까지는 아직 많은 도전과제가 남아있다. 그러나 그 잠재력은 엄청나다. 우리 후손은 어쩌면 리튬 배터리를 박물관에서나 볼지도 모른다.

배터리 과학의 새로운 챕터를 열고 있는 현장의 이야기들은 종종 영웅적이고 낭만적이다. '환경친화적 배터리' 개발을 위해 식물로부터 유래한 소재의 활용은 실제 트렌드이기도 하다. 식물에서 추출한 셀룰로오스를 기반으로 한 생분해성 전해질이 연구되고 있다. 한편, 미생물을 이용한 '살아있는 배터리'도 개발 중이다. 특수 박테리아가 유기물을 분해하면서 전자를 방출하고, 이를 전기로 변환하는 원리다. 자연이 수십억 년 동안 완성해온 에너지 변환 시스템을 모방하는 것이다. 이런 새로운 접근법들은 종종 전통적인 배터리 연구의 경계 밖에서 이루어진다. 배터리 혁신의 가장 큰 장애물은 기술적 문제가 아니라 사고방식일지도 모른다. 왜냐면 우리는 100년 넘게 크게 변하지 않은 기본 원리에 갇혀 있기 때문이다. 어쩌면 진정한 혁명은 완전히 새로운 패러다임에서 시작될지도 모른다.

실제로, 가장 파격적인 혁신 중 하나는 배터리를 아예 사용하지 않는 것이다. 새로운 '에너지 하베스팅energy harvesting' 기술이다. 이는 주변 환경에서 미세한 양의 에너지를 지속적으로 수확해 사용하는 방식이다. 진동, 열, 빛, 심지어 무선 신호에서도 에너지를 수확할 수 있다. 미래의 스마트폰은 배터리가 필요 없을지도 모른다. 체온과 움직임만으로도 충분한 에너지를 생산할 수 있다는 건 꽤 가능성 있는 시나리오이다. 물론 이런 혁신적 시도들이 모든 배터리 문제를 해결해줄 것이라고 기대하긴 어렵다. 그러나 이들은 우리에게 중요한 교훈을 준다. 진정한 혁신은 종종 기존 패러다임의 완전한 전복에서 온다는 사실이다. 리튬에 의존하는 현재의 모델이 유일한 답이 아닐 수 있다. 어쩌면 우리가 정말 필요한 것은 에너지를 저장하는 완전히 새로운 방식일지도 모른다.

전력망부터 화성까지

리튬 이온 배터리의 영향력은 스마트폰과 전기차를 넘어 확장되고 있다. 일론 머스크의 테슬라는 2017년 호주 남부에 세계 최대 규모의 배터리 시스템을 설치했다. 129 MWh 용량의 이 거대한 배터리는 풍력발전소에서 생산된 전기를 저장했다가 필요할 때 방출한다. 이 프로젝트는 재생에너지의 가장 큰 약점인 간헐성 문제를 해결하는 데 큰 역할을 했다. 배터리가 단순한 개인 기기용 부품이 아니라, 국가 전력망의 핵심 인프라가 될 수 있다는 것을 보여준 사례이다. 미국 캘리포니아주에서는 이미 여러 대형 배터리 저장 시설이 가동 중이며, 이는 세계 최대 규모이다. 2024년 기준 13 GWh 이상의 배터리 저장 용량을 보유하고 있다. 뉴욕, 텍사스 등 다른 주에서도 비슷한 테슬라 메가팩 프로젝트가 진행 중이다. 이런 대규모 배터리 시스템은 석탄 발전소와 같은 화석연료 발전소를 대체할 잠재력을 가지고 있다.

하지만 배터리 혁명의 가장 흥미로운 측면은 우주 탐사에 있을지도 모른다. NASA는 우주 탐사선과 화성 탐사선인 Spirit·Opportunity 로버를 위한 차세대 배터리를 개발 중이다. 특히 화성 탐사를 위해서는 더 가볍고, 더 오래 지속되며, 극한의 온도에서도 작동할 수 있는 배터리가 필요하다. 화성에서는 태양광 패널이 모래폭풍으로 가려질 수 있고, 밤에는 영하 125℃까지 기온이 떨어진다. 이런 환경에서 작동할 배터리를 개발하는 것은 지구에서의 문제와는 완전히 다른 도전이다.

한편, 군사 분야에서도 배터리 기술은 혁명적 변화를 가져오고 있다. 미 육군은 병사들의 장비 무게를 줄이기 위해 유연한 배터리를 개발 중이다. 이 배터리는 군복에 직접 통합되어, 통신 장비와 센서에 전력을 공급한다. 궁극적으로는 이런 기술이 민간용 '웨어러블 배터리'로 발전할 가능성도 있다. 배터리 기술의 진보는 개발도상국에도 큰 영향을 미치고 있다. 전기 인프라가 부족한 아프리카와 동남아시아의 여러 지역에서는 태양광 패널과 배터리를 결합한 소형 시스템이 중앙집중식 전력망을 대체하고 있다. 이는 '에너지 도약energy leapfrogging'의 예로, 마치 이들 지역이 유선전화를 건너뛰고 바로 모바일 폰을 도입한 것과 유사하다. 또한 배터리 기술은 데이터 센터 같은 핵심 인프라의 안정성을 높이는 데도 중요한 역할을 한다. 구글, 아마존, 마이크로소프트 같은 기업들은 정전 시 데이터 센터를 몇 분 혹은 그 이상 유지하기 위해 대형 배터리 시스템에 투자하고 있다. 이 몇 분이 백업 발전기가 가동되기까지의 중요한 시간을 제공한다.

이처럼 배터리는 우리 사회의 모든 영역에 침투하고 있다. 그것은 더 이상 단순한 기술 부품이 아니라, 현대 문명의 기본 인프라가 되어가고 있다. 리튬과 그 이후의 배터리 기술이 어떻게 발전하느냐에 따라 우리 문명의 모습도 함께 바뀔 것이다.

한 잔의 커피보다 가벼운 이 금속은 지금 무거운 질문을 던진다. 우리는 진정으로 탈탄소 사회를 원하는가, 아니면 단지 우리의 소비 습관을 유지하면서 죄책감을 덜고 싶을 뿐인가? 발전이 진보인가, 아니면 우리는 다시 한번 지구가 감당할 수 없는 방식으로 성장하고 있는가? 리튬은 이중적 존재이다. 그것은 탄소 오염에서 벗어날 수 있는 희망을 제공하면서도, 동시에 또 다른 형태의 환경 파괴를 가져올 수 있다. 이 역설은 우리가 어떤 미래를 선택할지 스스로 결정해야 함을 보여준다. 리튬은 아마도 화석 연료 시대에서 벗어나는 과도기적 해결책일 것이다. 그것은 인류가 완전히 새로운 에너지 패러다임을 발견하기까지의 징검다리 역할을 할 수 있다. 이런 점에서 리튬은 전이 금속은 아니지만, 진정한 '전환의 금속transition metal'이라 불러도 되지 않을까.

제3장

가벼운 금속의 무게감, 알루미늄

13

Al

Aluminium

26.9815

Al

이 이야기는 역설로 시작해 역설로 끝난다. 지구 표면인 지각에서 가장 흔한 금속을 인류는 약 200년 전까지 단 1 g도 얻을 수 없었다는 역설이다. 우리 발밑 흙 속에 무려 8.1%나 존재하는 알루미늄은, 산소(46%)와 규소(28%)에 이어 지각에서 세 번째로 풍부한 원소다. 그런데 이 원소가 순수한 금속 형태로 처음 분리된 것은 1825년이었다. 오늘날 코카콜라 캔에서 보잉 747에 이르기까지, 우리의 문명을 채우고 일상을 둘러싼 은빛 금속은 이제 너무나 흔하지만, 한때는 금보다도 귀했던 시절이 있었다.

만약 타임머신을 타고 1850년대로 돌아가 당시 최고급 레스토랑에서 식사를 한다면, 왕족에게나 주어지는 최고의 접시는 금이나 은이 아닌 알루미늄으로 만들어졌을 것이다. 나폴레옹 3세는 국빈 만찬에서 가장 귀한 손님에게만 알루미늄 식기를 내주었고, 나머지 손님들은 금식기로 '겨우' 만족해야 했다고 한다. 다소 황당하게 들리지만, 이는 실제 이야기다. 1855년 파리 만국박람회 기록에 따르면, 당시 알루미늄 1파운드의 가격은 금의 두 배에 달했다. 워싱턴 기념비의 꼭대기를 장식하는 2.85 kg짜리 피라미드형 캡스톤도 알루미늄으로 만들어졌는데, 1884년 당시로서는 왕관의 보석만큼이나 값비싼 재료였다. 오늘날 음료수 캔 250개 정도의 양에 불과한 이 금속은 분리수거장에서 재활용을 기다리는 신세가 됐다. 덴마크 왕 크리스티안 9세는 알루미늄으로 만든 장난감을 아들에게 선물했다. 왕자의 장난감이 순금이 아닌 알루미늄이었다니! 당시 사람들에게 이 은빛 금속은 마치 외계에서 온 물질처럼 보였을 것이다. 그러나 알루미늄이 귀한 대접을 받던 시대는 1886년을 끝으로 막을 내렸다.

원소계의 은둔자

알루미늄의 발견 이야기는 마치 추리소설처럼 숨바꼭질 투성이다. 고대 그리스인들은 명반alum이라는 광물을 알고 있었다. 이들은 이것을 가죽 무두질 재료와 지혈제라는 약제로 사용했다. 알루미늄이라는 이름은 명반의 라틴어 이름 'alumen'에서 유래했다. 하지만 이 광물 속에 금속이 숨어있다는 사실을 아는 이는 아무도 없었다. 1746년, 독일의 화학자 안드레아스 마르그라프Andreas Marggraf가 명반에서 새로운 '흙'을 발견했다. 그는 이것을 '알루미나alumina'라고 불렀다. 하지만 이것이 금속 산화물(알루미늄 산화물, Al_2O_3)이라는 사실을 깨닫기까지는 반세기가 더 걸렸다. 1807년, 영국의 화학자 험프리 데이비Humphry Davy가 전기분해로 나트륨과 칼륨을 분리하던 시기, 알루미나에서도 같은 방식으로 금속을 얻을 수 있다고 확신했다. 그는 8년 동안 끈질기게 시도했지만 결국 성공하지 못했다. 그가 얻은 것은 철과 규소가 섞인 불순한 합금뿐이었다. 좌절한 데이비는 이 미지의 금속을 '알루미움alumium'이라고 이름 붙였다가, 곧 '알루미늄aluminium'으로 바꿨다. 그의 동료들은 다른 금속들과 어미를 맞추기 위해 '알루미니엄'이라고 불러야 한다고 주장했다. 사실 이 철자 논쟁은 지금도 계속되고 있다. 미국과 캐나다에서는 '알루미넘aluminum', 나머지 영어권에서는 '알루미늄'이라고 쓴다. IUPAC(국제순수·응용화학연합)은 1990년 'aluminium'을 공식 명칭으로 채택했지만, 미국에서는 여전히 'aluminum'이 널리 쓰인다. 여기서 흥미로운 사실 하나, 1993년부터는 'aluminum'도 허용 가능한 변형으로 인정했다. IUPAC의 공식 출판물에서는 'aluminium'을 우선적으로 사용한다고 권고하지만, 실상 두 철자 모두를 인정하는 셈이다. 과학의 가장 중요한 단위나 용어의 표준화도 경제적 국력을 무시하지 못하는 게 현실이다.

알루미늄이 이토록 숨바꼭질의 달인이었던 이유는 독특한 원자의 성질 때문이다. 원자번호 13번인 알루미늄 원자의 전자배치는 [Ne] $3s^2$ $3p^1$이다. 이 간단해 보이는 구조가 알루미늄을 특이한 금속 중 하나로 만든다. 전자배치에서 늘 유심히 봐야 할 부분은 원자 바깥쪽 전자 궤도 혹은 오비탈에 '전자들이 어떻게, 얼마나 존재하는가'이다. 원자는 이 전자를 수단으로 다른 원자나 분자와 결합을 시도하기 때문이다. 알루미늄 원자의 경우 마지막 전자 껍질인 3번째 껍질에 3개의 전자가 있다. 우리는 결합에 참여하는 전자들을 특별하게 '원자가 전자valence electron'라는 이름을 붙였다.

알루미늄의 제1이온화 에너지는 577.5 kJ/mol이다. 이 값은 전자를 하나 잃는 데 필요한 에너지를 의미한다. 쉽게 말해 알루미늄 1몰당 577.5 kJ의 에너지를 가하면 원자에서 전자 한 개를 방출할 수 있다는 것이다. 알루미늄의 이온화 에너지는 전형적인 금속 중에서는 낮은 편에 속한다. 이는 마치 극도로 소심한 사람이 자신의 물건을 남에게 내주는 것을 주저하며 머뭇거리는 것과 같다. 하지만 일단 최외각 전자 3개를 잃고 Al^{3+} 이온이 되면, 그때부터는 마치 모든 것을 포기한 듯 안정적인 상태가 된다. 결국 자연계에서는 지각에 제일 많은 산소와 결합해 산화물(Al_2O_3) 형태로 존재한다. 이 산화물을 순수한 금속 상태로 환원시키기 위해선 3개의 전자를 공급해야 하는 높은 에너지 장벽이 있고, 이를 극복해야 하기 때문에 금속을 쉽게 얻을 수가 없었다. 철이나 구리 제련처럼 숯과 석탄의 코크스의 연소로 얻을 수 있는 에너지로는 절대적으로 역부족이었다.

또 다른 흥미로운 사실은 알루미늄의 '자기방어' 메커니즘이다. 공기 중에 노출되면 즉시 표면에 산화알루미늄(Al_2O_3) 피막이 형성된다. 두께는 겨우 4~5 nm. 머리카락 굵기의 1만분의 1도 안 되는 이 얇은 막이 놀라울 정도로 단단하다. 모스 경도 9로, 다이아몬드(10) 다음으로 단단하다. 이 산화피막은 너무나 완벽해서 더 이상의 산화를 완전히 차단한다. 이에 비해 철은 금속이 사라질 때까지 깊게 파고든다. 더 흥미로운 것은 균열 자가 치유 기능이다. 산화막은 2~3 nm 두께에서는 액체처럼 변형된다. 알루미늄을 2배 이상 늘려도 균열 없이 표면을 완전히 덮는다. 음식을 포장하는 포일은 알루미늄 덩어리를 마치 밀가루 반죽처럼 계속 늘리고 펴도 작은 균열이 스스로 치유됐기에 탄생했다. 산화막은 마치 중세 기사가 철갑옷을 입은 것처럼, 한 번 입으면 벗기가 거의 불가능하다. 이 특징이 바로 수천 년 동안 알루미늄이 인류의 손아귀에서 벗어날 수 있었던 비결이다.

흙으로 만든 은

1825년, 덴마크의 물리학자 한스 크리스티안 외르스테드Hans Christian Ørsted가 마침내 알루미늄의 비밀을 풀었다. 그는 무수 염화알루미늄($AlCl_3$)과 칼륨 아말감을 반응시켜 최초로 알루미늄을 분리했다. 하지만 그가 얻은 것은 불순물 덩어리였고, 양도 극히 적었다. 1827년, 독일의 화학자 프리드리히 뵐러Friedrich Wöhler는 더 나은 방법을 개발했다. 그는 염화알루미늄을 금속 칼륨으로 환원시켜 좀 더 순수한 알루미늄을 얻었다. 뵐러의 방법으로 만든 알루미늄 구슬은 '은처럼 빛나지만 더 가볍다'고 묘사됐다. 하지만 여전히 생산량은 미미했고, 가격은 금보다 비쌌다. 그리고 1854년, 프랑스의 화학자 앙리 생트클레르 드빌Henri Sainte-Claire Deville이 소듐을 사용한 개선된 방법을 개발했다. 나폴레옹 3세의 후원을 받은 드빌은 파리 교외에 최초의 알루미늄 공장을 세웠다. 지금은 하루에도 20만 t 이상 생산되지만, 당시 연간 생산량은 겨우 2 t에 불과했다. 나폴레옹 3세가 드빌에게 후원을 하게 된 계기는 드빌 공법이 만들어진 이듬해인 1855년이었다. 당시 파리 만국박람회에서 드빌이 만든 알루미늄 막대가 전시됐는데, '흙으로 만든 은silver from clay'이라는 설명과 함께 보석 전시관에 놓였다. 관람객들은 이 신비한 금속에 매료됐고, 특히 나폴레옹 3세는 알루미늄에 완전히 반해버렸다. 이런 이유로 군대용 헬멧과 갑옷을 알루미늄으로 만들 계획까지 세웠다는 이야기가 널리 퍼져 있다. 물론 알루미늄이 군사적 용도로 활용될 가능성에 대한 관심은 있었을 것이다. 하지만, 실제로 군대에 적용하려는 공식적 시도나 구체적 계획이 있었다는 증거는 없다. 당시 드빌 공법으로 만든 알루미늄의 양이 극소량이고 가격이 비쌌기 때문에 나폴레옹 3세 역시 식기나 장신구 정도를 공급받을 목적으로 후원한 것으로 알려진다.

두 천재의 운명적 만남

알루미늄 역사의 분수령은 1886년이다. 미국 오하이오주 오벌린의 찰스 마틴 홀Charles Martin Hall과 프랑스 파리의 폴 에루Paul Héroult가 거의 동시에, 서로의 존재도 모른 채 똑같은 발견을 했다. 홀은 오벌린 대학의 화학 교수 프랭크 패닝 주이트Frank Fanning Jewett의 강의를 듣고 영감을 받았다. 주이트 교수는 '알루미늄을 저렴하게 생산하는 방법을 찾는 사람은 큰 부자가 될 것'이라고 말했다. 홀은 졸업 후 부모님 집 목조 창고에 실험실을 차렸다. 그는 빙정석(Na_3AlF_6)에 알루미나를 녹인 후 전기분해하면 순수한 알루미늄을 얻을 수 있다는 사실을 발견했다. 거의 같은 시기, 대서양 건너편에서 에루도 비슷한 실험을 하고 있었다. 그는 파리 광산학교를 졸업한 후 가족이 운영하는 가죽 무두질 공장에서 연구를 계속했다. 두 사람이 독립적으로 같은 해인 1886년에 같은 방법을 발견한 것도 놀랍지만 공교롭게 두 사람은 같은 해인 1863년에 태어났고, 심지어 같은 해인 1914년에 사망했다.

운명적인 두 사람의 특허 분쟁은 법정까지 갔지만, 결국 두 사람 모두 발명가로 인정받았다. 홀은 미국에서, 에루는 유럽에서 각자의 특허권을 행사했다. 이 '홀-에루 공정'은 오늘날까지도 알루미늄 생산의 기본 원리로 사용된다. 흥미로운 점은 두 사람의 성격이 정반대였다는 점이다. 홀은 내성적이고 평생 독신으로 살았으며, 죽을 때

전 재산을 오벌린 대학에 기부했다. 반면 에루는 사교적이고 모험을 즐겼으며, 알프스에서 등산하던 중 사고로 목숨을 잃었다. 하지만 두 사람 모두 '인류에게 날개를 달아준 사람들'로 역사에 남았다.

홀-에루 공정의 기본 원리는 간단하다. 알루미나(Al_2O_3)를 빙정석(Na_3AlF_6)에 녹여 약 960℃로 가열한 다음, 강력한 직류 전류를 흘려보내는 것이다. 하지만 실제 공정은 에너지를 게걸스럽게 집어삼키는 괴물이다. 화학 반응식은 인류가 그토록 오랫동안 찾아내지 못했다는 게 믿기지 않을 만큼 깔끔하다.

$$2Al_2O_3 + 3C \rightarrow 4Al + 3CO_2$$

하지만 화학식 속에 숨은 현실은 충격적이다. 화학식은 탄소가 반응을 해 알루미늄과 결합한 산소를 떼어내는 것처럼 보인다. 철광석(Fe_2O_3 등)은 코크스(탄소)를 이용해 고로에서 환원하므로 철의 용융점(약 1,538℃)보다 훨씬 낮은 알루미늄은 수월하게 얻을 수 있다고 생각하기 쉽다. 하지만, 알루미늄 이온(Al^{3+})이 산화물 상태에서 매우 안정적이라는 게 함정이다. 탄소(C)와 같은 일반적인 환원제로는 산소를 빼앗아 올 수 없다. 실제로 탄소로 알루미나를 가열해도 반응이 일어나지 않는다. 결국 외부에서 강제로 전류(전자)를 공급하여, 자연적으로는 일어나지 않는(비자발적) 화학 반응을 일으키는 방법이 유일하다. 알루미늄 이온이 전자를 공급받고 산소를 내어 놓으며 금속 알루미늄으로 환원되는 것이다. 여기서 탄소는 떨어져 나간 산소가 다시 알루미늄과 반응하지 않도록 붙잡아두는 역할이지 철 제련처럼 직접적인 환원제로 사용되지 않는다. 즉, 외부 전원이 '강제 환원제' 역할을 하는 셈이다. 결국 이 반응은 자연에서는 불가능한 환원을 실현하는 화학의 위대함이다. 자연에서 이런 환원이 일어났었다면 인류는 훨씬 더 빨리 알루미늄을 찾아냈을 것이다.

결과적으로 알루미늄 1 t을 생산하는 데에는 13,000~15,000 kWh의 전력이 필요하다. 이 전력은 미국 가정이 17개월 동안 사용하는 양이다. 실감있는 비유를 한다면 한 가정에서 50인치 TV를 수년 동안 켜놓는 것과 맞먹는다. 이 때문에 알루미늄을 '응축된 전기embodied electricity' 또는 '고체 전기solid electricity'라고 부른다. 더 놀라운 것은 전 세계 전기 생산량의 4%가 알루미늄 제련에 사용된다는 사실이다. 이는 아프리카 대륙의 전력소비량과 비슷하거나 그 이상이다. 2020년 기준으로 알루미늄 산업은 연간 1조 kWh의 전기를 소비했다. 이는 프랑스, 독일, 영국의 연간 전력 소비량을 합친 것과 맞먹는다.

중국의 산둥성에 있는 홍차오Hongqiao 알루미늄 단지는 단일 시설로는 세계 최대 규모다. 이곳의 연간 전력 소비량은 910억 kWh로, 자체 발전으로 600억 kWh를 소비한다. 자체 발전량만 해도 덴마크 전체의 전력 소비량의 두 배 가량이다. 이 단지는 자체 석탄 화력발전소 6기를 운영하며, 매년 1억 t의 CO_2를 배출한다. 이쯤 되면, 발전소인지 제련공장인지 구분이 안 간다. 1895년, 피츠버그 리덕션 컴퍼니(후 ALCOA)는 나이아가라 폭포 근처에 최초의 대규모 알루미늄 제련소를 건설했다. 여기에는 이유가 있다. 폭포의 값싼 수력전력을 이용하려고 한 것이다. 이후 알루미늄 산업은 마치 철새처럼 값싼 전기를 찾아 전 세계를 떠돌았다. 캐나다의 키티맷, 노르웨이의 피오르드, 러시아의 시베리아, 중동의 사막, 그리고 아이슬란드의 화산지대까지 닥치는 대로 물을 빨아들이고 있다.

특히 아이슬란드의 사례는 아이러니하다. 얼음나라 대신 뜨거운 용광로가 대표적 상징이다. 인구 36만 명의 이 섬나라가 2023년 기준 연간 85만 t의 알루미늄을 생산한다. 국민 1인당 2.36 t이다. 아이슬란드는 지열과 수력으로 전력의 대부분을 재생에너지로 생산한다. 그런데, 그중 70% 가량을 알루미늄 제련에 사용한다. 2008년 아이슬란드 금융위기 당시, 정부는 알루미늄 산업 확대를 경제 회복의 핵심 전략으로 삼았다. 레이캬네스Reykjanes반도에 건설된 센추리 알루미늄Century Aluminum제련소는 연간 360MW의 전력을 소비한다. 이는 수도인 레이캬비크 시 전체 가정의 전력 소비량과 맞먹는다. 이후 알루미늄 수출은 GDP의 14%를 차지하며 경제 회복에 기여했다. 하지만 비평가들은 아이슬란드가 '알루미늄 회사들의 에너지 식민지'가 됐다고 비난한다. 환경운동가 안드리 스나이르 마그나손Andri Snær Magnason은 "우리는 깨끗한 에너지를 팔아 더러운 산업을 키우고 있다"고 말했다. 전력 요금은 비공개로 계약되며 외국 기업에 유리한 조건이었다는 의혹이 제기됐고, 아이슬란드는 청정에너지 국가 이미지와 알루미늄 산업의 환경적 모순으로 논란의 중심에 있다. 두 천재의 위대함이 만든 건 과연 누구를 위한 위대함일까.

보크사이트의 저주

알루미늄의 원료인 보크사이트는 프랑스 남부의 레보Les Baux 마을에서 처음 발견됐다. 1821년 지질학자 피에르 베르티에Pierre Berthier가 이 붉은 광석을 분석한 결과, 알루미나가 52% 함유되어 있음을 확인했다. 사실상 알루미늄의 원석인 셈이다. 지각에서 꺼내야 하는 보크사이트 채굴은 그 자체로 환경에 재앙적인 영향을 미친다. 열대우림을 파괴하고, 생태계를 교란하며, 원주민들의 삶의 터전을 빼앗는다. 브라질 아마존에서는 매년 수백 ha의 열대우림이 보크사이트 광산으로 사라진다. 합법적인 절차라지만, 아마존 원주민이 조상 대대로 살아 온 대지가 그들의 의지와 상관없이 파헤쳐진 것이다. 2023년 브라질 광산 개발 과정에서 원주민 문디루쿠Munduruku부족의 성지 3곳이 파괴됐다. 문디루쿠 부족은 2020년 연구에서 주민의 57.9%가 수은 중독 위험에 노출된 것으로 확인되었다.

기니에서는 보크사이트 채굴로 인해 강이 오염되고, 농경지가 파괴되며, 마을 전체가 이주해야 하는 상황이 발생하고 있다. 2018년 기니의 보케Boké 지역에서는 주민들이 채굴 회사에 맞서 시위를 벌였다. 그들은 "우리 땅은 황폐화되고, 물은 오염되었으며, 약속된 일자리도 없다"고 항의했다. 시위 중 경찰의 발포로 최소 2명이 사망했다. 하지만 기니 정부는 보크사이트 수출이 국가 경제의 생명줄이라며 채굴을 계속하고 있다. 2023년 기니의 보크사이트 생산량은 1.23억 t으로, 중국 수출이 90%를 차지했다. 보크사이트 채굴의 환경·사회적 영향은 전 세계적으로 공통적이지만, 특히 개발도상국에서 원주민 권리 침해와 생태계 파괴가 심각하다.

보크사이트에서 알루미나를 추출하는 '바이어 공정'은 1888년 오스트리아의 화학자 카를 요제프 바이어Karl Josef Bayer가 기존의 열분해 방식(Deville-Pechiney 공정)을 대체해 개발했다. 보크사이트를 150~200℃의 수산화나트륨 용액에 녹이면 알루미늄산화물(Al_2O_3)이 알루민산나트륨($NaAlO_3$)으로 용해되고, 이를 다시 침전시켜 순수한 알루미나를 얻는다. 문제는 이 과정에서 발생하는 '적니Red mud'다. 철

산화물, 티타늄, 실리카 등이 섞인 이 붉은 진흙은 강알칼리성(pH 8.5~13)이며, 비소, 크롬, 바나듐 같은 중금속을 포함한다. 알루미나 1 t당 평균 1.25 t의 적니가 발생하며, 전 세계적으로 매년 1억 7,700만 t이 발생한다. 장기간 누적된 양은 40억 t 이상이다.

2010년 10월 4일, 헝가리 아지카Ajka의 적니 댐이 붕괴되면서 100만 m^3의 적니가 쏟아져 나왔다. 10명이 사망하고 150명이 화학 화상을 입었으며, 40 km^2의 토지가 오염됐다. 콜론타르Kolontár와 데베치어Devecser 마을은 적니의 쓰나미에 휩쓸렸고, 마르칼Marcal강은 붉게 물들며 생태계가 파괴되었다. 생존자들의 증언은 그 날의 재앙을 생생하게 전한다. 붉은 파도가 집을 덮치고, 개들은 비명을 지르며 도망쳤고, 닭들은 즉사했다. 사고 후 10년이 지났지만, 오염된 토양에서는 여전히 농작물이 자라지 않는다.

더 큰 재앙은 2018년 브라질에서 일어났다. 알루미늄 회사 하이드로Hydro가 운영하는 알루노르테Alunorte 제련소의 적니 저장고가 붕괴되고 폭우로 인해 유출되면서 아마존 강 지류가 오염됐다. 강 주변 지역이 비상사태를 선포했고, 수만 명이 식수를 잃었다. 주민들의 삶의 방식이 파괴됐다. 두 사고 모두 적니의 강알칼리성과 중금속 오염이 인명·환경에 치명적임을 보여주는 사례로 기록된다.

자메이카에서는 보크사이트 채굴로 인해 농경지가 황폐화되고 있다. 터널식 광산과 달리 개방형 광산 방식은 지표면을 보호하지 못한다. 이 과정에서 토양의 최상층과 식생은 완전히 제거된다. 자메이카의 보크사이트 산업은 1952년 시작됐고 지금까지 5,099 ha의 토지가 황폐화되었다. 이중 3,218 ha는 산림이었다. 이는 축구장 4,500개 면적이다. 토지가 복원된다 해도 오염으로 인해 농작물 재배에는 부적합하다. 심지어 퇴적된 적니가 바람에 날려 피해 범위는 그 이상이다. 한때 '카리브의 진주'로 불리던 이 섬나라는 이제 채굴 구덩이와 적니 댐으로 뒤덮이고 있다. 자메이카의 보크사이트 산업은 현재 연간 생산량은 최대 900만 t으로, 국가 수출의 20%를 차지한다. 하지만 지역 주민들은 호흡기 질환과 피부병에 시달리고 있다. 2019년 자메이카 의학저널에 발표된 연구에 따르면, 광산 인근 지역 주민의 천식 발병률은 전국 평균의 3배에 달한다. 우리가 품위를 지키기 위해 무심코 마시는 캡슐커피에는 보이지 않는 청구서가 있는 셈이다.

하늘을 향한 꿈, 땅 위의 현실

1903년 12월 17일, 라이트 형제의 '플라이어 1호'가 노스캐롤라이나 키티호크에서 첫 비행에 성공했다. 윌버 라이트Wilbur Wright와 오빌 라이트Orville Wright는 최초로 동력비행을 한 주인공들이다. 그런데 여기에는 잘 알려지지 않은 일화가 있다. 라이트 형제가 처음 엔진 제작을 의뢰한 회사들은 모두 자동차 회사였다. 가솔린 엔진이 필요했지만, 요구하는 경량 엔진을 만들 수 없다는 이유로 모두 거절당했다. 제조회사 입장에서 무게 제한이 너무 엄격했기 때문이다. 결국 그들은 자전거 정비공이자 동료였던 찰스 테일러Charles Taylor에게 부탁했고, 테일러는 알루미늄을 사용해야만 한다고 주장했다. 당시만 해도 알루미늄은 여전히 비싼 금속이었고, 오빌과 윌버는 망설였다. 하지만 테일러는 "날고 싶다면 가벼워져야 합니다. 주머니도, 비행기도요"라고 설득했다. 그가 직접 설계하고 제작한 이 12마력 엔진은 항공 역사의 시작을 알렸다. 이 결정이 없었다면 인류의 첫 동력 비행은 몇 년 더 늦춰졌을지도 모른다. 라이트 형제의 첫 비행은 겨우 12초, 이동거리는 고작 36.5 m였지만, 그것은 인류가 중력의 사슬을 끊는 순간이었다. 그리고 그 순간의 주인공은 파일럿도, 발명가도 아닌 바로 알루미늄이었다.

이 비행기의 엔진 블록은 92% 알루미늄, 8% 구리 합금으로 주조되어 만들어졌다. 무게를 줄이고 강도를 지키기 위한 필수적인 선택이었다. 그들이 제작한 비행기 중 가장 의미 있는 것으로 평가되는 플라이어 3호는 통상 20마일 정도를 비행했으며 비행마다 30분 이상을 날았다. 알루미늄이 항공 산업에 혁명을 일으킨 것은 필연이었다. 밀도 2.7 g/cm^{3}로 철(7.87 g/cm^3)의 3분의 1에 불과한 이 금속은 인류에게 날개를 달아준 셈이다.

제1차 세계대전은 알루미늄을 전략 물자로 격상시켰다. 미래의 전쟁은 하늘에서 결정될 것이라고 예언한 페르디난트 폰 체펠린 백작은 비행선을 제작한다. 독일의 체펠린 비행선은 알루미늄 골조로 만들어졌다. 그의 비행선들은 런던 상공을 공포로 물들였고 영국인들은 이 거대한 알루미늄 고래를 공중의 재앙Airship Menace 또는 공중의 위협The Peril of the Air이라고 불렀다. 항공기술은 급속도로 발전한다. 전투기가 등장하는 장면이라면 바로 2차 세계대전이라고 짐작할 정도로 알루미늄은 전쟁의 양상을 바꿨다. 하지만 이 금속으로 우리는 하늘을 얻은 대신 땅을 잃었다.

호주의 웨이파Weipa 보크사이트 광산은 세계 최대 규모다. 이곳에서는 매일 수만 t의 붉은 흙이 채굴된다. 한때 원주민들의 성지였던 이 땅은 이제 거대한 구덩이가 되었다. 1957년 코말코법Comalco Act으로

보크사이트 광석 채굴지의 모습

원주민 보호구역이 철폐되며 나프라눔 부족은 강제 이주 당했다. 4만 년 가까이 조상 대대로 살아 온 땅의 절반은 지난 50년 동안 파헤쳤다. 무지개 뱀이 강을 만들고, 캥거루가 산을 뛰어넘던 신화의 땅은 이제 거대한 불도저와 덤프트럭의 소음으로 가득하다. 웨이파 광산의 역사는 1955년 지질학자 해리 에반스Harry Evans가 이 지역을 탐사하면서 시작됐다. 그는 붉은 흙을 한 움큼 집어 들고 미래의 연료라고 생각했을 것이다. 하지만 그가 말한 '미래'는 원주민들에게는 '과거의 종말'을 의미했다. 채굴이 시작된 후 나프라눔 부족의 성지는 폭파되었고, 조상들의 유골이 묻힌 땅은 덤프트럭에 실려 제련소로 향했다. 원주민들이 '조부모의 뼈를 캐서 비행기를 만들었다'고 느끼는 것도 결코 과장이 아니다. 실제로 많은 원주민 묘지가 광산 개발로 사라졌기 때문이다. 2019년 세계 2위 광산 기업인 리오틴토Rio Tinto는 웨이파에서 연간 3,500만 t의 보크사이트를 생산했다. 이는 보잉 747 항공기 70만 대를 만들 수 있는 양이다. 회사는 '지속가능한 채굴'을 약속하지만, 한번 파헤쳐진 땅이 원래대로 돌아오는 데는 수백 년이 걸린다. 그들이 심는 나무 중 일부는 외래종이고, 복원된 토지의 70% 이상이 원래의 생태계로 회복되지 못한 것으로 확인됐다.

환경 식민주의 부활

중국의 부상은 더욱 극적이다. 2000년 전 세계 알루미늄 생산의 11%를 차지하던 중국은 2023년 4,200만 t을 생산하며 59%로 치솟았다. 문제는 중국 전력의 59%가 여전히 석탄발전이라는 점이다. 중국산 알루미늄 1 t당 CO_2 배출량은 평균 17 t 안팎으로, 수력발전을 사용하는 캐나다(4 t)의 4배가 넘는다. 신장 위구르자치구의 마나스Manas 산업단지는 한 편의 디스토피아 소설을 연상시킨다. 끝없이 펼쳐진 회색 건물들, 24시간 내내 하늘을 덮는 검은 연기, 그리고 밤에도 꺼지지 않는 붉은 용광로의 불빛. 이곳은 세계 최대 규모의 알루미늄 제련 단지다. 신장 지역은 중국 알루미늄 생산의 30% 이상(2023년 기준 1,260만 t)을 차지하며, 마나스 단지는 주요 시설 중 하나이다. 인근 5개의 석탄 화력발전소에서 전력을 공급받는다. 2022년 이 단지에서만 1억 t의 CO_2가 배출됐다. 마나스의 하늘은 항상 잿빛이다. 신장 지역의 대기 오염 지수AQI는 종종 200 이상(매우 나쁨)을 기록하며, 미세먼지(PM2.5) 농도가 150 $\mu g/m^3$를 넘어 시야를 가린다. 어린 아이들은 맑은 하늘을 본 적이 없고 밤하늘에 별을 본 적이 없다. 지역 병원 통계에 따르면 이 지역 어린이의 천식 발병률은 중국 평균의 3배 이상이다. 하지만 이런 통계는 공식적으로 발표되지 않는다. 지역 정부는 '경제 발전이 최우선'이라는 입장을 고수한다.

2006년 중국 최초의 수질오염 지도를 만든 환경운동가 마준Ma Jun은 중국의 알루미늄 산업은 기후변화의 시한폭탄이라며 중국이 세계의 알루미늄을 생산하면서 지구의 미래를 태운다고 경고했다. 그의 연구에 따르면 2022년 기준 중국 알루미늄 산업의 CO_2 배출량은 약 6억 2,100만 t으로 독일 전체 연간 배출량과 맞먹는다. 물론 중국만의 탓은 아니다. 사실 서구 국가들은 자신들의 알루미늄 생산을 중국으로 아웃소싱했기 때문이다. 서구에서는 깨끗한 제품을 사용하면서 더러운 생산은 중국에게 떠넘겼다. 이것은 환경 식민주의environmental colonialism이다. 실제로 미국의 알루미늄 생산량은 1980년 465만 t에서 2022년 약 80만 t으로 급감했다. 같은 기간 중국은 36만 t에서 약 4,021만 t으로 폭증했다. 미국 소비자들은 아이폰의 매끈한 알루미늄 바디를 감상하지만, 그것을 만들기 위해 배출된 CO_2는 태평양 건너편에서 대기를 오염시킨다. 중국 정부도 이 문제를 인식하고 있다. 2021년 시진핑 주석은 2060년까지 탄소중립을 선언했다. 하지만 현실은 녹록지 않다. 2023년에도 중국은 신규 알루미늄 제련소 5개를 추가로 건설했다. 모두 석탄 화력발전소와 연계되어 있다. 중국 정부는 2025년까지 알루미늄 생산 전력의 25% 이상을 재생에너지로 전환하겠다는 목표를 세웠으나, 여전히 60% 이상이 화석연료에 의존하고 있다. 그들도 안다. 이 구조로는 지속가능하지 않다는 것을. 하지만 전 세계가 값싼 알루미늄을 원하는 게 현실이다. 중국이 생산을 멈추면 인도나 베트남으로 갈 것이다. 오염은 이동할 뿐, 사라지지 않는다.

오염된 낙원: 인도의 오디샤

인도 오디샤Odisha 주 앙굴angul에 위치한 날코Nalco알루미늄 단지는 인도 최대 규모다. 연간 212만 t의 알루미나를 생산하며, 46만 t의 알루미늄을 제련한다. 하지만 이 '산업의 자부심' 뒤에는 여느 나라와 마찬가지로 환경 파괴의 그림자가 드리워져 있다. 날코의 적니 저장소는 여러 차례 환경 문제와 주민 피해 논란의 중심이었다. 2019년 인도 감사원CAG 보고서에 따르면, 날코는 2012~2017년 동안 적니 저장소 폐수 일일 방류량이 허용 기준을 초과했고, 이로 인해 농경지 오염 및 주민 건강 피해가 반복적으로 제기되었다. 농민, 목축업자 등은 적니 누출로 인한 농경지·가축 피해, 삶의 터전 상실을 호소해왔다. 2000년대 날코는 농작물 피해에 대해 수준에 따라 보상을 지급한 사례가 있다. 하지만 에이커당 최대 50,000루피(약 600달러)에 불과했다. 아마도 할아버지 세대가 논에서 첫 벼를 심었고, 아버지가 농사를 이으며 지금 세대를 키웠을 것이다. 그들의 삶의 가치가 고작 600달러였을까? 오디샤 고등법원은 날코에 환경 복구 명령을 내렸다. 하지만 지금도 그 땅에서는 아무것도 자라지 않는다. 토양 전문가들은 적니의 높은 알칼리성 때문에 당분간은 농사가 불가능하다고 진단한다.

오디샤 환경포럼의 프라풀라 사만타라Prafulla Samantara는 2017년 '환경 노벨상'으로 불리는 골드만 환경상을 받았다. 그는 님기리Niyam-giri언덕의 보크사이트 채굴을 막은 공로를 인정받았다. 그가 님기리는 구했지만, 오디샤의 다른 지역들은 여전히 파괴의 현재 진행형이다. 인도 정부는 2070년까지 탄소중립을 선언했다. 하지만 알루미늄 생산은 계속 증가하고 있다. 2023년 인도는 중국에 이어 세계 2위 알루미늄 생산국이 됐다. 환경부 관리는 '경제 성장과 환경 보호의 균형을 맞추고 있다'고 주장하지만, 오디샤의 주민들은 그 '균형'의 대상에서 제외되고 희생자로 남아 있다.

새로운 희생양 베트남

베트남은 중국의 보크사이트 수요를 충족시키기 위해 중부 고원지대를 파헤치고 있다. 2022년 생산량은 386만 t으로, 2010년에 비해 10배 증가했다. 중국은 왜 베트남을 선택했을까. 베트남 중부 중앙고원Central Highlands은 전세계에서 세 번째로 보크사이트가 매장돼 있다. 중국이 베트남을 선택한 것은 필연이다.

람동성의 탄라이Tân Rai 광산과 닥농성의 난코Nhân Cơ 광산의 보크사이트 매장량은 베트남 최대 규모다. 특히 닥농성의 경우 베트남 전체의 73%를 차지한다. 두 광산의 개발 과정에서 수백 ha의 커피 농장이 파괴됐다. 대부분의 커피 농가는 1954년 프랑스가 떠난 후부터 이곳에서 커피를 재배했다. 이들은 베트남 전쟁 때 정글에서 프랑스군과 미군과 싸웠을 것이다. 하지만 지금은 자국 정부와 중국 기업에 맞서 더 어려운 싸움을 하고 있는 중이다. 정부는 이 일대 커피 농장을 강제 수용했다. 보상금은 ha당 5,000달러에 불과했다. 당시 시장 가격의 10분의 1도 안 되는 금액이었다. 베트남은 사회주의 국가로 정부의 권한이 막대하다. '국가 발전을 위한 일이며 거부하면 반역자'라는 정책 앞에서 모든 것을 빼앗긴 셈이다. 베트남의 보크사이트 개발은 2006년 베트남과 중국은 국영기업 간 보크사이트 개발 협력에 관한 양해각서MOU 협정 이후 본격화됐다. 2007년 응우옌 떤 중Nguyen Tan Dung 총리는 보크사이트 개발을 국가 주요 정책으로 공식 승인하며 '보크사이트는 베트남의 미래'라고 선언했다. 하지만 환경단체와 과학자, 문화계 인사, 군 원로들은 '베트남의 재앙'이라고 경고했다.

베트남 과학원의 환경 전문가 레 안 뚜안Le Anh Tuan 박사는 '중부 고원은 베트남의 물탱크다. 메콩강의 주요 지류들이 여기서 시작된다'고 설명하며 보크사이트 채굴이 이 지역의 토양과 수자원, 나아가 메콩강 유역 전체의 수질에 악영향을 미칠 수 있다고 지적했다. 람동성에서는 보크사이트 광산의 폐수가 지속적으로 다랏Da Lat호수로 유입되면서 농작물 피해와 관광 산업이 타격을 받았다. 다랏은 농사 외에도 '베트남의 스위스'로 불리는 고원 휴양지로 매년 600만 명의 관광객이 찾는다.

베트남 정부는 2030년까지 국가 광물 계획에 따르면, 보크사이트 생산을 연간 1,180만 t으로 늘릴 계획이다. 2050년에는 1억 1,800만 t으로 확대할 계획이라 발표했다. 하지만 환경운동가들은 '이는 자살행위'라고 경고한다. 중국의 환경 오염을 수입하고 있다며 정부를 비판했다. 실제로 중국은 자국의 보크사이트 채굴을 제한하면서 베트남이 개발할 것을 압박한다. 이것이 21세기의 신식민주의다. 실제로 중국 기업(Chalco 등)은 베트남 국영기업Vinacomin과 협력해 중부 고원지대에서 대규모 광산·알루미나 공장을 운영한다. 중국이 자국 내 채굴 제한으로 인해 베트남을 생산기지로 활용하고 있는 것이다. 베트남 전쟁의 상흔이 채 아물기도 전에, 베트남은 새로운 전쟁에 직면했다. 이번의 적은 총을 든 군인이 아니라 불도저를 앞세운 기업들이다. 그리고 전선은 정글이 아니라 법정과 정부로 바뀌었다.

그린란드는 마지막 프론티어

그저 자본 앞에 힘없이 무너져야 할까. 희망은 어디에나 남아 있는 모양이다. 그린란드의 태도는 달랐다. 기후변화로 그린란드의 빙하가 녹고 있는 사실은 이제 새롭지도 않다. 그런데, 빙하가 사라지자 갇혀 있던 것들이 등장했다. 이전에 접근이 어려웠던 광물 자원이 드러난 것이다. 이 지역의 희토류, 니오븀, 플래티넘, 몰리브덴, 탄탈럼, 티타늄 등 전략적 광물에 대한 접근성이 증가했다. 자원에 갈증과 허기를 가진 기업들이 이곳을 가만히 둘 리가 없다. 국제적 '광물 러시'가 촉발했다. 2016년 중국 기업들은 그린란드 남부의 크바네필드Kvanefjeld지역에서 희토류와 탐사에 눈독을 들였다. 그린란드는 이전부터 자원의 보고였다. 녹는점이 매우 높아 '절대 녹지 않는 얼음'이라는 뜻의 크리올라이트cryolite 광물이 그린란드 남서부에서 발견되었다. 19세기 무렵부터 정착민들은 크리올라이트가 중탄산나트륨을 만드는 데 쓰인다는 사실을 알게 된 후 채굴을 시작했다. 제2차 세계 대전 중에는 이비투트 광산Ivittuut mine에서 항공기에 사용되는 알루미늄 생산에 중요한 광물인 크리올라이트를 연합군에 공급했었다. 기후 변화로 그린란드의 지질 지도가 바뀐 것이다.

그린란드 원주민 이누이트족의 지도자이자 아카룩 린지Aqqaluk Lynge는 바닷가에 서서 멀리 빙산을 바라보며, 그들 조상의 영혼이 하나씩 녹아 사라지는 광경을 보았을 것이다. 린지는 UN 원주민 포럼

녹고 있는 그린란드 빙하의 모습

의 전 의장이다. 그는 40년 동안 이누이트족의 권리를 위해 싸워왔다. 1970년대에는 덴마크 정부와 싸웠고, 1990년대에는 미국 군대와 싸웠다. 이제는 중국 기업들과 싸우고 있다.

크바네필드 프로젝트는 호주 기업 그린란드 미네랄스Greenland Minerals가 시작했지만, 2016년부터 중국의 셩허 리소시스Shenghe Resources가 대주주로 참여했다. 이 프로젝트가 승인되면 그린란드 최대의 광산이 될 것이다. 늘 그렇듯 기업은 원주민과 정착민에게 일자리와 부를 약속한다. 하지만 그들은 돈으로 살 수 없는 것들이 있다는 걸 안다. 깨끗한 물, 건강한 바다, 조상들의 땅, …, 가격을 매길 수 없는 것들이 얼마나 소중한 것인지 알고 있다. 결국 2021년 4월 그린란드 총선에서 환경 정당인 이누이트 아타카티기트Inuit Ataqatigiit가 승리했다. 이들의 핵심 공약은 크바네필드 프로젝트 중단이었다. 새 총리 무테 에게Múte Egede는 "그린란드의 미래는 광산이 아니라 지속가능한 개발에 있다"고 선언했다. 하지만 압박은 계속되고 있다. 2023년 EU는 그린란드와 '전략적 파트너십'을 제안했다. 핵심은 광물 개발이다. EU 집행위원장 우르줄라 폰데어라이엔은 그린란드가 유럽의 녹색 전환에 중요한 파트너라고 했지만, 유럽의 전기차를 위해 이누이트의 터전을 파괴하는 녹색은 잿빛에 가까워 보인다.

결국 기후변화의 아이러니는 이곳에서 극명하게 드러났다. 지구온난화로 인해 접근 가능해진 자원을 채굴하여, 지구온난화의 주범인 산업 활동을 더욱 확대하는 것이다. 그린란드는 기후변화의 최전선이자 자원 전쟁의 새로운 전장이 됐다. 빙하가 녹으면서 드러나는 것은 광물만이 아니다. 인간의 탐욕도 함께 드러나고 있다. 2023년 여름, 그린란드의 기온은 관측 사상 최고인 23.4℃를 기록했다. 같은 해, 중국은 그린란드에 새로운 공항 건설을 제안했다. 표면적으로는 관광 개발이지만, 실제로는 광산 개발을 위한 인프라 구축이라는 분석이 지배적이다.

린지는 손자와 함께 전통 카약을 만들고 있다. "이 아이가 자라면 어떤 세상이 될까요? 빙하는 남아있을까요? 바다표범은? 우리의 전통은?" 그의 물음에는 어느 누구도 답이 없다. 하지만 한 가지는 분명하다. 그린란드의 운명은 단순히 한 지역의 문제가 아니라, 인류 전체의 미래와 연결되어 있다는 것이다.

2050년, 세계 인구는 97억에 달할 것이다. 도시화율은 70%를 넘을 것이다. 국제에너지기구(IEA)의 Net Zero by 2050 시나리오에서는 전기차는 1.5억 대, 재생에너지 설비는 지금의 4배가 될 전망이다. 이 모든 것에 알루미늄이 필요하다. 국제알루미늄협회는 2050년 알루미늄 수요는 109~119백만 t에 이를 것이라 보고 있다. 하지만 태양광·풍력·전기차 등 녹색 기술 수요 증가로 인해 현재 대비 2배에 이를 것으로 예상한다. 실제로 태양광 패널 프레임의 95%, 풍력 터빈 나셀의 70%가 알루미늄이다. 전기차 1대당 평균 190 kg의 알루미늄이 사용된다. 아이러니하게도 기후변화를 막기 위한 '녹색 전환'이 더 많은 알루미늄을 요구하고 있다. MIT의 앤서니 쿠Anthony Ku 교수는 네이처 인터뷰에서 "우리는 탄소 중립을 위해 더 많은 탄소를 배출해야 하는 역설에 직면해 있다"고 지적했다. 미래의 딜레마이자 녹색 전환의 역설이다.

가벼운 금속의 무거움

알루미늄은 현대 문명의 거울이다. 풍요와 낭비, 혁신과 파괴, 진보와 퇴보가 공존한다. 이 가벼운 금속이 던지는 무거운 질문에 우리가 어떻게 답하느냐에 따라 인류의 미래가 결정될 것이다. 2024년 3월, 기니 정부는 중국과 200억 달러 규모의 보크사이트 개발 협정을 체결했다. 같은 날, 보케 지역에서는 주민들이 오염된 물을 마시고 병원에 실려갔다. 광산 인근 12개 마을의 수질 기준치가 WHO 권고치보다 최대 7배 초과했다.

호주 멜버른 대학의 사만다 해리스Samantha Harris 개발정책학과 교수는 가디언과 인터뷰에서 "알루미늄 산업은 식민주의의 현대판이다. 가난한 나라의 자원을 캐내고, 부유한 나라에서 소비한다. 환경 파괴의 대가는 현지인들이 치른다"고 비판했다. 그녀는 2023년 논문 「알루미늄의 정치경제학(The Political Economy of Aluminum)」에서 "보크사이트 채굴이 기니·자메이카·인도네시아 등에서 신식민주의적 구조를 재생산한다"고 주장했다.

언젠가 우리 후손들은 21세기를 '알루미늄 시대'라고 부를지 모른다. 물론 공식적 지질 시대 구분은 아니다. 석기시대, 청동기시대, 철기시대를 거쳐 도달한 이 시대는 어쩌면 인류가 물질과 맺는 관계를 근본적으로 재고해야 할 시점일지도 모른다.

찰스 마틴 홀과 폴 에루가 각자의 실험실에서 알루미늄을 전기분해하던 1886년, 그들은 자신의 발견이 세상을 어떻게 바꿀지 상상이나 했을까? 그들이 꿈꾼 것은 하늘을 나는 기계와 눈부신 건물이었지만, 미처 보지 못한 것은 황폐해진 열대우림과 오염된 강, 그리고 기후변화로 신음하는 지구였다. 2023년 유엔환경계획UNEP 보고서는 '2050년 알루미늄 수요가 1990년 대비 400% 증가할 것'이라며, 자원 추출과 환경적 비용의 균형 필요성을 강조했다.

오늘날 우리가 내리는 선택들도 100년 후에는 비슷한 평가를 받을 것이다. 우리는 문자 그대로 알루미늄 위에서, 알루미늄에 둘러싸여, 알루미늄 시대를 살아가고 있다. 우리가 직면할 질문은 이것이다: 우리는 이 가벼운 금속의 무거운 대가를 얼마나 더 치를 준비가 되어 있는가?

재활용 분류 중에서 금속인데도 불구하고 고철과 달리 유일하게 별개로 다뤄지는 금속이 있다. 분리수거한 경험이 있다면 쉽게 알 수 있는 물질이다. 하지만 아무도 이 상황을 질문의 형태로 옮기지 않았다. 수많은 금속 중에 왜 캔과 같은 알루미늄 금속만 유일한 재활용 수거를 할까. 알루미늄이라는 물질의 희소성 때문일까.

철보다 풍부한 이 금속은 한번 쓰고 버리는 퇴폐의 상징이 됐다. 알루미늄이라는 재료의 독특한 성질은 기능과 디자인 면에서 인류의 가장 수준 높은 발명품인 일회용 캔을 탄생시켰고 소비 형태를 완전히 바꿨다. 20세기 초 인류는 두 차례에 걸친 지옥 같은 전쟁을 치르며 지옥에서 탈출한 인류는 수많은 산업을 일으켰다. 전 세계적으로 알루미늄 산업은 폭탄과 항공기 수요를 맞추기 위해 고도의 성장을 했다. 소비경제를 복구하는 과정에서도 알루미늄을 놓지 않았다. 이전 세대의 결핍을 채우던 물건의 소재를 알루미늄으로 바꾸고 한 번만 쓰고 버릴 수 있게 변형시켰다. 인류의 품격 있는 삶을 잠시 채우고 바로 눈앞에서 사라져 버리게 한 것이다. 과거의 시간을 끌어다 한꺼번에 소모하는 플라스틱의 철학이 알루미늄에 옮겨진 것이다.

알루미늄을 재활용하는 이유는 간단하다. 알루미늄의 진정한 매력은 무한 재활용 가능성에 있다. 한번 생산된 알루미늄은 품질 저하 없이 계속 재활용할 수 있다. 재활용에 필요한 에너지는 신규 생산의 5%에 불과하다. 물론 % 단위의 맹점은 절댓값을 알 수 없다는 데 있다. 5%는 양으로 따지면 상대적으로 많을 수도 있고 적을 수도 있다. 그러니까 전체를 먼저 봐야 한다. 거대한 구조 속에 숨겨져 낮은 차원의 시선에서는 잘 보이지 않는다. 보다 입체적 차원으로 보면 저렴하다고 생각하는 캡슐 커피는 현재 판매되는 커피 중에서 가장 비싼 커피일지도 모른다. 우리가 지불한 비용은 커피뿐만 아니라 거기에 현대인 삶의 풍경, 편리함과 품격, 디자인, 광고 비용을 녹여낸 전체를 누리는 것이다. 우리가 이 모든 풍요를 누리기 위해 지불한 영수증에는 보이지 않는 숫자가 적혀있다. 과거의 시간을 끌어다 쓰고 망가진 미래를 복구할 보이지 않는 대출금이 들어있다. 이 말은 우리가 진정으로 얻고자 하는 물질 외에, 우리가 미처 알지 못했던 물질이 우리가 지속 가능하다는 문구로 그렇게 애쓰며 지키려고 하는 대상을 파괴하는 데 이용되고 있었다.

경제학에서 일반적으로 말하는 가정이 있다. 사람들은 아직 출현하지 않은 미래 세대나 아주 멀리 있는 사람들을 위해 자발적으로 희생하지 않는다는 것이다. 인류는 이미 자본과 경제 논리 위에 놓인 영악한 자신을 너무나 잘 알고 있다. 당장 닥치는 위험이 없다면 이미 그 거대한 구조 속에 속해 있으면서 아직 움직이지 않는 자신은 안전하다고 느끼기 때문이라는 것이다. 최근 난방비와 가스요금을 보고 놀란 세대가 적잖을 것이다. 체감적으로는 두 배 이상이 올랐다. 물론 지구촌에서 벌어지는 전쟁으로 인한 여파도 적잖다. 과거의 정복자와 같은 확실한 존재가 있는 것도 아니다. 예전 거인이 명징했다면 지금은 흐릿한 모습으로 우리 스스로 거인의 세포 일부로 작동하고 있는 셈이다.

순환경제의 가능성

한 가지 분명한 것은, 알루미늄 캔을 재활용 통에 넣는 작은 행동이 거대한 환경 파괴의 사슬을 끊는 첫걸음이 될 수 있다는 사실이다. 1888년 이후 생산된 모든 알루미늄의 75%가 아직도 사용 중이라는 통계는 희망의 메시지다. 이는 약 10억 t에 달하는 양이다. 노르웨이의 하이드로Hydro는 2025년까지 모든 제품을 최소 50% 재활용 알루미늄으로 만들 계획이다. 독일의 트리메트Trimet는 산업 폐기물에서 알루미늄을 회수하는 'Urban Mining' 프로젝트를 진행 중이다.

2023년 이들은 폐자동차 10만 대에서 1만 5천 t의 알루미늄을 추출했다.

혁신 역시 필요하다. 언제까지 찰스 마틴 홀과 폴 에루에만 의지할 수는 없는 일이다. 바램만이 아닌 희망은 있다. 2018년 알코아Alcoa와 리오틴토Rio Tinto는 '엘리시스Elysis'라는 합작회사를 설립했다. 이들은 탄소 전극 대신 불활성 양극을 사용하는 신기술을 개발 중이다. 이론적으로 CO_2 대신 순수한 산소만 배출된다.

2024년 3월, 퀘벡 생-장-드-마트뉴Saint-Jean-de-Matha 시험 공장에서 첫 상업용 규모의 알루미늄(약 10 t)을 생산했다. 애플은 이 알루미늄으로 만든 아이폰 16 프로토타입을 공개했다. 하지만 상업화까지는 아직 갈 길이 멀다. 보스턴메탈Boston Metal은 2013년 MIT 스핀오프로 설립된 기업으로, 용융산화물전해Molten Oxide Electrolysis, MOE 기술을 개발 중이다. 이 기술은 보크사이트를 거치지 않고 저품위 광석에서 직접 알루미늄을 추출할 수 있다. 성공한다면 '적니Red Mud' 발생을 근본적으로 차단하며 문제를 해결할 수 있을 것이다. 다만 현재는 TRL(기술성숙도) 4단계, 즉 실험실 검증 완료 단계에 머물러 있다. 무엇보다 중요한 점은, 이러한 기술들 모두 재생에너지와 결합할 때에만 비로소 진정한 '무탄소' 생산이 가능하다는 것이다.

우리가 만든 것을 버리지 않고 계속 사용한다면, 더 이상 산을 파헤치고 강을 오염시킬 필요가 없을지도 모른다. 어쩌면 미래의 알루미늄 시대는 채굴의 시대가 아니라 재활용의 시대가 될 것이다. 그때까지 우리는 이 반짝이는 금속이 남긴 상처를 치유하는 방법을 찾아야 한다. 붉은 진흙으로 물든 강을 맑게 하고, 파괴된 숲을 되살리고, 고향을 잃은 사람들에게 새로운 희망을 주어야 한다. 알루미늄은 한때 신의 금속이었다가 이제는 악마의 금속처럼 보일지도 모른다. 하지만 결국 그 모든 것은 우리가 어떻게 사용하느냐에 달려 있다. 가벼운 금속의 무거운 책임, 그것이 우리 시대의 과제다.

제4장

문명을 흐르게 한 전류의 금속, 구리

29

Cu

Copper

63.546

이 이야기는 한 줌의 푸른 돌로 시작한다. 지금의 이라크 지역과 아나톨리아 고원에서, 기원전 약 1만 년 전 한 원시인이 모닥불 가장자리에서 이상한 돌멩이를 발견했다. 그 돌은 다른 돌들과 달리 묘하게 푸르스름한 빛을 띠고 있었다. 호기심은 인간의 가장 큰 특징이다. 그는 그 돌을 불 속에 던져 넣었다. 시간이 지나 불길이 사라진 후, 잿빛 속에서 반짝이는 어떤 것이 나타났다. 그런데, 돌이 아니었다. 단단한 것으로 두드리니 부서지지 않고 모양이 변했다. 심지어 구부릴 수도 있고, 늘일 수도 있었다. 인류는 이전까지 본 적이 없는 금속이라는 완전히 새로운 물질과 만났다. 프로메테우스의 첫 번째 불 속에서 태어난 최초의 금속이 바로 구리였다.

구리는 인간이 발견한 최초의 금속이라는 특별한 지위를 갖고 있다. 이는 순전히 우연이 아니다. 자연 상태에서 순수한 금속 형태로 발견되는 원소는 극히 드물다. 금과 은이 그렇고, 구리가 그렇다. 그러나 금과 은은 매우 희귀해서 우연히 발견할 가능성이 낮았다. 반면 구리는 상대적으로 흔했고, 특히 오대호 지역이나 안데스 산맥에서는 주먹만 한 덩어리로도 발견됐다. 인류에게는 행운이었다. 만약 구리가 없었다면, 인류가 금속을 다루는 법을 익히기까지 훨씬 오랜 시간이 걸렸을 것이다. 금과 은은 희귀했고 철을 제련하기 위한 기술은 물론 높은 열원을 얻지 못했기 때문이다.

구리의 발견은 인류 문명에서 가장 중요한 기술적 도약 중 하나였다. 돌을 깨뜨려 도구를 만들던 시대에서, 금속을 녹여 원하는 모양으로 만드는 시대로의 전환이었다. 이는 마치 그림을 종이에 그리던 화가가 갑자기 3D 프린터를 손에 넣은 것과 같은 혁명이었다. 구리는 돌보다 단단하고, 나무보다 오래 지속되며, 뼈보다 예리한 날을 만들 수 있었다. 더 중요한 것은 모양을 자유자재로 바꿀 수 있다는 점이었다. 사실 이 첫 만남이 어떻게 일어났는지는 여전히 미스터리다. 일부 고고학자들은 자연적으로 발생한 산불이 구리 광석이 섞인 바위를 가열해 우연히 구리가 만들어졌을 것이라고 추정한다. 다른 학자들은 도자기 제작용 가마에서 높은 온도를 달성할 수 있게 되면서 의도적인 제련이 시작됐다고 본다. 어떤 경로든 상관없다. 중요한 것은 그 순간 인류가 자연 자체가 아닌 물질 세계를 조작하는 새로운 능력을 얻었다는 사실이다. 그 능력의 시작점에 구리가 있었다.

구리 원자의 독특함에 의존한 문명

구리 원자를 들여다보면 왜 이 금속이 그토록 특별한지 알 수 있다. 구리는 원자번호 29, 원자량 63.546의 전이금속이다. 하지만 이런 차갑고 건조한 숫자들은 구리의 진정한 매력을 전혀 설명하지 못한다. 매력적인 구리의 진정한 비밀은 핵 주변에 자리잡은 전자들의 지리적 위치에 있다. 구리의 전자 배치는 [Ar] $3d^{10}$ $4s^{1}$이다. 이 암호 같은 전자의 지리적 주소는 실제로 매우 흥미로운 이야기를 담고 있다. 대부분의 전이금속들이 d 오비탈을 불완전하게 채우고 있는 반면, 구리는 d 오비탈을 완전히 채운 채로 s 오비탈에 전자 하나만 덩그러니 남겨두었다. 이는 마치 열차에서 3호차까지 모든 승객이 자리에 앉아 있고 한 명만 다음 4호차에 혼자 앉아 있는 상황과 같다. 이 '외로운' 전자 하나가 구리의 모든 독특한 성질을 만들어낸다. 이 외로운 전자는 매우 자유롭게 움직일 수 있다. d 오비탈이 완전히 채워져 있어 안정하므로, s 오비탈의 전자는 자신이 속한 구리핵의 공간을 탈출할 수 있거나 다른 원자로도 쉽게 이동할 수 있다. 이것이 바로 구리가 뛰어난 전기 전도체가 되는 이유다. 전기란 결국 전자의 집단이고, 구리 금속은 전자들로 가득 채워질 수 있는 완벽한 조건을 제공한다.

하지만 구리가 금속으로서 보여주는 진짜 마법은 여기서부터 시작된다. 내가 고체물리학을 공부할 때 가장 경이로웠던 순간 중 하나는 금속결합의 원리를 이해한 때였다. 금속이 왜 그렇게 특별한 성질을 갖는지 드디어 알게 된 것이다. 구리 원자들은 저마다 가장 바깥쪽 s 오비탈에 있는 전자 하나를 기꺼이 내어준다. 이는 마치 모든 시민이 공동의 이익을 위해 자신의 자산 일부를 공동 기금에 기부하는 것과 같다. 전자를 잃은 구리 원자들은 Cu^{+} 양이온이 되어 규칙적으로 배열된다. 이는 마치 사과를 쌓아 올린 것처럼 입체적이고 질서정연한 모습이다.

여기서 흥미로운 역설이 등장한다. 같은 양전하를 가진 이온들은 서로 밀어내야 하는데, 어떻게 이렇게 가까이 모여 있을 수 있을까? 답은 바로 그 기부된 전자들에 있다. 원자에서 탈출한 전자들은 이제 '자유전자'가 되어 금속 전체를 떠돌아다닌다. 이들은 특정한 원자에 속하지 않고 금속 결정 전체에 고르게 퍼져 있다. 마치 도시 전체를 자유롭게 누비는 택시들처럼. 화학에서는 이 상태를 '전자의 바다'라고 부른다. 정말 적절한 비유다. 양이온들이 바다 속에 있는 섬들이라면, 자유전자들은 그 섬들을 둘러싸고 끊임없이 움직이는 바닷물과 같다. 음전하를 띤 전자들과 양전하를 띤 이온들 사이의 전기적 인력이 전체 구조를 단단하게 붙들어 매는 것이다. 이 개념을 처음 체계적으로 설명한 사람은 독일의 물리학자 파울 드루데Paul Karl Ludwig Drude였다. 1900년에 공개한 드루데 모델은 금속이 금속 양이온과 원자들 사이에 존재하는 전자로 이뤄졌다는 이론이고 '전기 저항電氣抵抗, Electric resistance'은 자유전자의 충돌에 의한 현상이었다. 드루데 모델은 양자론으로 설명되며 금속의 여러 가지 성질을 증명했다. 물론 이 모델이 완벽하지는 않았지만, 금속의 기본 성질을 이해하는 데 혁명적인 기여를 했다.

구리에서 이런 자유전자들의 밀도는 상상을 초월한다. 1㎤의 구리 안에는 약 8.5×10^{22}개의 자유전자가 있다. 이는 우리 은하계의 별 개수보다 1억 배 이상 많은 숫자다. 이 전자들이 모두 구리 조각 전체에서 운동하고 있다고 생각해보라. 작은 구리 조각 하나가 얼마나 역동적인 세계인지 상상할 수 있을 것이다. 이 자유전자들이 바로 구리가 뛰어난 전기 전도체가 되는 비밀이다. 전류란 결국 전자의 흐름이고, 구리는 전자들이 자유자재로 움직일 수 있는 완벽한 고속도로를 제공한다. 구리에 전압을 가하면 어떤 일이 일어날까? 이는 마치 물로 가득 찬 호스의 한쪽 끝에서 물을 밀어 넣으면 반대편에서 즉시 물이 나오는 것과 같다. 전자 하나하나가 구리선을 처음부터 끝까지 여행할 필요가 없다. 이미 가득 찬 전자들이 도미노처럼 서로를 밀어주기 때문에 전기 신호는 빠르게 전달되는 것처럼 느껴진다. 그래서 여기에는 아이러니가 있다. 전자들의 실제 이동 속도는 놀랍도록 느리다. 구리선을 통과하는 전자의 평균 이동 속도는 시속 0.01 km 정도밖에 안 된다. 달팽이보다 느린 속도다. 그런데도 전기 신호는 거의 즉시 전달된다. 이는 전자들 자체의 속도가 아니라 전기장의 전파 속도 때문이다.

물론 구리 역시 완벽하지는 않다. 아무리 순수한 구리라도 원자 배열에는 미세한 결함들이 있다. 불순물인 다른 원자, 결정 경계, 원자들의 열진동 등이 전자의 흐름을 방해한다. 이런 장애물들과 충돌할 때마다 전자는 에너지를 잃고, 그 잃어버린 에너지는 열로 변환된다. 이것이 바로 전기 저항의 정체다. 전구의 필라멘트를 생각해보자. 텅스텐은 분명히 금속이고 전기를 전도하지만, 구리보다 저항이 훨씬 크다. 그래서 전류가 흐르면 전자들이 많이 충돌하고, 그 결과 엄청난 열이 발생해 결국 빛을 낸다. 구리로 전구 필라멘트를 만들면? 저항이 너무 낮아서 빛 대신 단순히 뜨거워지기만 할 것이다. 물론 더 많은 전압으로 전자를 밀어 넣을 수 있을 것이다. 결국 빛을 방출하겠지만, 동시에 열을 견디지 못하고 녹아버린다.

구리의 전기전도도는 은 다음으로 높다. 은이 100이라면 구리는 97 정도의 전도도를 갖는다. 겨우 3% 차이지만, 가격은 은이 구리보다 70배가량 비싸다. 이는 마치 페라리와 99% 성능이 비슷한 스포츠카를 70분의 1 가격에 살 수 있는 상황과 같다. 그래서 구리가 전선의 소재로 선택된 것이다. 경제적 효율성에서 구리를 따라올 금속은 없다. 구리는 열전도 역시 뛰어나다. 이는 같은 원리로 설명된다. 자유전자들이 열에너지를 효율적으로 전달하기 때문이다. 그래서 구리는 냄비 바닥재로도 사용된다. 요리사들이 구리 팬을 선호하는 이유는 단순히 멋있어 보여서가 아니라, 열이 고르게 퍼져서 음식이 타지 않기 때문이다. 구리의 기계적 성질도 흥미롭다. 구리는 매우 연성이 높아 얇은 전선으로 뽑아낼 수 있고, 전성도 좋아서 얇은 판으로 펼칠 수 있다. 0.1 mm보다 얇은 구리선을 만드는 것도 가능하다. 이는 머리카락 굵기와 비슷한 수준이다. 만약 구리 1 t을 머리카락 굵기 수준의 전선으로 뽑아낸다면, 그 길이는 대략 14,210 km로 우리나라에서 남아메리카 대륙간 거리 정도다.

구리의 이런 성질 때문에 현대 문명은 구리 없이는 존재할 수 없다. 발전소에서 생산된 전기가 우리 집까지 오는 모든 경로에는 구리가 있다. 송전선, 배전선, 가정용 전선, 그리고 모든 전자기기 내부의 회로까지. 만약 지구상의 모든 구리가 갑자기 사라진다면, 우리는 즉시 19세기로 돌아가게 될 것이다. 아니, 19세기보다도 더 암울할 수 있다. 19세기 사람들은 적어도 구리 없는 삶에 익숙했으니까. 미국 지질조사소USGS와 국제구리협회ICA의 데이터에 따르면, 현대 주택 하나에는 평균 90 kg의 구리가 사용된다. 이는 일반 성인 남성의 몸무게와 비슷한 양이다. 이 구리들은 전선, 배관, 에어컨 파이프, 각종 전자기기에 숨어 있다. 우리가 인식하지 못하는 사이에 구리는 우리 삶의 신경망을 이루고 있는 것이다. 이 모든 현상의 근본에는 구리 원자의 독특한 전자 배치가 있다. 이것이 바로 구리가 전기의 시대를 연 이유다. 구리 없이는 에디슨의 전구도, 테슬라의 교류 전

동기도, 그리고 지금 우리가 사용하는 모든 전자기기도 불가능했을 것이다.

인류 최초의 하이테크 혁명인 합금

구리 단독으로도 충분히 혁명적이었지만, 인류는 곧 더 놀라운 발견을 하게 된다. 구리에 주석을 조금 섞으면 완전히 다른 물질이 된다는 사실이었다. 청동의 탄생이다. 이는 인류 역사상 최초의 합금 기술이었고, 어떤 의미에서는 최초의 하이테크 혁신이었다. 청동은 보통 구리 90%와 주석 10%의 비율로 만들어진다. 겨우 10%의 주석이 구리의 성질을 완전히 바꿔버린다. 청동은 구리보다 훨씬 단단하고, 더 예리한 날을 만들 수 있으며, 주조 성형이 더 쉽다. 이는 마치 평범한 요리에 비밀 양념을 한 스푼 넣었더니 갑자기 미슐랭 요리가 되는 것과 같았다. 청동의 발견 역시 우연이었을 가능성이 높다. 구리와 주석 광석이 함께 있는 지역에서 두 금속이 자연스럽게 섞여 제련됐을 것이다. 하지만 이 우연을 의도적으로 재현하고 개선하는 과정에서 인류는 야금학이라는 새로운 과학 분야를 개척했다. 온도 조절, 합금 비율 조정, 주조 기술 등 복잡한 지식이 의미있는 방향으로 축적되기 시작했다.

청동기 시대는 단순히 도구가 발전한 시대가 아니라, 인간 사회 구조 자체가 변화한 시대였다. 청동 제작에는 전문 기술이 필요했고, 이는 최초의 기술자 계층을 만들어냈다. 신분과 역할의 분화를 촉진했을 것이다. 구리와 주석은 동시에 같은 지역에서 나지 않는 경우가 많아 장거리 무역이 필수였을 것이다. 메소포타미아, 이집트 등 주요 청동기 문명권에서는 주석이 희귀했다. 주석은 오늘날의 아프가니스탄, 영국 콘월, 중앙아시아 등지에서 주로 채굴되었다. 이는 최초의 국제 무역망을 형성하는 계기가 됐다. 더 나은 무기를 가진 집단이 우위를 점하면서 결국 서열을 만들었고 사회는 수직적 계층으로 분화됐다.

메소포타미아의 우르 왕묘 유적에서 발견된 기원전 2600년경의 청동 투구는 당시 기술의 정교함을 보여준다. 한 장의 청동판을 정교하게 두들겨서 머리 형태에 맞게 성형한 것으로, 현대의 금속 성형 기술의 기본 원리와 크게 다르지 않다. 5000년 전의 장인이 오늘날의 자동차 공장에서 일해도 금세 적응할 수 있을 정도로 기본 원리는 변하지 않았다. 중국의 상나라와 주나라 시대의 청동기는 더욱 놀랍다. 복잡한 문양이 새겨진 정교한 청동 그릇들은 당시 기술 수준이 얼마나 높았는지 보여준다. 특히 중국인들은 청동 주조에서 독특한 '분할 주형piece-mold casting' 기법을 개발했는데, 분할 주형은 여러 개의 주형(틀)을 조립해 복잡한 형태를 만들고, 이를 반복적으로 사용할 수 있는 도구로 복잡한 형태의 청동기를 대량생산할 수 있게 했다. 이 방식은 현대의 대량생산 개념과 놀라울 정도로 유사하다.

합금 제조 과정에서도 흥미로운 화학이 일어난다. 청동을 만들 때는 구리와 주석을 녹인 상태에서 섞는다. 이때 단순한 물리적 혼합이 아니라 Cu-Sn계 금속간화합물들이 형성된다. Cu_3Sn, Cu_6Sn_5 같은 화합물들이 청동의 독특한 성질을 만들어낸다. 황동의 경우도 마찬가지로 구리와 아연이 α-황동, β-황동 같은 다양한 고용체와 금속간화합물을 형성한다.

부식마저 아름다운

구리는 다른 금속들과 구별되는 독특한 특징이 또 있다. 바로 산화될 때 생기는 아름다운 녹색이다. 철이 적갈색으로 녹스는 것과 달리, 구리는 푸른색 또는 녹색의 화합물을 만든다. 이 변화는 단순한 부식이 아니라 일종의 예술적 변신이다.

구리의 산화 과정은 복잡하다. 먼저 구리가 산소와 반응해 산화구리(Cu_2O)를 만든다.

$$4Cu + O_2 \rightarrow 2Cu_2O$$

이때는 검붉은 색을 띤다. 시간이 더 지나면 추가적으로 산화가 진행하며 이산화구리(CuO)가 되어 검은색을 보인다.

$$2Cu_2O + O_2 \rightarrow 4CuO$$

하지만 진짜 마법은 여기서부터 시작된다. 습기와 이산화탄소가 함께 작용하면 염기성 탄산구리($Cu_2(OH)_2CO_3$)가 만들어진다.

$$2CuO + CO_2 + H_2O \rightarrow Cu_2(OH)_2CO_3$$

이것이 바로 그 유명한 녹청이다. 녹청은 단순한 부식 산물이 아니라 구리를 보호하는 보호막 역할을 한다. 이 얇은 막이 내부의 구리를 산소의 공격을 보호해 더 이상의 산화 반응으로부터 보호해준다. 이는 마치 피부에 상처가 나면 딱지가 생겨서 피부 내부를 보호하는 것과 같은 원리다. 그래서 구리 지붕이나 구리 조각상은 수백 년 동안 버틸 수 있다. 가장 대표적 사례가 뉴욕의 자유의 여신상이다.

1886년 완공 당시 자유의 여신상은 구리 본래의 적갈색이었다. 하지만 시간이 지나면서 점차 녹청이 생겨 지금의 푸른색이 됐다. 이 과정은 약 30년이 걸렸다. 많은 사람들이 자유의 여신상이 원래부터 녹색이었다고 생각하지만, 사실은 뉴욕의 바람과 습기, 그리고 시간이 만들어낸 자연스러운 변화다. 하지만 자유의 여신상에는 구리의 아름다운 변신보다 훨씬 더 극적인 이야기가 숨어 있다. 나는 뉴욕을 방문했을 때 이 거대한 동상 앞에서 경외감을 느꼈다. 그런데 동상을 바라보며 문득 이런 생각이 들었다. 저 거대한 구조물이 어떻게 100년 이상 바닷바람을 맞으며 서 있을 수 있을까? 도슨트의 설명은 놀랍도록 드라마틱했다. 자유의 여신상은 사실 미국이 만든 작품이 아니다. 프랑스가 미국 독립 100주년을 기념해 선물한 것이다. 조각가 바르솔디가 디자인을 맡았고, 놀랍게도 그 모델은 바르솔디의 어머니였다. 자유를 상징하는 여신의 얼굴이 한 아들이 바라본 어머니의 모습이라니, 이보다 더 감동적인 이야기가 있을까. 하지만 정작 흥미로운 것은 내부 구조 설계를 맡은 사람이었다. 바로 알렉산드르 구스타브 에펠, 프랑스의 상징인 에펠탑을 만든 인물이다. 에펠은 '철의 마법사'라고 불렸다.

하지만 화학을 전공한 그도 자유의 여신상에서는 치명적인 실수를 저질렀다. 동상의 외피는 2.5 mm 두께의 구리판으로, 내부 골격은 강철로 만들어졌다. 언뜻 보면 합리적인 설계 같지만, 여기에 함정이 있었다. 서로 다른 두 금속이 직접 접촉하고 있었던 것이다. 사실 에펠은 이 위험성을 알고 있었을 것이다. 그래서 두 금속 사이에 동물성 수지가 포함된 석면을 끼워 넣었다. 하지만 그는 한 가지 중요한 사실을 간과했다. 그 동상은 박물관의 유리 진열장 안이 아니라, 대서양의 거친 바닷바람과 염분, 비와 눈, 심지어 번개까지 견뎌야 한다는 점이었다.

결과는 예상할 수 있다. 100년이 지나자 동상은 거대한 배터리가 되어 있었다. 배터리라니, 이게 무슨 말일까? 1980년대 대대적인 복원 공사를 벌였을 때 발견된 광경은 충격적이었다. 겉으로 보이는 구리판은 아름다운 녹청색을 띠고 있었지만, 내부의 강철 골격은 처참하게 부식되어 있었다. 여신은 겨우 겉모습만으로 버티고 있었던 것이다. 이 현상의 이름은 '갈바니 부식Galvanic Corrosion'이다. 18세기 이탈리아의 생리학자 루이지 갈바니가 발견한 현상으로, 서로 다른 두 금속이 전해질(이 경우 바닷물)을 매개로 접촉하면 전기가 흐르며 한쪽 금속이 빠르게 부식되는 현상이다. 철은 구리보다 전기화학적 서열(활동성)이 높아 희생 양극으로 작용하며 급속히 부식되었다. 반면 구리는 보호받는 음극이 되어 부식 속도가 크게 감소한 것이다. 구리와 철 사이의 전위차는 0.78V 정도로 미미하지만, 100년이라는 시간 앞에서는 무시할 수 없는 차이이다.

더 심각한 것은 여신상의 구리 표면적이 철보다 훨씬 넓다는 점이었다. 이런 경우 부식 속도에 '부스터 효과'가 발생한다. 철은 혼자 있을 때보다 최대 100배 이상 빠르게 부식됐다. 반대로 구리는 철이 희생양이 되어주는 덕분에 천천히 부식됐다. 우리가 아름답다고 감탄했던 여신상의 녹청색은 사실 철의 희생 위에서 만들어진 것이었다. 전기화학적 부식에서 '큰 음극–작은 양극' 조합이 가장 위험한 경우로 알려져 있다.

하지만 이 원리를 역으로 이용하면 금속을 보호할 수도 있다. 바다를 항해하는 거대한 함선들을 보라. 모두 강철로 만들어졌지만,

자세히 보면 선체 곳곳에 이상한 금속 덩어리들이 붙어 있다. 이것들이 바로 '희생 양극'이다. 아연이나 마그네슘처럼 철보다 더 쉽게 산화되는 금속을 붙여놓아, 이들이 대신 부식되면서 선체의 강철을 녹으로부터 보호한다. 도시 지하의 철제 배수관에도 이런 희생 양극들이 숨어 있다. 우리가 매일 사용하는 수도관이 수십 년간 버틸 수 있는 것도 어딘가에서 묵묵히 자신을 희생하는 작은 금속 조각들 덕분이다. 이 부품들은 정기적으로 교체되어야 한다. 마치 사람이 주기적으로 건강검진을 받는 것과 같다. 이 '희생'이라는 개념은 단순한 화학적 현상을 넘어선다. 우리 사회도 마찬가지가 아닐까. 24시간 편의점의 불빛, 새벽 배송의 편리함, 언제든 가능한 배달 서비스 뒤에는 누군가의 밤샘 노동이 있다. 그들이 우리 문명이라는 거대한 시스템을 지탱하는 희생 양극 역할을 하고 있기 때문에 우리는 커다란 음극 속에서 편히 살아가는 것이다.

자유의 여신상은 1980년대 대대적인 복원을 거쳐 지금도 뉴욕항구를 지키고 있다. 내부 골격은 스테인리스강으로 교체되었고, 구리와 강철 사이에는 절연재가 제대로 설치되었다. 이제 더 이상 거대한 배터리가 아니다. 하지만 그 100년간의 갈바니 부식이 우리에게 남긴 교훈은 여전히 유효하다. 물질의 성질을 무시한 설계가 얼마나 위험한지, 그리고 우리 문명이 얼마나 정교한 균형 위에서 유지되고 있는지를 보여주는 산 증거이기 때문이다.

파리의 에펠탑 꼭대기에 있는 뾰족한 부분도 구리로 만들어졌다. 처음에는 구리의 자연색이었지만 지금은 아름다운 녹청색을 띤다. 프랑스인들은 이를 '베르디그리vert-de-gris'라고 부르는데, 이는 '그리스의 녹색'이라는 뜻이다. 고대 그리스 시대부터 이 아름다운 녹색

구리로 만들어진
에펠탑 꼭대기의 모습

이 잘 알려져 있었다는 의미다. 구리의 이런 성질은 건축가들에게 특별한 영감을 준다. 시간이 지날수록 더 아름다워지는 건축 재료는 구리가 거의 유일하다. 다른 금속들은 시간이 지나면 추해지거나 교체해야 하지만, 구리는 세월과 함께 성숙한다. 이는 마치 좋은 와인이 시간이 지날수록 깊은 맛을 내는 것과 같다.

현대 문명의 신경망

19세기 중반, 구리는 두 번째 황금기를 맞게 된다. 비로소 전기의 시대가 열린 것이다. 1844년 사무엘 모스가 최초의 전신을 보낸 순간부터, 구리는 인류 문명의 신경망이 되기 시작했다. 워싱턴에서 볼티모어까지 60 km를 이은 전신선에는 구리선이 사용됐다. 이는 인류 역사상 최초로 정보가 빛에 가까운 속도로 전달된 순간이었다. 에디슨이 백열전구를 발명하고 뉴욕에 최초의 전력 공급 시설을 만들 때, 그는 구리선 없이는 아무것도 할 수 없다는 것을 깨달았다. 1882년 펄스트리트 발전소에서 맨해튼 남부로 전기를 공급하는 모든 전선이 구리로 만들어졌다. 이때부터 구리는 문명의 필수 재료로 자리잡았다. 20세기 들어 구리의 중요성은 더욱 커졌다. 전화의 보급과 함께 전 세계가 구리선으로 연결되기 시작했다. 1915년 뉴욕과 샌프란시스코를 잇는 최초의 대륙 횡단 전화선이 개통됐는데, 이 3,400 km의 긴 선로에는 수 t의 구리가 사용됐다. 당시로서는 상상하기 어려운 양이었다.

2차 대전 중에는 구리가 전략 물자로 분류됐다. 미국 정부는 전쟁 물자 생산을 위해 민간의 구리 사용을 제한했다. 전투기, 탱크, 군함, 포탄 등 모든 군사 장비에 구리가 필수였기 때문이다. 특히 포탄의 탄띠는 구리와 아연의 합금인 황동으로 만들어졌다. 전쟁이 끝날 때까지 미국에서만 200만 t의 구리가 군사용으로 사용됐다.

21세기에 들어서면서 구리의 역할은 더욱 다양해졌다. 컴퓨터, 스마트폰, 자동차, 에어컨 등 현대인의 일상을 구성하는 거의 모든 기기에 구리가 들어간다. 아이폰 하나에도 약 25 g의 구리가 사용된다. 이는 10원짜리 동전 6~7개 정도의 무게다. 10원짜리 동전 1개는 약 4.06 g이다. 적은 양 같지만, 전 세계에서 하루에 생산되는 스마트폰 수를 생각하면 엄청난 양이다. 전기자동차의 등장은 구리 수요를 폭발적으로 증가시켰다. 일반 내연기관 자동차에는 약 23 kg의 구리가 사용되지만, 전기차에는 83 kg의 구리가 필요하다. 거의 4배 차이다. 이는 전기 모터, 배터리, 충전 시스템 등에 대량의 구리가 필요하기 때문이다. 테슬라 모델 S 하나에는 80 kg 이상, 많게는 100 kg에 가까운 구리가 들어간다. 일반 자동차 3~4대 분량의 구리가 들어가는 셈이다.

품위 낮은 보물

구리는 지각에서 약 0.007%의 비율로 존재한다. 구리가 흔한 것 같지만, 다른 주요 금속과 비교해 희소한 편이다. 하지만 다행히 구리는 특정 지역에 고농도로 집중되어 있어 경제적인 채굴이 가능하다. 세계 최대의 구리 광산은 칠레 북부의 아타카마 사막에 있는 추키카마타Chuquicamata와 에스콘디다Escondida 광산이다. 아타카마는 앞서 다룬 리튬으로 몸살을 앓는 지역이다. 추키카마타 광산은 인류가 만든 가장 큰 구덩이 중 하나다. 길이 4.3 km, 폭 3 km, 깊이 850 m에 달하는 이 거대한 구멍에서는 하루에 약 3만 t의 구리 광석이 채굴된다. 세계 최대 규모의 노천광산에서 역사적으로 1,800만 t 이상을 생산해 온 것으로 추정된다. 이는 전 세계 구리 생산량의 약 10%에 해당한다. 이 양의 구리로 전선을 만들면 지구와 달을 100번도 넘게 연결할 수 있다. 에스콘디다는 현재 세계에서 가장 큰 구리광산이다.

구리 채굴의 가장 큰 문제는 품위가 낮다는 점이다. 현재 채굴되는 구리 광석의 평균 품위는 0.8% 정도다. 즉, 1 t의 광석에서 겨우 8 kg의 구리를 얻는다는 뜻이다. 나머지 992 kg은 모두 폐석이 된다. 구리 1 kg을 얻기 위해 125 kg의 흙과 돌을 파내야 한다는 계산이다.

이런 저품위 광석을 처리하는 과정은 환경에 큰 부담을 준다. 구리 제련소에서는 황화구리(Cu_2S) 광석을 고온에서 가열해 황을 제거하는데, 이 과정에서 대량의 이산화황이 발생한다. 이산화황은 산성비의 주요 원인이다. 1980년대까지만 해도 많은 구리 제련소 주변이 산성비로 인해 식물이 자라지 않는 황무지가 됐다. 캐나다 온타리오주의 서드베리Sudbury지역은 구리와 니켈 제련으로 인한 환경 파괴의 대표적 사례다. 100년 간의 구리와 니켈 제련 활동으로 인해 이 지역은 '달 표면'이라고 불릴 정도로 황폐해졌다. 1970년대 NASA는 아폴로 우주비행사들의 훈련을 위해 이곳을 달 표면 모의 지역으로 사용하기도 했다. 다행히 1970년대부터 환경 규제가 강화되고 복원 노력이 시작되면서 지금은 상당 부분 회복됐다.

가장 심각한 문제는 광산 폐수다. 구리 광석에는 황화물이 많이 포함되어 있는데, 이것이 물과 만나면 황산(H_2SO_4)을 생성한다. 이렇게 만들어진 산성 폐수는 pH가 2~3 정도로 식초보다도 강한 산성을 띤다. 이런 폐수가 강으로 흘러 들어가면 모든 생물이 죽는다. 스페인의 리오 틴토강은 구리 채굴로 인해 강물이 붉은색을 띠며 극도로 산성화되어 '화성의 강'이라고 불린다. 실제로 NASA 등에서 화성 환경 연구의 모델로 사용되기도 한다.

끝없는 순환의 금속

하지만 구리에게는 다른 금속들이 부러워할 만한 특별한 능력이 있다. 바로 재활용이 거의 완벽하게 가능하다는 점이다. 구리는 재활용해도 품질이 전혀 떨어지지 않는다. 몇 번을 녹여서 다시 만들어도 새 구리와 동일한 성능을 발휘한다. 이는 마치 불사조가 재에서 다시 태어나듯, 끝없이 되살아나는 능력과도 같다. 국제구리연구소에 따르면, 현재 사용되고 있는 구리의 약 35%가 재활용 구리secondary copper이다. 이는 상당히 높은 비율이다. 더 놀라운 것은 역사상 생산된 구리의 80% 이상이 아직도 사용되고 있다는 사실이다. 5000년 전에 만들어진 구리 도구의 구리 원자들이 지금 우리 집 전선 속에서 전기를 나르고 있을 가능성이 있는 것이다. 구리 재활용 과정은 상당히 간단하다. 폐구리를 수집해서 용광로에 넣고 녹이면 된다. 불순물은 제거하지만 구리 자체는 변하지 않는다. 새로 채굴하는 것보다 에너지 소비량이 85% 적고, 환경 오염도 훨씬 줄일 수 있다. 경제적으로도 유리해서 재활용 구리의 가격이 새 구리보다 겨우 10~15% 저렴할 뿐이다.

구리 재활용의 역사는 꽤 오래됐다. 고대 로마 시대에도 청동 조각상을 녹여서 동전을 만들거나 새로운 도구를 만드는 일은 흔했다. 중세 유럽에서는 교회의 청동 종을 녹여서 대포를 만들기도 했다. 평화의 상징이 전쟁 무기로 변신하는 아이러니한 순간이었다. 현대의 구리 재활용은 더욱 체계적이다. 건물 해체 현장에서 나오는 구리 배관과 전선, 폐차장의 자동차 부품, 전자제품 폐기물에서 나오는 구리 등이 모두 수집되어 재활용된다. 특히 전자 폐기물에서 나오는 구리는 품위가 높아서 '도시 광산urban mining'이라고 불린다. 휴대폰 1 t에는 평균 약 130 kg의 구리가 들어있는데, 이는 구리 광석 100 t을 채굴하는 것과 맞먹는 양이다.

미래에는 구리 재활용 비율이 더욱 높아질 전망이다. 신규 구리 매장지 발견이 줄어들고, 환경 규제가 강화되면서 재활용의 중요성이 커지고 있다. 일부 전문가들은 2050년경에는 신규 구리 생산 없이도 재활용만으로 수요를 충족할 수 있을 것이라고 전망한다. 그렇게 되면 구리는 진정한 '순환 자원circular resource'이 될 것이다. 물론 재활용 비율은 높아질 것이다. 하지만 신규 생산 없이 100% 재활용만으로 수요를 충족한다는 것은 다소 이상적 전망으로 보인다. 전기 문명은 예상보다 점점 더 커지고 있기 때문이다.

구리와 지정학의 게임

구리는 단순한 공업 원료가 아니라 국가의 운명을 좌우하는 전략 자원이기도 하다. 특히 남미 국가들에게 구리는 경제의 핵심축이다. 칠레는 세계 구리 생산량의 28%를 차지하는 최대 생산국으로, GDP의 10~15%를 광업에 의존한다. 구리는 광업 부문 GDP의 90%를 차지한다. 칠레 정부 수입의 상당 부분도 구리 관련 세금에서 나온다. 그래서 구리 가격의 변동은 칠레 경제를 요동치게 만든다. 2000년대 중국의 급성장으로 구리 수요가 폭증하면서 칠레는 호황을 누렸다. 2011년에는 구리 가격이 파운드당 4.6달러까지 치솟았다. 하지만 2015년 이후 중국 경제가 둔화되면서 구리 가격이 절반 이하로 떨어지자 칠레 경제도 큰 타격을 받았다. 한 나라의 경제가 하나의 금속 가격에 이렇게 의존한다는 것은 자원의 혜택이기도 하고 저주Resource Curse라고 할 수 있다. 페루 역시 구리에 크게 의존하는 국가다. 세계 2위의 구리 생산국인 페루는 수출 수입의 25% 이상을 구리에서 얻는다. 콩고민주공화국도 구리가 중요한 수출품이지만, 정치적 불안정으로 인해 생산량이 불규칙하다. 잠비아는 독립 이후 구리 수출에만 의존하다가 1970년대 구리 가격 폭락으로 경제가 붕괴하는 쓰라린 경험을 했다. 하지만 여전히 국가 수입원의 70%가 구리이다.

수요가 있어야 공급이 있다. 중국은 구리의 최대 소비국이다. 전 세계 구리 소비량의 절반 이상을 중국이 차지할 정도이다. 2020년대 기준 전 세계 구리 소비량의 약 54%를 중국이 차지했다. 중국의 급속한 도시화와 산업화가 지난 20년간 구리 가격 상승을 이끌었다. 중국이 감기에 걸리면 구리가 폐렴에 걸린다는 말이 있을 정도로 중국 경제와 구리 시장은 밀접하게 연결되어 있다. 미국은 한때 세계 최대의 구리 생산국이었지만, 현재는 4위로 밀려났다. 그럼에도 여전히 구리를 전략 물자로 분류하고 있다. 특히 전기차와 재생에너지의 확산으로 구리 수요가 급증하자, 미국은 구리 공급망의 안정성을 국가적 핵심 과제로 인식하고 있다. 바이든 행정부는 국내 구리 생산 확대와 재활용 촉진을 위한 정책을 추진했었다. 이 기조는 트럼프 행정부에서도 유지될 전망이다.

구리 가격은 종종 세계 경제의 건강 상태를 나타내는 지표로 사용된다. '닥터 코퍼Dr. Copper'라는 별명이 있을 정도다. 별명은 실제로 국제 금융·투자 업계에서 쓰이는 용어이다. 구리는 건설, 제조업, 전자산업 등 경제 전반에 사용되므로 경기가 좋으면 구리 수요가 늘고, 경기가 나쁘면 구리 수요가 줄어든다. 그래서 투자자들은 구리 가격을 경기 예측의 중요한 지표로 본다.

녹색 혁명의 핵심

기후변화 대응과 탄소 중립이라는 인류의 새로운 과제 앞에서 구리는 다시 한번 주목받고 있다. 재생에너지와 전기차 확산에는 구리가 필수적이기 때문이다. 풍력발전기 하나에는 약 5 t의 구리가 들어간다. 태양광 발전 시설에도 메가와트MW당 약 5.5 t의 구리가 필요하다. 대당 80 kg 이상이 필요한 전기차는 말할 것도 없고, 전력 저장 시설ESS과 송전망 확충에도 대량의 구리가 필요하다. 국제에너지기구IEA는 2040년까지 구리 수요가 현재보다 2배 이상 증가할 것이라고 전망했다. 이는 역사상 유례없는 수요 증가다. 문제는 새로운 구리 광산 개발에는 10~15년이 걸린다는 점이다. 즉, 지금 당장 새 광산을 개발하기 시작해도 2040년의 수요를 맞추기는 어렵다는 뜻이다.

이런 상황에서 구리 재활용의 중요성은 더욱 커진다. 전 세계적으로 구리 재활용 인프라를 확충하고, 새로운 재활용 기술을 개발하려는 노력이 활발하다. 현재 35%인 전 세계 구리 재활용률은 2050년 60% 목표를 설정하고 있다. 특히 전자 폐기물에서 구리를 효율적으로 회수하는 기술이 주목받고 있다. Apple의 Daisy 로봇처럼 AI를 활용해 폐기물을 자동으로 분류하고 구리를 추출하는 로봇 시스템도 개발되고 있다.

구리를 대체할 수 있는 소재 개발도 활발하다. 알루미늄은 구리보다 전기전도도가 낮지만 가볍고 저렴해서 일부 용도에서 구리를 대체하고 있다. 송전선의 경우 알루미늄이 구리를 상당 부분 대체했다. 알루미늄의 전도도는 구리에 비해 60% 떨어지지만, 무게가 가벼워 훨씬 운영에 이득이기 때문이다. 하지만 정밀한 전자기기나 고성능이 요구되는 용도에서는 여전히 구리가 필수다. 새로운 구리 합금 개발도 진행되고 있다. 소량의 크롬이나 베릴륨을 첨가해 기계적 강도를 높이면서도 전기전도도를 유지하는 합금들이 개발되고 있다. 이런 고성능 구리 합금은 전기차 모터나 고속 철도의 전력 시스템과 항공우주 분야에 사용된다.

5000년 전 인류가 처음 구리를 발견했을 때, 그들은 이 붉은 금속이 미래 문명의 신경망이 될 것이라고 상상이나 했을까? 구리는 인류와 함께 성장해온 금속이다. 청동기 시대를 열었고, 전기 시대를 가능하게 했으며, 지금은 녹색 혁명을 이끌고 있다. 구리의 이야기는 아직 끝나지 않았다. 아니, 어쩌면 지금이 구리의 새로운 황금기의 시작일지도 모른다. 인류가 화석연료를 버리고 재생에너지로 전환하는 과정에서 구리는 다시 한번 핵심 역할을 맡게 됐다. 전기차, 풍력발전, 태양광발전, 에너지 저장 시설 등 녹색 기술의 모든 영역에서 구리는 필수 소재다.

구리의 생화학적 세계

구리를 진정으로 이해하려면 그 화학적 성질 또한 깊숙이 들어가야 한다. 내가 무기화학을 공부할 때 가장 흥미로웠던 것이 바로 구리의 화학이었다. 구리는 마치 화학자가 만든 팔레트처럼 다양한 색깔을 자랑한다. 이 색깔들은 단순한 장식이 아니라 구리 원자가 다른 원자들과 맺는 관계의 징표였다.

구리는 주로 +1가와 +2가의 산화상태를 갖는다. Cu^{+}과 Cu^{2+}

이 그것이다. 여기서 흥미로운 것은 이 두 상태가 완전히 다른 성격을 보인다는 점이다. Cu^{+}는 d^{10} 전자배치를 가져 무색이거나 흰색을 띤다. 마치 모든 전자가 제자리를 찾아 편안해진 상태와 같다. 반면 Cu^{2+}는 d^{9} 배치로 하나의 전자가 비어 있어 강렬한 청색을 나타낸다. 이 '불완전함'이 오히려 아름다움을 만들어낸다. 그런데 d오비탈을 가득 채운 상태에서 전자 하나가 자리를 비우는 일은 특별한 조건에서만 일어난다. 일반적으로 오비탈은 전자가 가득 찬 상태일 때 가장 안정적이기 때문이다.

실험실에서 황산구리 수용액을 처음 만들었던 순간의 기억이 아직도 생생하다. $CuSO_4 \cdot 5H_2O$를 물에 녹이는 순간, 투명한 물이 마법처럼 깊고 투명한 청색으로 변했다. 이는 Cu^{2+} 이온이 물분자 6개와 착화합물을 형성하기 때문이다. $[Cu(H_2O)_6]^{2+}$라는 복잡한 이름을 가진 이 화합물은 구리 이온을 중심으로 물분자들이 리간드가 되어 정팔면체 모양으로 둘러싼 구조다. 마치 구리 이온이 왕이고 물분자들이 신하들처럼 질서정연하게 배열된 모습이다. 구리 이온의 d 오비탈은 리간드(물 분자)의 영향으로 두 개의 에너지 준위로 나뉜다. 마치 피아노 건반의 반음 차이처럼 말이다. 이 에너지 간 높이 차이는 가시광선 영역의 에너지(약 600~800 nm)와 일치한다. 구리 이온은 이 에너지만큼의 빛(주로 주황색~빨간색)을 흡수해 전자를 들뜨게 한다. 흡수되지 않은 빛(주로 푸른색)이 반사되어 우리 눈에 들어오게 되는 것이다. 마치 구리 이온이 빛의 스펙트럼에서 푸른색만 골라 입은 것처럼 보이는 것이다.

이런 착화합물 형성 능력이 구리의 가장 독특한 화학적 특성 중 하나다. 구리는 암모니아와 만나면 또 다른 변신을 한다.

$[Cu(NH_3)_4]^{2+}$ 착이온이 형성되면서 더욱 진한 청색을 띤다. 이 반응은 간단해 보이지만 실제로는 매우 복잡한 전자 재배치 과정이 일어난다. 구리의 d오비탈과 리간드의 오비탈 사이에서 전자들이 춤을 추는 것이다. 가장 흥미로운 것은 구리 화합물들의 다양한 색깔이다. 황산구리는 청색, 염화구리는 녹색, 질산구리는 청녹색, 탄산구리는 녹색 또는 청색을 띤다. 같은 구리라도 어떤 음이온과 결합하느냐에 따라 완전히 다른 색깔을 보인다. 이는 구리 이온 주변의 전자기장이 다른 이온들에 의해 미묘하게 변화하기 때문이다. 마치 같은 악기라도 연주하는 곡에 따라 다른 소리를 내는 것과 같다.

구리의 생물학적 역할도 이런 착화합물 형성 능력과 직접 관련 있다. 헤모시아닌이라는 단백질은 갑각류와 연체동물의 혈액에서 산소를 운반하는데, 그 중심에는 구리 원자 두 개가 있다. 이는 철을 사용하는 우리 인간의 헤모글로빈과는 완전히 다른 방식이다. 구리를 사용하는 혈액은 푸른색을 띠는데, 아주 오래된 공상과학 드라마에 나오던 외계인의 피가 푸른색으로 설정한 건 어쩌면 작가가 화학을 잘 알고 있어서일 수도 있겠다. 이 때문에 실제 일부 갑각류는 '파란 피'를 가지고 있다. 몇 년 전 제주도 해변에서 문어를 관찰할 기회가 있었다. 수족관에서 보던 문어와 달리 자연 상태의 문어는 놀라울 정도로 역동적이었다. 그런데 가장 놀라웠던 것은, 문어가 흥분하거나 위험을 감지할 때 몸 전체가 푸르스름하게 변하는 모습이었다. 나중에 알게 된 사실이지만, 이는 단순한 색소포의 변화가 아니라 헤모시아닌이 풍부한 혈액이 체표 가까이 몰리면서 나타나는 현상이기도 했다.

헤모시아닌은 진화의 관점에서 보면 매우 흥미로운 선택이다. 지구 초기 대기에는 산소가 거의 없었고, 바다에는 구리가 철보다 더 풍부했다. 그 시절 바다에서 진화한 연체동물들이 구리를 산소 운반체로 선택한 것은 어쩌면 당연한 일이었을지도 모른다. 철은 그 당시 대부분 황화물 형태로 침전되어 있어서 생물이 이용하기 어려웠다. 헤모시아닌의 작동 방식은 헤모글로빈과 근본적으로 다르다. 헤모글로빈은 철 원자 하나가 산소 분자 하나와 결합하지만, 헤모시아닌은 구리 원자 두 개가 협력해서 산소 분자 하나를 운반한다. 이는 마치 두 명이 힘을 합쳐 무거운 짐을 나르는 것과 같다. 산소가 결합하지 않은 상태에서는 무색이지만, 산소와 결합하면 강렬한 청색을 띤다. 우리가 숨을 쉴 때마다 붉어지는 혈액과는 정반대다.

실제로 대형 문어나 오징어의 혈액을 현미경으로 관찰하면 놀라운 광경을 볼 수 있다. 헤모시아닌 분자들이 마치 작은 보석처럼 푸르게 빛나기 때문이다. 이들 분자 하나하나의 크기는 헤모글로빈보다 훨씬 크다. 헤모글로빈이 소형차라면 헤모시아닌은 대형 트럭일 정도로 크기가 차이난다. 그래서 같은 양의 산소를 운반하려면 더 많은 에너지가 필요하다. 이런 비효율성 때문에 문어나 오징어는 우리보다 훨씬 느린 신진대사를 갖는다. 하지만 이들은 나름의 해결책을 찾았다. 세 개의 심장을 갖고 있는 것이다. 두 개는 아가미로 혈액을 보내고, 하나는 전신 순환을 담당한다. 구리의 한계를 심장의 개수로 보완한 셈이다.

헤모시아닌을 가진 동물들 중 가장 극적인 예는 투구게다. 이 고대의 절지동물은 5억 년 전부터 지구에 살아왔는데, 그 오랜 시간 동안 헤모시아닌 시스템을 유지해왔다. 투구게의 파란 혈액은 현재 의학 분야에서 세균 독소 검출인 내독소 검사LAL test에 사용되고 있다. 인간의 붉은 피가 생명을 구하듯, 투구게의 파란 피도 생명을 구하고 있다. 가장 흥미로운 것은 일부 극지방의 문어들이다. 남극 바다의 차가운 물에서 사는 문어들은 헤모시아닌의 산소 결합 능력을 극한까지 끌어올렸다. 온도가 낮을수록 헤모시아닌의 효율이 높아지는 특성을 이용한 것이다. 이들은 차가운 바다에서 구리의 힘으로 생존하는 진정한 전문가들이다.

구리는 또한 뛰어난 촉매 역할을 한다. 특히 산화 반응에서 구리의 능력은 탁월하다. Cu^{+}와 Cu^{2+} 사이를 자유자재로 오가면서 전자를 주고받는 중개자 역할을 하는 것이다. 이는 마치 두 언어를 모두 구사하는 통역사가 서로 다른 언어를 사용하는 두 사람 사이의 대화를 가능하게 하는 것과 같다. 산업에서 사용되는 많은 산화 촉매에 구리가 포함되는 이유가 바로 이것이다. 이 기능은 앞서 다룬 철의 산화 능력과 유사하다. 결국 촉매뿐만 아니라 사이토크롬 c 산화효소 Cytochrome c oxidase처럼 생체내 효소 역할을 하게 된다. 구리는 무기화학뿐만 아니라, 생화학, 진화생물학에 걸쳐있는 중요한 원소이다.

화학식으로 읽는 구리의 일생

구리가 탄생하는 모든 과정은 화학식으로 정확하게 표현할 수 있다. 이 화학식들은 단순한 기호의 나열이 아니라 구리가 겪는 드라마의 대본과 같다. 각각의 화학식 뒤에는 온도, 압력, 시간이라는 무대 설정이 있고, 전자들의 치밀한 안무가 숨어 있다. 구리의 제련 과정을 따라가보자. 자연에서 구리는 주로 황화구리 광물 형태로 존재한다. 가장 일반적인 것이 황동석($CuFeS_2$)이다. 이 광물은 구리, 철,

황이 복잡하게 얽힌 구조를 가지고 있다. 마치 세 명이 서로 손을 맞잡고 있는 형태라고 할 수 있다. 여기서 구리만을 분리해내는 것은 이 손잡기를 풀어내는 정교한 작업이다.

첫 번째 단계는 배소roasting과정이다. 마치 커피 생두를 로스팅하는 과정과 흡사하다. 황동석을 공기 중에서 600~700℃로 가열하면 다음과 같은 반응이 일어난다:

$$2CuFeS_2 + 4O_2 \rightarrow Cu_2S + 2FeO + 3SO_2$$

이 반응에서 황은 이산화황으로 날아가고, 철은 산화철이 되며, 구리는 황화구리(Cu_2S) 형태로 남는다. 이는 마치 복잡한 파트너십에서 불필요한 구성원들을 하나씩 분리하는 과정과 같다. 하지만 여기서 나오는 이산화황이 바로 산성비의 주범이다. 현대의 제련소들은 이 이산화황을 회수해 황산을 만들어 활용한다. 다음 단계는 용융제련이다. 황화구리를 더 높은 온도에서 처리한다. 1,200℃에서 황화구리 물성은 온도를 견디지 못하고 녹아내린다.

$$Cu_2S + O_2 \rightarrow 2Cu + SO_2$$

이 반응을 통해 드디어 금속 구리를 얻는다. 하지만 이렇게 얻은 구리의 순도는 98~99%이다. 하지만, 이정도의 순도는 전기 전자 산업에 부적합해 추가적인 정제과정이 필요하다. 불순물로 철, 그리고 금과 은이 포함돼 있다. 아무리 귀한 귀금속도 구리 제련에서는 불순물이다. 결국 전해정제라는 과정을 거쳐야 한다. 불순한 구리를 양극으로, 순수한 구리를 음극으로 보내며 황산구리 용액에서 전기분해를 한다.

$$양극: Cu \rightarrow Cu^{2+} + 2e^-, 음극: Cu^{2+} + 2e^- \rightarrow Cu$$

이 과정에서 순수한 구리만이 음극에 석출되고, 불순물들은 용액에 남거나 슬러지로 가라앉는다. 이렇게 해서 99.99% 순도의 구리를 얻을 수 있다. 물질의 모든 변화는 화학이다. 이는 산업뿐만 아니다. 구리의 생체 내 역할도 정교한 화학 반응들로 이루어진다. 앞서 언급한 구리 함유 효소인 사이토크롬 c 옥시다제Cytochrome c oxidase에서는 다음과 같은 반응이 일어난다.

$$4Cyt\ c^{2+} + O_2 + 4H^+ \rightarrow 4Cyt\ c^{3+} + 2H_2O$$

여기서 구리는 Cu^+와 Cu^{2+} 사이를 오가며 전자 전달을 매개한다. 이 반응은 세포 호흡의 마지막 단계로, 우리가 숨쉬는 산소가 최종적으로 물로 변환되는 과정이다. 결국 구리 원자 몇 개가 없다면 우리는 호흡할 수 없다는 것이다. 때로 구리는 공격적인 모습으로 변하기도 한다. 코로나를 겪으며 구리가 항균작용을 한다는 사실을 경험했다. 항균 작용을 하는 구리의 메커니즘 역시 화학적으로 설명된다. 구리 이온이 세균의 세포막과 접촉하면

$$Cu^{2+} + 2GSH \rightarrow Cu^+ + GSSG + H^+$$

여기서 GSH는 글루타티온이라는 항산화 물질이다. 구리 이온이 세균의 항산화 시스템을 파괴하여 활성산소를 축적시키고, 결국 세균을 죽인다. 이 때문에 구리 합금으로 만든 문손잡이나 난간은 자연적으로 세균을 제거한다. 음식물 세척과 소독을 위해 구리 동전을 넣는 것도 무척 과학적인 방식이다.

이런 반응식이나 방정식은 과학의 언어다. 이 언어만큼 빠르

고 정확하게 정보를 전달하는 장치는 흔치 않다. 이 모든 화학식은 결국 구리라는 원소가 얼마나 다재다능한지를 보여준다. 같은 구리 원자라도 주변 환경과 결합 상대에 따라 완전히 다른 성격을 드러낸다. 이는 마치 뛰어난 배우가 역할에 따라 전혀 다른 배역을 연기하는 것과 같다. 구리의 화학은 단순한 수식의 나열이 아니라 원자 수준에서 벌어지는 정교한 자연현상이다. 구리의 원자들은 오늘도 우리 주변에서 조용히 움직이고 있다.

제5장

평범한 것의 비범한 힘, 소듐

11

Na

Sodium

22.9898

Na

이 이야기는 한 방울의 바닷물로 시작한다. 절벽 아래에는 거대한 바다의 파동이 일고 검은 물덩이가 부서지며 포효하고 있다. 병풍처럼 펼쳐진 절벽을 튕기던 소리의 파동은 보강되고 마치 폭발음처럼 들린다. 하얀 파도는 비말이 되어 솟아오르고 안개로 변신해 온 몸을 덮는다. 구름이 내려앉은 곶 너머로 검은 바다가 끝없이 펼쳐져 있다. 포르투갈의 도시 리스본Lisbon에서 서쪽으로 자동차로 한 시간정도 달리면 웅장한 절벽 지대에 다다른다. 신트라Sintra 인근의 호카곶Cabo da Roca이다. 여기서부터 육로로는 더 이상 서쪽 방향으로 갈 수가 없다. 그러니까 이 곳은 유럽 대륙의 가장 서쪽 끝인 셈이고 대서양을 두고 콜롬부스가 발견한 대륙과 가장 가까운 유럽인 셈이다. 육지에 갇혀 살다보면 지구 대부분이 바다인 것을 잊을 때가 있다. 지구는 전체 표면적의 약 70.8%가 물이 덮고 있다. 그 면적은 약 3억 6,100만 km^2나 된다. 창백한 푸른 점인 지구는 사실 이 물이 만들어낸 색이다. 사실 우리가 알고 있는 바다는 단순한 물의 집합체가 아니라, 35억 년 동안 지구상의 모든 생명체를 키워온 거대한 실험실의 축약본이었다. 그리고 그 실험실의 핵심 재료 중 하나는 바로 소듐Sodium이다.

나는 호카곶에서 피어오른 안개로 축축하게 젖은 손등을 혀로 살짝 핥아보았다. 과학적 호기심이라는 핑계로 말이다. 짠맛이 혀끝에 닿는 순간, 나는 지구 역사상 가장 오래되고 가장 근본적인 맛을 경험했다. 이 짠맛은 단순한 감각을 넘어 생명의 기원에 대한 직접적 증언이었다. 바닷물에는 소듐(Na^+), 염소(Cl^-), 마그네슘(Mg^{2+}), 칼슘(Ca^{2+}), 칼륨(K^+) 등 다양한 이온이 녹아 있다. 그렇다고 우리의 혈액이 바닷물과 같은 염분이나 이온 농도를 유지하는 것은 아니다. 하지만, 혈액(혈장) 역시 이와 유사한 종류의 이온을 포함하고 있으며, 이들 이온은 체내 삼투압과 pH 조절 등 생리적 기능에 필수적인 물질이다. 실제로 해수와 혈액 모두에서 소듐과 염소 이온이 가장 많고, 그 뒤를 이어 칼륨, 칼슘, 마그네슘 등이 주요 이온으로 존재한다. 농도는 다르지만 이온의 종류와 비율이 유사하다. 우리는 모두 바다에서 걸어 나온 존재라는 증거인 셈이다. 이는 생명의 기원과 진화의 흔적이 생체 내 체액의 화학적 특성에 남아 있다는 상징적 해석이다.

바닷물 1 L에는 약 10.8 g의 소듐이 녹아 있다. 이 수치를 처음 들었을 때 나는 그저 건조한 통계 정도로 생각했다. 하지만 전 지구적 규모로 계산해보니 경악할 수밖에 없었다. 지구상에 존재하는 모든 바닷물의 소듐을 합치면 약 1.4×10^{19} kg에 달한다. 이 양은 히말라야 산맥 전체를 순수한 소듐으로 만들고도 남을 양이다. 이 엄청난 양의 소듐이 모두 어디서 왔을까? 답은 의외로 단순하면서도 장엄하다. 수십억 년 동안 비가 내리고 강물이 흘러가며 육지의 암석을 조금씩, 하지만 끈질기게 녹여낸 결과물이다. 매년 전 세계 강물을 통해 바다로 유입되는 소듐의 양은 약 2억 t이다. 인간이 1년간 생산하는 모든 플라스틱의 절반에 달하는 양이다. 지구라는 거대한 화학 실험실에서 일어난 가장 장대하고 끈기 있는 용해 실험의 산물인 셈이다. 어쩌면 지구상에서 가장 인내심 강한 화학자는 바로 비와 강물이었을지도 모른다.

불꽃 속에서 태어난 금속

1807년 10월, 영국 왕립연구소의 지하 실험실에서는 한 젊은 화학자가 위험천만한 실험을 반복하고 있었다. 서른두 살의 화학자는 요즘으로 치면 스타트업 창업자였다. 그는 용융된 가성소다(NaOH)에 강력한 전류를 흘려보내고 있었는데, 당시로서는 상상하기 어려운 고전압을 사용한 이 실험은 여러 차례 폭발사고를 일으켰다. 동료들은 그를 '미친 전기 마법사'라고 불렀다. 그럴 만도 했다. 실험실에서는 연일 번개 같은 불꽃이 튀고 폭발음이 울려퍼졌기 때문이다. 그는 바로 영국이 낳은 위대한 화학자 험프리 데이비Humphry Davy이다.

사실 데이비가 사용한 전기는 당시 기준으로는 엄청난 것이었다. 당시 최신 기술이던 볼타 전지를 개량해 2,000개 이상의 전지를 직렬로 연결한 거대한 배터리를 사용했는데, 이는 전압규모로 볼 때 현재의 자동차 배터리 170개를 한꺼번에 연결한 것과 맞먹는 위력이었다. 마치 왕립연구소 건물 전체에 번개를 집어넣은 듯한 상태였다. 실제로 런던 시민들이 밤중에 연구소 근처를 지날 때 기괴한 광경을 목격했을 것이다. 데이비의 실험은 매우 밝은 아크 불빛과 폭발음을 동반했기 때문이다. 연이은 실패에도 데이비는 포기하지 않았다. 그는 이 하얀 물질 속에 새로운 원소가 숨어 있다는 확신을 가지고 있었기 때문이다. 그의 직감은 옳았다. 마침내 음극 표면에서 작은 금속 구슬들이 나타나기 시작했다. 데이비는 나중에 이 순간을 '마치 연금술사가 된 기분이었다'고 회고한 것으로 알려졌다. 그가 발견한 금속은 지금까지 알려진 어떤 금속과도 달랐다. 공기 중에서 즉시 산화되어 하얀 산화물로 변했고, 물에 닿으면 격렬하게 반응하며 수소 가스를 발생시켰다. 데이비가 처음 이 새로운 금속을 물에 넣었을 때의 장면은 정말 장관이었을 것이다. 작은 금속 조각이 물 위에서 미친 듯이 튀어 오르며 오렌지색 불꽃을 뿜어냈고, 마치 성냥갑만 한 로켓이 발사되는 듯한 모습이었다. 데이비는 흥분해서 "이것은 금속이 아니라 화약이다!"라고 외쳤다는 일화가 전해진다. 그는 이 새로운 원소를 소다soda에서 유래한 '소듐sodium'이라고 명명했다. 라틴어로는 '나트륨natrium'이라고 불렀는데, 이는 이집트의 나트론 호수에서 나오는 천연 탄산소듐을 뜻하는 말이었다.

흥미롭게도 데이비는 소듐을 발견한 지 단 나흘 후에 칼륨도 발견했다. 이는 과학사상 전례 없는 일이었다. 마치 복권에 연속으로 당첨된 것과 같았다. 동료 과학자들은 데이비를 '원소 사냥꾼'이라고 부르기 시작했다. 실제로 그는 이후 몇 년간 칼슘, 마그네슘, 스트론튬, 바륨까지 연이어 발견하며 주기율표를 크게 확장시켰다. 데이비의 발견은 단순히 새로운 원소를 찾아낸 것 이상의 의미가 있었다. 그는 전기분해라는 혁신적인 방법으로 화합물에서 순수한 원소를 분리해낼 수 있음을 증명했다. 이는 마치 마스터 키로 자물쇠를 여는 것과 같았다. 전기는 그 동안 화합물의 결합을 깨고 물질을 분리하기 위해 사용한 어떤 에너지보다 쉽게 만들 수 있고 강력했다. 19세기 초 화학계는 말 그대로 전기분해의 시대를 맞이했다. 과학자들은 모든 화합물을 대상으로 전기 분해하려고 달려들었다. 마치 새로운 게임 규칙을 발견한 아이처럼 말이다. 데이비를 전기화학의 선구자라고 부르는 이유가 이 때문이다.

당시에 순수한 소듐을 다루는 것은 위험천만한 일이었다. 데이비의 실험실에서는 여러 차례 폭발과 화재가 이어졌고, 데이비 자신도 실험 과정에서 눈을 다치거나 여러 차례 화상을 입었다. 현대의 화학자들 역시 소듐을 다룰 때는 특별한 주의를 기울인다. 소듐은 보통 등유kerosene나 미네랄 오일 속에 보관되는데, 이는 마치 위험한 맹수를 케이지에 가둬두는 것과 같다. 소듐은 안전한 환경에서는 온순하지만, 한 번 자유로워지면 통제하기 어려운 힘을 발휘한다. 요즘은 안전 기준이 훨씬 엄격해서, 학생들은 두꺼운 보안경을 쓰고 멀찍이 떨어져서 관찰해야 한다. 데이비 시대였다면 맨눈으로 가까이서 지켜봤을 텐데 말이다. 대부분의 분야가 마찬가지지만, 지금의 우리는 대부분 거인들의 실패와 희생을 밟고 있는 셈이다.

주기율표의 반항아들

거인의 노력 중 또 다른 화학사의 산물이 주기율표다. 소듐을 이해하려면 주기율표에서 소듐이 속한 지리적 위치를 먼저 알아야 한다. 소듐은 주기율표 1족, 알칼리 금속이라고 불리는 그룹Group에 속한다. 영어권에서는 같은 목적을 지닌 조직이나 집단을 의미하는 그

룹으로 부르고, 동양권에 속한 나라에서는 족族으로 부른다. 이 그룹의 구성원들은 공통적이면서도 독특한 성격을 가지고 있다. 마치 같은 집안의 형제들이 비슷한 성격을 가지면서도 각자 개성을 드러내는 것처럼 말이다. 리튬은 가장 작고 까다로운 막내, 소듐은 적당히 반항적인 둘째, 칼륨은 더 극단적인 셋째, 그리고 루비듐과 세슘은 정말로 위험한 형들이다. 내가 처음 주기율표를 배울 때, 선생님은 알칼리 금속들을 '문제아 형제들'이라고 불렀다. 당시에는 그냥 재미있는 표현 정도로 생각했는데, 나중에 실제로 이들과 마주하고 나서야 그 말의 진정한 의미를 깨달았다. 이들은 정말로 주기율표의 문제아들이었다. 물만 봐도 흥분하고, 공기만 마셔도 변색되고, 조금만 자극해도 폭발하는 성격을 가지고 있었다.

소듐의 원자번호는 11이고, 전자 배치는 [Ne] $3s^1$이다. 간단해 보이는 배치가 소듐의 대부분 특성을 결정한다. 가장 바깥쪽 궤도에 전자가 단 하나만 있다는 것은 소듐이 그 전자를 매우 쉽게 내어준다는 것을 짐작할 수 있다. 어차피 바깥쪽 궤도를 전자로 채우는 것 보다 한 개의 전자만 떨어져 나가면 더 안정한 상태가 되기 때문이다. 실제로 소듐은 그 하나뿐인 바깥쪽 전자를 거의 즉시 포기하고 양이온 Na^+이 된다. 이때 소듐 이온의 크기는 원래 원자보다 훨씬 작아진다. 전자를 잃으면서 전자껍질 하나가 사라지기 때문인데, 이는 마치 두터운 외투를 벗으면 몸이 작아 보이는 것과 같은 원리다. 소듐 원자의 반지름이 186 pm(피코미터)인데, Na^+ 이온이 되면 102 pm로 거의 절반 가까이 줄어든다. 이런 급격한 크기 변화를 보면, 전자 하나가 원자에게 얼마나 영향을 미치는 존재인지 알 수 있다.

하지만 작아진 크기에도 불구하고 소듐 이온은 여전히 강력한 존재감을 드러낸다. 양전하를 띠기 때문에 음전하를 가진 다른 이온들과 강하게 결합할 수 있기 때문이다. 특히 염화물 이온(Cl^-)과 만나면 둘 사이에 강력한 이온 결합이 형성된다. 이는 마치 자석의 N극과 S극이 서로를 강하게 끌어당기는 것과 같다. 소금(NaCl)은 그렇게 안정한 화합물이 되는 것이다.

소듐의 반응성은 정말 극적이다. 물과의 반응을 화학식으로 나타내면 다음과 같다.

$$2Na + 2H_2O \rightarrow 2NaOH + H_2$$

이 반응의 속도는 아쉽게도 화학식만으로는 알 수 없다. 실제로 반응을 처음 목격한 사람들은 대부분 깜짝 놀라곤 한다. 반응이 너무 빠르고 격렬하기 때문이다. 거의 폭발물에 가까운 수준이다. 소듐 한 조각을 물에 넣으면 즉시 거품이 일어나며 지글지글 소리를 낸다. 마치 뜨거운 프라이팬에 물을 떨어뜨린 것 같은 소리다. 그리고 발생하는 열이 너무 강해서 생성되는 수소 가스가 자연 발화하며 오렌지색 불꽃을 만들어낸다. 리튬처럼 대학교의 일반화학 실험실에서 소듐 한 조각을 물에 넣는 실험은 학생들에게 가장 인상 깊은 경험 중 하나다. 작은 금속 조각이 물 위에서 미친 듯이 돌아다니며 오렌지색 불꽃을 뿜어내는 광경은 마치 소형 로켓의 연료처럼 보인다. 이런 극단적인 반응성 때문에 자연에서 순수한 소듐 금속을 발견하는 것은 불가능하다. 소듐은 항상 다른 원소와 결합된 화합물 형태로만 존재한다. 이는 매우 사교적인 사람이 혼자 있는 법이 없는 것과 비슷하다. 소듐은 주변의 모든 것과 친구가 되려고 하는 원소다. 다만 그 친구 맺기 방식이 좀 과격할 뿐이다.

재미있는 것은 알칼리 금속 형제들이 모두 비슷한 성격을 가지고 있으면서도 나이가 들수록 더 과격해진다는 점이다. 리튬은 가장 얌전한 편이고, 소듐은 적당히 활발하며, 칼륨은 더 격렬하고, 루비듐과 세슘은 정말 위험하다. 세슘을 물에 넣으면 폭발이 일어날 정도다. 마치 나이 든 형일수록 더 고집이 세지는 집안 같다. 사실 소듐과 그 형제들의 이런 성격은 전자 구조로 완벽하게 설명된다. 원자핵에서 가장 바깥쪽 전자까지의 거리가 멀수록 핵의 인력을 덜 받게 된다. 거리라는 이유도 있지만, 전자껍질이 많을수록 바깥전자와 원자핵 사이에 전자들이 차폐효과shielding Effect를 만들어 낸다. 내부 전자들끼리 밀어내는 반발력을 만들어, 바깥쪽 전자가 실제로 느끼는 핵의 인력(유효 핵전하, Zeff)을 약하게 만든다. 결국 더 쉽게 전자를 잃게 되고, 더 반응성이 커지는 것이다.

문명을 맛깔나게 만든 화합물

소듐이 인류 문명에 미친 가장 큰 영향은 바로 소듐클로라이드sodium chloride, 염화나트륨(NaCl)으로 잘 알려져 있는 소금을 통해서다. 소금은 인류 역사상 가장 중요한 화합물 중 하나로, 단순한 조미료를 넘어 문명의 발전 동력이었다. 이는 과장이 아니다. 소금 없이는 현재 우리가 알고 있는 인류 문명이 존재할 수 없었을 것이다. 내가 어릴 때 할머니는 종종 "소금이 금보다 귀했던 시절이 있었다"고 말씀하셨다. 당시에는 할머니의 옛날이야기 정도로 생각하였지만, 나중에 역사를 공부하고 나니 할머니의 말이 사실이었음을 알 수 있었다.

고대 로마에서는 병사들의 급여를 소금으로 지급하기도 했는데, 영어 단어 'salary(급여)'가 라틴어 'salarium(소금돈)'에서 유래된 것도 이 때문이다. 사실 소금의 가장 큰 가치는 재화보다 생명 유지에 필수적이라는 것이다. 인체는 소듐 없이는 정상적으로 기능할 수 없다. 소듐 이온은 세포막을 통한 물질 이동을 조절하고, 신경 신호 전달에 핵심 역할을 한다. 이는 자연이 우리에게 필수 영양소를 찾도록 설계해 놓았기 때문이다. 바다라는 거대한 실험실에서 가장 흔한 재료를 사용하게끔 생명체가 만들어진 것이다. 과거에 노동의 대가로 통용되던 소금은 사실 목숨값이나 다름없었다.

소금의 역사는 단순히 생리학적 필요성만으로 설명되지 않는다. 과거에 소금은 음식을 보존하는 가장 효과적인 방법이었다. 냉장고가 없던 시절, 소금에 절인 생선과 고기는 몇 달, 심지어 몇 년까지도 보관할 수 있었다. 이는 장거리 항해와 탐험을 가능하게 만든 핵심 기술이었다. 떨어진 대륙을 판게아로 다시 봉합하고 문명과 생태계가 뒤섞여 버리게 된 가장 큰 공이 소금이라고 해도 과언이 아니다. 콜럼버스가 신대륙을 발견할 수 있었던 것도, 마젤란이 세계 일주를 시도할 수 있었던 것도 소금에 절인 식료품 덕분이었다. 소금의 보존 원리는 삼투압 현상으로 의외로 간단하다. 삼투압 현상이란 농도가 높은 쪽으로 물이 이동하는 현상을 뜻한다. 음식에 소금을 뿌리면, 소금이 음식의 수분을 끌어내고 음식 표면은 물론 내부의 수분활성도가 낮아진다. 결국 세균과 곰팡이 활동은 물이 필수적인데, 물이 적은 환경에서는 생장과 번식이 어려워진다. 더군다나 소금은 삼투압 현상을 통해 미생물에서도 물을 빼앗아 버린다. 마치 스펀지에서 물을 짜내는 것과 같은 원리다. 미생물의 생장 자체를 억제하거나 죽게 한다. 이런 원리를 고대인들이 정확히 이해했던 것은 아니지만, 경험을 통해 소금의 효과를 충분히 알고 있었다.

소금 무역은 고대부터 거대한 산업이었다. 사하라 사막을 가로지르는 소금 대상들의 이야기는 정말 드라마틱하다. 아프리카 북부의 소금 광산에서 캐낸 소금을 낙타 등에 싣고 수천 km를 이동하여 서아프리카의 사하라 이남 금광 지역에서 금과 바꾸었다. 때로는 소금 1 kg과 금 1 kg을 맞교환했다는 기록도 전해진다. 현재 금 시세로 계산하면 소금 1 kg에 1억 4천만 원을 준 셈이다. 지금 우리가 라면에 넣는 소금의 가격을 생각하면 정말 어마어마한 차이다. 물론 당시는 오늘날과 가치체계가 완전히 다르기 때문에 이런 비교가 적절치는 않으나 그만큼 소금이 중요한 물질인 것은 변함없다.

그 가치가 얼마나 대단했는지 유럽에 소금길Salt Road이 생겨났을 정도다. 알프스를 넘나드는 소금 무역로는 오스트리아의 할슈타트Hallstatt, 잘츠부르크Salzburg라는 도시 이름을 만들었다. 이 도시 이름들에는 모두 '소금Salz, Hal'이라는 단어가 들어가 있다. 오스트리아 할슈타트 호수 근처의 소금 광산은 무려 7,000년 동안 채굴되어 왔다. 이는 피라미드보다 오래된 역사다. 지금도 그곳에 가면 청동기 시대의 소금 채굴 도구들을 볼 수 있다. 베니스의 부도 상당 부분 소금 무역에서 나왔다. 베니스 상인들은 지중해 동쪽에서 소금을 사와서 유럽 내륙으로 팔았다. 베니스의 유명한 리알토 다리 근처에는 소금 창고들이 즐비했다. 지금은 관광객들이 기념품을 사는 곳이 되었지만, 수백 년 전에는 유럽 경제의 심장부 중 하나였다. 중국 역시 기원전 2000년 경부터 소금에 세금을 부과했는데, 이는 세계에서 가장 오래된 간접세 중 하나였다. 중국 황제들은 소금과 철에 대한 전매권을 국가가 독점함으로써 막대한 수입을 얻었다. 이는 마치 현재의 담배세나 주류세와 비슷한 개념이었다. 사람들이 반드시 필요로 하는 물건에 세금을 매기는 것이다. 특히 중국의 소금 전매제는 2017년까지 유지됐다. 가장 흥미로운 소금 관련 사건 중 하나는 1930년 인도의 간디가 주도한 소금 행진Salt March이다. 영국이 소금에 부과한 세금에 항의하여 간디와 수천 명의 추종자들이 사바르마티 아쉬람을 출발해 380 km를 걸어서 바닷가 마을 단디Dandi에 도착한 후 직접 소금을 만들었다. 이는 단순한 세금 저항이 아니라 독립에 대한 상징적 행위였다. 소금을 만드는 행위는 영국 식민지법에 금지되어 있기 때문이다. 이 행진은 독립운동의 전환점이 됐고, 소금 하나가 한 나라의 운명을 바꾼 역사적 사건이었다.

재미있게도 소금과 관련된 미신과 속담들도 많다. '소금을 흘리면 불행이 온다'는 서양의 미신이나, '평양감사보다 소금장수가 낫다'는 우리나라의 속담도 모두 소금의 귀중함에서 비롯된 것이다. 레오나르도 다빈치의 〈최후의 만찬〉에서 유다가 소금그릇을 엎지르는

레오나르도 다빈치, 〈최후의 만찬〉, 1495-1498, 산타 마리아 델레 그라치에 수도원(밀라노).

장면도 배신과 불운을 상징하는 것으로 해석된다. 이렇게 소금은 인류 역사와 문명에 맛깔나게 존재하고 있다.

산업혁명의 숨은 주역

19세기 산업혁명하면 떠오르는 물질이 철과 화석연료(탄소)이다. 문명의 뼈대와 에너지 동력이 된 것은 사실이다. 그런데, 소듐 화합물도 산업혁명의 숨은 핵심 동력이라는 건 잘 알려져 있지 않다. 가장 중요한 것 중 하나가 일명 소다회로 알려진 탄산소듐(Na_2CO_3)이다. 소다회는 비누와 유리 제조에 필수적인 원료였다. 이는 단순한 제조업의 문제가 아니라 공중보건과 직결된 문제였다. 비누가 없었다면 도시의 위생 상태는 상상할 수 없을 정도로 열악했을 것이고, 유리가 없었다면 현대적 건축과 광학에 의존했던 과학 발전은 불가능했을 것이다. 뿐만 아니라 염색 산업에도 필수적이었다.

18세기까지 소다회는 주로 해조류를 태워서 얻었다. 이는 매우 비효율적인 방법이었다. 스페인과 프랑스 해안에서는 켈프kelp라는 거대한 해조류를 수확해 건조한 후 태워서 소다회를 만들었는데, 해조류 1 t으로 겨우 몇 kg의 소다회밖에 얻을 수 없었다. 마치 거대한 바위에서 조그만 돌멩이 하나를 캐내는 셈이다. 게다가 바람과 날씨에 따라 생산량이 크게 좌우됐다. 폭풍이 오면 해조류가 뿌리째 뽑혀 나가버렸고, 가뭄이 들면 제대로 성장할 수가 없었다. 당연히 공급은 제한되고 가격이 높았다. 이런 상황에서 프랑스 혁명이 1789년에 시작됐다. 당시 혁명정부는 영국과의 무역이 단절되면서 심각한 소다회

부족에 직면했다. 당시 영국이 소다회 공급을 독점하고 있었기 때문이다. 실제로 화학 물질을 둘러싼 경제 전쟁이자 화학 전쟁이었던 셈이다. 소다회 공급부족은 예견됐었다. 사실 프랑스 과학아카데미는 프랑스 혁명과 소다회 부족 사태 이전인 1775년에 소다회의 인공 제조법을 개발하는 사람에게 거액의 상금을 걸었었다. 현재 가치로 환산하면 수십억 원에 달하는 상금이었다.

프랑스의 의사 니콜라 르블랑Nicolas Leblanc이 해답을 찾아냈다. 르블랑 공법은 소금을 황산과 반응시켜 황산소듐을 만든 후, 이를 석탄과 석회석과 함께 가열하여 탄산소듐을 얻는 방법이었다. 화학식으로 표현하면 다음과 같다.

$$2NaCl + H_2SO_4 \rightarrow Na_2SO_4 + 2HCl$$

$$Na_2SO_4 + 2C + CaCO_3 \rightarrow Na_2CO_3 + CaS + 2CO_2$$

이 반응들을 잘 들여다보면, 다소 복잡해 보이지만 결국 소금, 황산, 석탄, 석회석이라는 비교적 구하기 쉬운 원료들로 탄산소듐을 만드는 방법이었다. 르블랑의 천재성은 이런 단순한 재료들의 조합에서 해답을 찾은 것이었다. 르블랑은 1787~1791년 사이에 르블랑법을 완성하고, 1791년 특허를 받았다. 프랑스 혁명기(1789~1799)에는 국가적 위기와 산업 자립 필요성이 더욱 커지면서, 소다회 인공 제조법 개발이 더욱 절실해졌고, 르블랑법이 대규모로 도입되었다. 르블랑 공법은 대량의 탄산소듐 생산을 가능하게 했고, 비누와 유리 산업의 급속한 발전을 이끌었다. 갑자기 비누가 저렴해지면서 일반 시민들도 깨끗한 생활을 할 수 있게 되었다. 유리창이 있는 집이 부자들만의 특권이 아니게 되었다. 하지만 르블랑은 자신의 발명에 대한 온전한 보상을 받지 못했다. 프랑스 혁명의 혼란 속에서 특허권 또한 제대로 보호받지 못했고, 정치적 격변에 휘말려 결국 빈곤 속에서 생을 마감했다. 역사상 가장 중요한 화학 공정 중 하나를 발명하고도 그 혜택을 누리지 못한 비극적인 인물이었다.

1860년대 벨기에 화학자 에른스트 솔베이Ernest Solvay가 더욱 효율적인 공법을 개발했다. 솔베이 공법으로 불리는 이 방법은 소금, 석회석, 암모니아만을 사용하여 탄산소듐을 제조하는 방법으로, 암모니아는 대부분 재생되었고 부산물인 염화칼슘도 적어 르블랑 공정에 비하면 환경오염이 적고 경제성이 뛰어났다. 솔베이는 르블랑과는 달리 자신의 발명을 잘 보호했고, 덕분에 엄청난 부를 축적할 수 있었다. 그의 이름을 따온 솔베이사는 19세기 말 세계 최대의 다국적 화학기업 중 하나로 성장했다. 그는 나중에 자신의 재산을 과학 연구에 기부했는데, 지금까지도 '솔베이 회의Conseil Solvay'라는 이름으로 세계 최고 수준의 물리학 학회가 열리고 있다. 아인슈타인, 퀴리 부인, 하이젠베르크 등이 모두 이 회의에 참석한 사진은 물리학에서 유명한 장면 중 하나다. 솔베이 공법의 등장으로 탄산소듐의 가격은 급격히 하락했고, 이는 화학 산업 전반의 발전을 가속화했다. 갑자기 화학 제품들이 저렴해지면서 일반인들의 생활 수준이 크게 향상되었다. 비누, 유리, 직물, 종이 등 모든 제품의 품질이 개선되고 누구나 사용할 수 있게 되면서 물질의 민주화가 이뤄졌다.

수산화소듐(NaOH), 일명 가성소다 역시 산업혁명의 핵심 물질이었다. 펄프와 제지 산업에서 목재의 리그닌을 제거하는 데 필수적이었고, 비누 제조에서도 중요한 역할을 했다. 리그닌Lignin이라는 것은 나무를 단단하게 만드는 고분자 화합물인데, 이를 제거해야 부드러운 종이를 만들 수 있다. 수산화소듐은 이 까다로운 리그닌을 화학적으로 분해하는 몇 안 되는 물질 중 하나였다. 현대에 와서는 알루미늄 제련에도 대량으로 사용된다. 알루미나(Al_2O_3)를 수산화소듐 용액에 녹여 순수한 알루미나를 얻는 바이어 공정Bayer Process에서 수산화소듐은 핵심 시약이다. 알루미늄 1 kg을 만들기 위해서는 대략 수백 g 수준의 수산화소듐이 필요하다. 현재 전 세계에서 생산되는 알루미늄이 연간 6천만 t 정도이니, 알루미늄 제련만을 위해서도 연간 3천만 t의 수산화소듐이 필요한 셈이다. 한 가지 흥미로운 사실은, 이러한 산업용 소듐 화합물의 대부분이 결국 바닷물에서 비롯된다는 점이다. 바닷물을 증발시켜 소금을 얻고, 그 소금을 전기분해하여 수산화소듐과 염소를 만든다. 그리고 그 수산화소듐으로 다시 다양한 화학 제품들을 만든다. 결국 모든 길은 바다로 통한다.

생명의 전기 신호를 나르는 메신저

소듐의 가장 놀라운 역할은 우리 몸 속에서도 일어난다. 이는 단순한 화학 반응을 넘어서는, 생명 그 자체의 본질과 맞닿아 있는 이야기다. 모든 생명체의 세포는 소듐-칼륨 펌프Na^+/K^+ ATPase라는 정교한 조절 장치를 가지고 있다. 이 펌프는 모든 동물 세포의 막에서 발견되는 효소 단백질이다. 펌프는 세포 내부에서 3개의 Na^+ 이온과 결합한다. 이 상태에서 펌프는 아데노신삼인산(ATP) 분자와 결합할 준비를 한다. ATP가 분해되며 아데노신이인산(ADP)와 무기인산inorganic phosphate으로 분리되고, 인산기는 펌프 단백질의 특정 부위에 결합한다. 펌프의 인산화는 단백질을 구조적으로 변화 시킨다. 구조가 변형된 펌프는 Na^+에 대한 친화도가 낮아지면서 3개의 Na^+을 세포 밖으로 방출하게 된다. 펌프는 이제 세포 외부에서 2개의 K^+ 이온과 결합하고 탈인산화 과정을 겪으며 원래 모습으로 돌아간다. 구조가 복원된 펌프는 칼륨 이온을 세포 내부에 방출한다.

우리는 아데노신삼인산이 에너지원으로 사용한다고 알고 있다. ATP 한 분자가 분해될 때마다 자유에너지가 나오는 발열반응으로 세포의 생명 활동에 직접 활용을 한다. 그런데 동시에 3 Na^+ out / 2 K^+ in의 비율로 이온을 늘 이동시키고 있는 셈이다. 그러니까 펌프는 일종의 '회전문'과 같고, ATP는 회전문을 돌리는 에너지이다. 소듐이온Na^+과 포타슘이온K^+은 회전문을 통해 반대 방향으로 이동하는 사람인 셈이다. 그 결과 세포막 안쪽은 바깥쪽에 비해 약 −70 mV의 전위차를 갖게 된다. 펌프는 세포막 전위차를 유지하는 핵심 역할을 한다. 전위차는 신경 신호 전달, 근육 수축, 영양분 흡수 등에 필수적인 조건이다. 이 전위차를 처음 발견한 사람이 바로 앞장에서 언급된 이탈리아의 생리학자 루이지 갈바니이다. 생명체에는 정말로 전기가 흐르고 있었던 것이다.

내가 전기생리학을 공부하면서 가장 경이로웠던 순간은, 신경세포에서 실제로 전기 신호가 나오는 것을 처음 측정했을 때였다. 미세전극을 신경세포에 꽂고 오실로스코프 화면을 바라보니, 마치 심전도처럼 규칙적인 파형이 나타났다. 그 순간 나는 생명이 단순한 화학반응의 집합이 아니라 정교한 전기 회로라는 사실을 깨달았다. 우리는 모두 걸어다니는 전자 장치였던 것이다. 이 전위차가 바로 신경 신호 전달의 기본 원리다. 신경세포가 자극을 받으면 소듐 채널이 열리고, 세포 밖의 소듐 이온들이 급격히 세포 안으로 들어온다. 이때 세포 내부의 전위가 순간적으로 +40 mV까지 상승한다. 이를 활동전위라고 하는데, 이 전기 신호가 신경을 따라 전달되면서 우리는 생각하고 느끼고 움직일 수 있다. 활동전위의 전파 속도는 놀랍다. 인간의 뇌에서는 매초 수십억 개의 소듐 이온이 세포막을 넘나들며 전기 신호를 만들어낸다. 하나의 신경세포에서 다음 신경세포로 신호가 전달되는 속도는 최대 초속 100 m에 달한다. 이는 시속 360 km로, 고속철과 버금가는 속도다. 전기신호인데 생각보다 느리다고 할지 모르겠지만, 신경세포 간 신호 전달(시냅스)은 화학적 전달이므로, 순수한 전기적 전도 속도보다 느릴 수밖에 없다. 물론 이온 이동에 의한 활동전위 자체만으로 의식이 형성되는 것은 아니다. 의식은 신경망의 복잡한 상호작용이 존재하는 네트워크 차원의 일이다. 중요한 것은 소듐 이온들이 만들어내는 이 미세한 전기 신호들이 모여서 우리의 의식과 사고를 형성한다는 사실이다.

더 놀라운 것은 이 과정의 정밀성이다. 소듐 채널은 소듐 이온만을 선택적으로 통과시킨다. 칼륨 이온과 소듐 이온의 크기 차이는 겨우 0.38 Å(10^{-10} m) 정도인데, 채널은 이 미세한 차이를 정확히 구별해낸다. 이는 마치 골프공과 탁구공을 구별하는 것보다 훨씬 더 정밀한 선별 과정이다. 자연이 만들어낸 분자 수준의 필터링 시스템이 지닌 정교함은 인간이 만든 그 어떤 기술도 따라올 수 없을 정도다. 소듐은 또한 체액의 삼투압 조절에 핵심 역할을 한다. 혈액 속 소듐 농도가 높아지면 뇌하수체에서 항이뇨호르몬을 분비하여 신장에서 물의 재흡수를 촉진한다. 반대로 소듐 농도가 낮아지면 물의 배출을 증가시킨다. 이 시스템은 혈장 삼투압을 kg당 285~295 밀리

오스몰(mOsm/kg)을 유지하며, ±1~2% 편차만 허용하는 초정밀 조절장치인 셈이다. 이런 정교한 조절 시스템 덕분에 우리 몸의 수분 균형이 유지된다.

흥미롭게도 우리 혈액의 소듐 농도는 바닷물과 거의 비슷하다. 혈액 속 소듐 농도는 약 0.3%인데, 바닷물의 소듐 농도는 약 1.08%다. 바다와 혈액에서 주 이온은 소듐이다. 이는 우연의 일치가 아니다. 생명이 바다에서 시작되었고, 육지로 올라온 후에도 그 원시 바다의 환경을 몸 안에 간직하고 있기 때문이다. 우리는 모두 걸어 다니는 개인용 바다를 가지고 있는 셈이다. 소듐 농도의 이상은 심각한 건강 문제를 일으킨다. 저소듐혈증이 발생하면 뇌부종, 의식 장애, 심한 경우 혼수상태까지 올 수 있다. 반대로 고소듐혈증은 세포 탈수를 일으켜 신경계 손상을 유발할 수 있다. 마라톤 선수들이 경기 중 물만 많이 마시면 소듐 농도가 급격히 희석되어 위험한 상황에 빠질 수 있다. 이를 방지하기 위해 스포츠 음료에는 적정한 양의 소듐이 포함되어 있다. 가장 극적인 예는 뇌의 소듐 농도 변화다. 뇌는 소듐 농도 변화에 가장 민감한 기관이다. 소듐 농도가 단 5%만 변해도 의식에 영향을 줄 수 있다. 이는 뇌가 얼마나 정밀하게 조절되는 환경에서 작동하는지를 보여준다. 우리의 생각과 의식이 소듐 이온 몇 개의 차이로 좌우될 수 있다는 사실을 생각해 보라. 화학과 생명은 정말 경이롭지 않은가.

현대 산업의 만능 조연

21세기에 들어 소듐 화합물들은 더욱 다양한 분야에서 활용되고 있다. 하지만 이들의 역할은 종종 무대 뒤에 숨어 있어서 일반인들이 인식하기 어렵다. 마치 훌륭한 조연배우처럼, 주인공을 돋보이게 만들면서도 자신의 존재는 드러내지 않는다. 유리 제조업에서 탄산소듐은 여전히 필수 원료다. 규사(SiO_2)의 녹는점을 낮춰주는 융제 역할을 하기 때문이다. 순수한 규사의 녹는점은 1,713℃인데, 탄산소듐을 첨가하면 1,000℃ 정도로 낮아진다. 이는 에너지 절약 측면에서 엄청난 차이이다. 더 많은 에너지와 온실가스를 방출하기 때문이다.

$$Na_2CO_3 + SiO_2 \rightarrow Na_2SiO_3 + CO_2 \uparrow$$

소듐이 들어간 유리는 소다라임 유리라고 불리며, 전 세계 유리 생산량의 90% 이상을 차지한다. 우리가 매일 사용하는 유리컵, 창문, 병들이 모두 소듐 덕분에 존재할 수 있다. 탄산소듐이 분해되어 생성된 산화나트륨(Na_2O)이 규사(SiO_2)와 반응해 규산나트륨(Na_2SiO_3)을 형성하는 것은 녹는점만 낮춰 비용문제만 해결하는 게 아니다. 규산염 구조 내 소듐 이온(Na^+)은 규사(SiO_2)의 분자 네트워크를 분해해, 용융물의 점도를 낮추고 유동성을 증가시킨다. 유리 용융물이 주물 성형기인 금형에 쉽게 채워지게 되고, 기포도 제거되며 전반적으로 내부 물질이 균질화된다. 그리고 원료에 포함된 철(Fe^{2+}/Fe^{3+}) 등 불순물을 소듐이 중화시켜, 유리의 투명도와 균일한 색상을 확보할 수 있다. 소위 유리제품의 생산 자체가 가능하게 하는 조력자인 셈이다. 흥미롭게도 유리의 역사를 따라가다 보면 인류 문명의 발전사와 맞닿아 있다는 것을 발견하게 된다. 고대 이집트인들이 처음 유리를 만들 때 사용한 나트론이 바로 천연 탄산소듐이었다. 4,000년이 지난 지금도 우리는 여전히 같은 원리로 유리를 만들고 있다. 기술은 발전했지만 화학의 기본 원리는 변하지 않았다.

세제 산업에서도 소듐 화합물들은 핵심 성분이다. 비누의 기본 구조와 형태, 세정력, 거품 등 모든 특성이 소듐 화합물에 의해 결정된다고 해도 과언이 아니다. 쉽게 말해, 소듐 없이 비누는 존재할 수 없다. 비누의 본질은 지방산(동·식물성 기름)과 강염기인 가성소다(수산화나트륨, NaOH)가 반응해 만들어지는 지방산 소듐염(비누)과 글리세린이다. 이 반응을 비누화(사포니피케이션, saponification)라고 한다. 수산화소듐 없이는 이 비누화 반응이 일어나지 않으므로, 비누의 기본 구조가 만들어지지 않는다. 과거에는 비누의 주성분인 지방산소듐이 주로 사용됐지만, 현재는 합성세제의 핵심 성분인 알킬벤젠술폰산소듐AlkylBenzene Sulfonate, ABS이 더 많이 사용된다. 가끔 수제 비누가 수돗물이 아닌, 마치 개울물처럼 미네랄이 많은 물에서는 잘 씻기지 않는 듯한 경험을 해본 적이 있을 것이다. 지방산소듐은 경수(칼슘·마그네슘 이온 함유 물)에서 칼슘비누($Ca(C_{17}H_{35}COO)_2$) 침전물 생성되어 세정력이 좋지 않게 된다. 하지만 합성세제에 사용된 ABS 화합물은 경수에서도 거품이 잘 나고 세정력이 뛰어나다는 장점이 있다. 한편 초기 합성세제들은 생분해가 잘 되지 않아 환경 문제를 일으켰다. 1960년대 독일 라인강, 영국 템스강에서 ABS 미분해로 인해 거품이 넘쳐나는 모습이 뉴스에 보도되면서 사회적 논란이 되기도 했다. 미국 《Time》지 1965년 보도에 따르면, 강물 거품이 1 m 높이까지 쌓이기도 했다. 과학은 늘 이런 단점을 가만히 두지 않는다. 화학자들은 생분해성이 좋은 세제를 개발했고, 현재 사용되는 직쇄 알킬벤젠술폰산소듐Linear Alkylbenzene Sulfonate, LAS은 미생물에 의해 쉽게 분해되도록 설계되었다. 이는 화학 산업이 환경 친화적 방향으로 발전해온 대표적인 사례 중 하나다. 과학 기술의 발전이 반드시 환경 파괴를 의미하지 않는다는 것을 보여주는 좋은 예다.

식품 산업에서도 소듐 화합물들이 다양한 용도로 사용된다. 물론 요즘은 소금빵이 인기가 있어 식품에 소듐이 필수적이라고 할 수도 있겠지만, 그보다 더 근원적인 역할을 한다. 중탄산 소듐($NaHCO_3$), 즉 베이킹소다는 빵과 과자를 부풀리는 팽창제로 사용된다. 베이킹소다가 가열되면 이산화탄소를 방출하는 특성을 이용한 것이다.

$$2NaHCO_3 \rightarrow Na_2CO_3 + H_2O + CO_2$$

이 반응을 처음 이해했을 때, 나는 화학이 얼마나 일상생활과 밀접한지 새삼 깨달았다. 매일 아침 먹는 빵이 부드러운 이유가 바로 이 간단한 화학 반응 때문이었던 것이다. 베이킹소다는 또한 냄새 제거제로도 사용되는데, 이는 아세트산이나 암모니아같은 산성과 염기성 냄새 분자를 중화시키는 능력 때문이다. 구연산나트륨Sodium citrate은 식품의 산도 조절제로, 아질산나트륨Sodium nitrite은 육류 가공에서 발색제로 사용된다. 아질산나트륨의 경우 육류의 붉은 색을 유지하고 세균 번식을 억제하는 효과가 있지만, 과량 섭취 시 건강에 해로울 수 있어 사용량이 엄격히 규제되고 있다. 이런 식품 첨가물들의 사용에 대해 우려와 괴담이 많지만, 대체적으로 안전성과 편의성 사이의 균형을 찾기 때문에 큰 문제는 없다.

원자력 산업에서도 소듐은 중요한 역할을 한다. 일부 고속증식로에서는 액체 소듐을 냉각재로 사용한다. 소듐은 녹는점이 98℃로 비교적 낮고, 끓는점이 883℃로 높아서 넓은 온도 범위에서 액체 상태를 유지할 수 있다. 또한 물보다 100배 이상 열전도도가 뛰어나고 중성자를 거의 흡수하지 않아 고속중성자증식로의 냉각재로 적합하다. 하지만 액체 소듐을 다루는 것은 매우 위험하다. 소듐은 물과 격렬하게 반응하므로, 액체 소듐 냉각 시스템에서 물이 새어 들어가면 폭발적인 반응이 일어날 수 있다. 1995년 일본의 몬주 고속증식로에서 소듐 누출 사고가 발생했을 때, 그 위험성이 다시 한번 부각되었다. 소듐 640 kg이 냉각계통에서 누출되며 공기와 접촉해 화재로 이어졌다. 당시 사고로 방사능 누출은 없었으나, 정보 은폐로 사회적 논란이 일었다. 이 사고 이후 액체 소듐 냉각로의 안전성에 대한 논란은 계속되고 있다.

소듐의 이런 다양한 용도를 살펴보면서 느끼는 것은, 과학 기술이 얼마나 우리 생활 깊숙이 스며들어 있는지에 대한 경이로움이다. 아침에 일어나서 치약으로 이를 닦고, 비누로 세수하고, 유리창을 통해 햇빛을 받고, 빵을 먹는 모든 순간에 소듐이 관여하고 있다. 하지만 대부분의 사람은 이런 사실을 무시하고 살아간다. 과학이 우리에게 주는 혜택은 너무 당연해서 종종 인식하지 못하는 경우가 있다.

배터리 혁명의 새로운 주인공

이전에는 배터리를 언급하면 리튬이 주로 다뤄졌다. 하지만, 최근 몇 년간 소듐은 배터리 기술 분야에서 새로운 주목을 받고 있다. 이는 단순한 기술적 발전을 넘어서, 인류가 에너지를 바라보는 관점의 근본적인 변화를 의미한다. 리튬 이온 배터리의 가격 상승과 공급 불안정성이 문제가 되면서, 대안으로 소듐 이온 배터리Sodium Ion Battery, SIB가 부상하고 있는 것이다. 리튬은 전 세계 매장량의 60%가 남미에 집중되고 실제로 2021~2023년간 500% 이상 가격이 상승했다. 물질에서 벗어날 수 없는 희소성의 경제학이다.

그에 반해 소듐은 리튬보다 1,000배 이상 풍부하다. 이 숫자가 주는 의미는 엄청나다. 바닷물에서 쉽게 얻을 수 있어 사실상 무제한 공급이 가능하다는 뜻이기 때문이다. 바닷물 1 kg당 소듐 양은 10.8 g이다. 전 세계 바닷물 총량이 약 1.332×10^{18} kg에 달하니 소듐은 약 14.4경 t이나 된다. 이는 현재 인류가 사용하는 모든 배터리 재료를 몇 만 배로 늘려도 고갈되지 않을 양이다. 희소성에 기반한 경제학에서 풍요로움에 기반한 경제학으로의 전환이 가능해지는 순간이다. 물론 한동안은 병행할 수밖에 없다.

소듐 이온 배터리의 작동 원리는 리튬 이온 배터리와 유사하다. 충전 시에는 소듐 이온이 양극에서 음극으로 이동하고, 방전 시에는 반대로 움직인다. 하지만 여기에는 한 가지 문제가 있다. 소듐 이온이 리튬 이온보다 크기가 크다는 점이다. 소듐 이온의 반지름은 102_{pm}인데, 리튬 이온은 76_{pm}다. 겨우 26_{pm}의 차이지만, 부피로 보면 세제곱이고 원자 세계에서 이 정도는 거대한 차이이다. 이 크기 차이 때문에 소듐 이온은 전극 물질 내에서의 이동이 어렵다. 마치 좁은 복도를 지나는 사람들을 생각해보자. 작은 사람은 빠르게 지나갈 수 있지만, 덩치가 큰 사람은 조금 더 어려움을 겪는다. 전극 물질의 결정 구조에서도 마찬가지 현상이 일어난다. 소듐 이온이 들어갈 수 있는 공간이 제한적이고, 이동 속도도 상대적으로 느리다.

하지만 과학자들은 이 문제를 해결하기 위해 창의적인 접근을 시도하고 있다. 전극 물질의 결정 구조를 조작하여 소듐 이온이 더 쉽게 이동할 수 있는 통로를 만드는 것이다. 마치 좁은 복도를 넓히거나, 우회로를 만드는 것과 같은 원리다. 층상 구조의 물질에서는 층간 거리를 넓히고, 터널 구조의 물질에서는 터널의 크기를 키우는 연구가 진행되고 있다. 2021년 7월 중국의 CATL이 세계 최초로 소듐 이온 배터리의 상용화 계획을 발표했을 때, 업계에 큰 충격을 주었다. 에너지 밀도는 리튬 이온 배터리의 70~80% 수준이지만, 여러 면에서 뛰어난 장점을 보여주었다. 리튬이온 배터리가 저온에서 성능이 떨어지는 경험은 했을 것이다. 실제로 섭씨 영하 20℃의 저온에서 리튬이온 배터리의 효율은 60~70%로 떨어진다. 이에 반해 소듐배터리는 90% 이상 용량을 유지한다. 이렇듯 소듐배터리는 저온에서의 성능이 우수하고, 열폭주thermal runaway 현상도 현저히 낮아 안전성이 높으며, 무엇보다 가격이 저렴하다.

소듐 이온 배터리의 또 다른 장점은 완전 방전 상태에서도 안전하게 운송할 수 있다는 점이다. 리튬 이온 배터리는 완전 방전 시 구리 집전체의 부식으로 성능이 급격히 저하되지만, 소듐 이온 배터리는 구리대신 알루미늄을 사용해 완전 방전 시에도 부식 없이 안전 운송 가능하다. 이는 배터리의 생산과 유통에서 큰 이점이 된다. 운송비 절약뿐만 아니라 안전성 확보라는 두 마리 토끼를 잡을 수 있는 것이다. 하지만 소듐 이온 배터리가 모든 면에서 리튬 이온 배터리를 대체할 수 있는 것은 아니다. 에너지 밀도가 리튬에 비해 절반 정도로 낮다는 한계 때문에 스마트폰이나 전기차 같은 고에너지 밀도가 필요한 분야에서는 여전히 리튬 이온 배터리가 우위를 점할 것으로 보인다. 하지만 대규모 에너지 저장 시설ESS이나 전기 이륜차, 저가형 전기차 시장에서는 소듐 이온 배터리가 유력한 대안이 될 것이다. 실제로 2025년 출시 예정인 중국 BYD 사의 저가모델인 Seagull 등에 소듐이온배터리 탑재가 검토되고 있다.

특히 ESS 분야에서 소듐 이온 배터리는 활용 가능성이 매우 높다. ESS에서는 무게나 부피보다 가격과 안전성이 더 중요한 고려 요소이기 때문이다. 최근 국가 전산의 심장인 국정자원관리원에서 발생한 화재 역시 UPS(무정전 전원장치) 배터리 교체 작업 중 일어난 사고였으며, 화재가 걷잡을 수 없이 번진 것은 리튬 배터리의 열폭주 현상 때문이었다.

태양광이나 풍력 발전으로 생산된 전기를 저장했다가 필요할 때 공급하는 시스템에서는 소듐 이온 배터리가 이상적인 대안이 될 수 있다. 소듐 이온 배터리의 발전은 단순한 기술적 진보를 넘어, 인류가 '희소성의 경제학'에서 벗어날 가능성을 보여준다. 바닷물이라는 사실상 무한한 자원에서 에너지 저장의 해답을 찾아낸 것이다. 어쩌면 이것이야말로 진정한 의미의 지속가능한 기술일지도 모른다.

짠맛의 딜레마

현대 사회에서 소듐은 축복이자 저주가 되었다. 이는 마치 좋은 친구가 때로는 골칫거리가 되는 것과 비슷하다. 가공식품의 발달로 우리의 소듐 섭취량은 권장량을 크게 초과하고 있다. 세계보건기구WHO는 성인의 하루 소듐 섭취량을 2 g 이하로 권장하지만, 대부분의 선진국에서는 이 기준을 1.7~1.9배 초과하고 있다. 처음 이 통계를 접했을 때는 의아한 마음이 들었다. 소듐 2 g이라니, 이게 얼마나 되는 것일까? 계산해보니 소금으로 환산하면 하루 5 g, 각설탕 1개 반 정도이고, 티스푼 하나 정도였다. 그런데 문제는 우리가 직접 음식에 뿌리는 소금은 전체 소듐 섭취량의 10% 정도에 불과하다는 점이다. 고기나 해산물, 채소 등 자연식품에도 많게는 15% 정도 들어있다. 문제는 나머지 70~75%이다. 바로 가공식품에 이미 들어가 있는 '숨어있는 소금'이다. 예를 들어, 평범해 보이는 식빵 한 조각에는 약 200 mg의 소듐이 들어있다. 햄버거 하나에는 1,000 mg이 훌쩍 넘는다. 라면 1봉지에는 최대 2000 mg의 소듐이 들어있다. 한 그릇을 국물까지 먹으면 하루 권장량에 해당하는 소듐을 섭취하게 된다. 우리가 의식하지 못하는 사이에 소금과 살고 있는 것과 같다.

가공식품에 소금이 많이 들어가는 이유는 복합적이다. 첫째, 맛을 향상시킨다. 소금은 단순히 짠맛을 내는 것이 아니라 다른 맛을 더욱 돋보이게 만드는 '맛의 증폭기' 역할을 한다. '단짠'이라는 말은 괜히 나온 게 아니다. 구운 고기를 소금에 찍어 먹으면 훨씬 고기의 풍미가 높아진다. 짠 맛은 단맛과 단백질의 감칠맛을 증폭시키기 때문이다. 둘째, 보존성을 높인다. 미생물의 번식을 억제하여 식품의 유통기한을 연장한다. 셋째, 조직감을 개선한다. 빵에서는 글루텐 네트워크를 강화하고, 육류에서는 단백질 겔 형성을 촉진해 육질을 부드럽게 한다. 원자가 분자 조직에 개입하는 것이다.

과도한 소듐 섭취는 고혈압의 주요 원인 중 하나다. 신장의 소듐이온 배설 기능의 한계를 초과하면 소듐이 체내에 축적된다. 몸은 삼투압 균형을 맞추기 위해 더 많은 물이 혈관에 머물게 하고, 이는 혈압 상승으로 이어진다. 고혈압은 심혈관 질환, 뇌졸중, 신장 질환의 위험을 높인다. 전 세계적으로 매년 2~3백만 명이 과도한 소듐 섭취로 인한 질병으로 사망한다는 연구 결과도 있다. 물론 여기에는 개인차가 크다. 어떤 사람들은 소금에 민감하게 반응하여 조금만 많이 섭취해도 혈압이 올라가지만, 많은 양을 섭취해도 별다른 영향을 받지 않는 사람들도 있다. 이는 유전적 요인과 신장의 소듐 처리 능력에 따라 달라진다. 매커니즘은 다르지만, 마치 어떤 사람은 술에 약하고 어떤 사람은 술에 강한 것과 비슷한 유전적 원인이다. 한국인의 소듐 섭취량은 세계적으로도 높은 편이다. 김치, 젓갈, 된장 등 전통 발효식품과 라면, 치킨 같은 가공식품의 영향이 크다. 특히 한국의 '국물 문화'는 소듐 섭취량 증가의 주요 원인 중 하나다. 국, 찌개, 라면 등의 국물에는 생각보다 높은 농도의 소듐이 녹아 있기 때문이다. 뜨거운 음식은 짠맛을 마비시킨다. 식은 국물을 마셔보면 소금 농도를 제대로 느낄 수 있다.

그렇다고 소듐을 완전히 배제하는 것도 위험하다. 소듐 결핍은 근육 경련, 메스꺼움, 혼란, 심한 경우 의식 잃음까지 일으킬 수 있다. 마라톤 선수들이 경기 중 물만 많이 마시면 소듐 농도가 급격히 희석되어 위험한 상황에 빠질 수 있다. 이를 '희석성 저소듐혈증'이라고 하는데, 실제로 몇 명의 마라톤 선수가 이로 인해 사망한 사례도 있다. 이를 방지하기 위해 스포츠 음료에는 적절한 양의 소듐이 포함되어 있다. 포카리스웨트 같은 이온음료 500 ml에는 약 125 mg의 소듐이 들어있다. 이는 운동으로 잃어버린 소듐을 보충하기 위해 정교하게 계산된 양이다. 재미있게도 스포츠 음료의 소듐 농도는 우리 혈액의 소듐 농도와 거의 비슷하다. 몸이 가장 쉽게 흡수할 수 있는 농도로 만들어진 것이다.

식품 산업은 소듐 저감화에 큰 노력을 기울이고 있다. 염화칼륨으로 일부 소듐을 대체하거나, 감칠맛 성분을 추가하여 짠맛을 강화하는 방법들이 개발되고 있다. 하지만 완전한 대체는 쉽지 않다. 소듐은 단순히 짠맛을 내는 것 이상으로 식품의 조직감, 보존성, 풍미에 복합적인 영향을 미치기 때문이다. 가장 흥미로운 연구 중 하나는 '소금 길들이기'다. 점진적으로 소금 섭취량을 줄여가면 미각이 적응하여 낮은 염분 농도에서도 만족감을 느낄 수 있다는 것이다. 이는 보통 2~3주 정도 걸린다. 마치 어두운 곳에 들어가면 처음에는 아무것도 보이지 않지만 시간이 지나면서 점차 보이기 시작하는 것과 비슷하다. 일부 전문가들은 '소금 전쟁'이라는 표현을 쓰기도 한다. 공중보건 당국은 소듐 섭취를 줄이라고 하고, 식품 업계는 맛을 위해서는 어느 정도 소금이 필요하다고 주장한다. 소비자들은 그 사이에서 무엇을 믿어야 할지 혼란스러워한다. 하지만 진실은 의외로 간단하다. 적당한 양의 소듐은 필수적이지만, 과도한 섭취는 해롭다는 것이다. 문제는 그 '적당한 양'을 찾는 것이다.

환경 속의 소듐

자연 환경에서 소듐의 순환은 지구 시스템의 핵심 고리 중 하나다. 암석의 풍화 작용으로 방출된 소듐은 강물을 따라 바다로 흘러가고, 바닷물의 증발로 다시 대기 중으로 올라간다. 해풍을 타고 육지로 이동한 소듐은 비와 함께 내려와 토양과 식물에 공급된다. 하지만 인간 활동이 이 자연스러운 순환을 교란하고 있다. 겨울철 제설제로 사용되는 염화소듐은 토양과 지하수를 오염시킨다. 북미의 많은 호수에서 염화물 농도가 지속적으로 증가하고 있으며, 일부 지역에서는 음용수 기준을 초과하기도 한다. 염화소듐에 노출된 식물들은 삼투압 스트레스로 인해 성장이 저해되고, 심한 경우 고사하기도 한다.

해안 지역의 염분 침입도 심각한 문제다. 해수면 상승과 과도한 지하수 채취로 인해 담수 대수층에 바닷물이 침입하고 있다. 이는 농업용수와 음용수의 염분 농도를 높여 사용을 어렵게 만든다. 이스라엘, 호주 같은 건조 지역에서는 해수 담수화 기술이 필수가 되었지만, 이 과정에서 나오는 고농도 염수의 처리가 새로운 환경 문제가 되고 있다. 배출된 고염수는 해양 생태계에 산소 결핍을 유발하기 때문이다. 바다의 소듐 농도 역시 기후변화에 영향을 미친다. 바닷물의 염분 농도는 해수의 밀도를 결정하고, 이는 해류의 흐름에 영향을 준다. 극지방 빙하의 융해로 담수가 대량으로 바다에 공급되면 해수의 염분 농도가 낮아지고, 이는 전 지구적 해류 순환에 변화를 일으킬 수 있다.

평범함 속의 비범함

소듐은 지구상에서 6번째로 풍부한 원소이지만, 그 평범함 속에 놀라운 복잡성을 감추고 있다. 5 g 기준 티스푼으로 우리가 매일 섭취하는 소금 한 숟가락에는 5.15×10^{22} 개의 소듐 원자가 들어있다. 이는 지구상의 모든 모래알을 합친 것보다 10,000배나 많은 숫자다. 그 하나하나의 원자가 우리 몸속에서 생명을 유지하는 핵심 역할을 한다. 소듐의 이야기는 과학과 일상, 자연과 문명, 과거와 미래를 연결하는 거대한 서사시다. 고대 로마 병사의 급여에서 현대의 배터리까지, 인간의 신경 신호에서 우주의 별빛까지, 소듐은 우리가 아는 세상의 모든 곳에 스며들어 있다.

어쩌면 소듐의 가장 큰 가르침은 평범한 것의 소중함일지도 모른다. 화려하지도 희귀하지도 않지만, 없어서는 안 될 존재. 우리 삶의 기반을 이루면서도 당연하게 여겨지는 존재. 바닷물 한 방울에서 시작된 이 이야기가 결국 우리에게 말하고자 하는 것은, 진정한 가치는 종종 우리가 가장 가까이에서 간과하는 곳에 숨어 있다는 사실이다. 다음에 짠맛을 느낄 때, 그 순간 혀끝에서 일어나는 미시적 드라마를 떠올려보자. 35억 년 전 원시 바다에서 시작된 소듐의 여정이 지금 이 순간 우리의 감각으로 완성되는 순간이다. 그 한 알의 소금이야말로 우주와 생명, 과학과 문명을 연결하는 가장 평범하면서도 가장 필수적인 존재인 것이다. 오죽하면 종교에서조차 빛과 소금이라는 물리와 화학의 근간을 언급하겠는가.

제6장

우주의 첫 번째 이야기,
수소

1

H

Hydrogen

1.007

H

이 이야기는 한 방울의 물로 시작한다. 1766년, 런던의 한 실험실에서 헨리 캐번디시Henry Cavendish라는 괴짜 귀족이 이상한 실험을 하고 있었다. 캐번디시는 당시 기준으로도 상당히 별난 인물이었다. 여성과 대화하는 것을 극도로 꺼려해서 하녀들과도 쪽지로만 소통했고, 사교 모임에서는 구석진 곳에 숨어 있다가 누군가 말을 걸면 도망치듯 사라지는 것으로 유명했다. 현대의 관점에서 보면 심각한 대인 공포증이나 사회부적응자였지만, 다행히 18세기에는 이런 증상에 대한 공식적인 진단명이 없었기 때문에 그는 그냥 '괴짜 귀족'으로 통했다. 하지만 실험실에서만큼은 완전히 다른 사람이 되었다. 그는 철 조각에 묽은 황산을 부어 발생하는 기체를 유리관으로 모으고 있었다. 다른 사람들이 보기에는 그저 거품이 일어나는 시시한 반응이었지만, 캐번디시는 공기보다 약 14배나 가벼운 이 '가연성 공기inflammable air'에 뭔가 특별한 것이 있다고 직감했다.

당시 화학자들은 연소 현상을 '플로지스톤 이론Phlogiston theory'으로 설명했다. 모든 가연성 물질에는 플로지스톤이라는 가상의 물질이

들어있고, 연소할 때 이것이 빠져나간다는 황당한 이론이었다. 플로지스톤은 마치 중세 의학에서 '네 가지 체액'만큼이나 그럴듯해 보이면서도 완전히 틀린 개념이었다. 하지만 〈그때는 맞고 지금은 틀리다〉는 영화 제목처럼, 과학의 역사란 언제나 이런 식이다. 틀린 이론이 옳은 실험을 만들어내기도 하고 옳은 실험이 결국 틀린 이론을 무너뜨리기도 한다. 캐번디시도 플로지스톤 이론에 빠져있었지만, 적어도 그는 실험을 통해 자신의 생각을 검증하려 했다. 그가 이 기체에 불을 붙이는 순간, 작은 폭발과 함께 놀라운 일이 벌어졌다. 아무것도 남지 않을 줄 알았는데, 유리관 벽면에 투명한 물방울이 맺혀 있었던 것이다.

캐번디시는 당황했다. 플로지스톤 이론으로는 도저히 설명할 수 없는 현상이었다. 공기에서 뭔가가 빠져나간 것이 아니라 뭔가가 더해진 것처럼 보였다. 이는 마치 수학자가 1+1=3이라는 답을 얻은 것만큼이나 당황스러운 일이었다. 하지만 그는 자신도 모르는 사이에 우주에서 가장 단순하면서도 가장 중요한 원소를 발견했다. 그것은 바로 우주에 존재하는 보통 물질 질량의 약 75%를 차지하고, 모든 별의 연료가 되며, 지구상 모든 생명체의 몸을 구성하는 물의 핵심 성분인 수소였다. 하지만 그 당시 캐번디시는 이것이 '물을 만드는 것'이라는 뜻에서 그리스어 'hydro(물)'와 'genes(만드는 자)'를 합쳐 '수소'라고 이름 붙여질 것이라고는 꿈도 꾸지 못했다.

수소라는 이름을 붙인 것은 프랑스의 화학자 라부아지에LaVoisier였다. 1783년, 라부아지에는 캐번디시의 실험을 반복하면서 이 '가연성 공기'가 연소하면 물이 만들어진다는 사실을 확인했다. 그는 이 기체를 물을 만드는 '하이드로겐hydrogène'이라고 명명했다. 아이러니하게도 물의 정체를 밝혀낸 것은 물 자체를 분해한 캐번디시였지만, 그 의미를 정확히 해석한 것은 라부아지에였다. 과학사에서 종종 볼 수 있는 일이지만, 발견자와 해석자가 다른 경우가 또 하나 생긴 셈이었다. 이는 마치 콜럼버스가 아메리카 대륙을 발견했지만 그곳에 자신의 이름을 붙이지 못한 것과 같은 일이었다.

우주의 첫 번째 배우

우주의 역사를 연극으로 본다면, 수소는 의심할 여지없이 주인공이다. 빅뱅 이후 38만 년이 지나서야 우주가 충분히 식어 첫 번째 수소 원자가 형성될 수 있었다. 그 이전까지는 너무 뜨거워서 전자와 양성자가 따로 놀고 있었다. 초기 우주는 고온 플라즈마 상태로, 전자와 양성자가 자유롭게 떠돌며 결합하지 못했다. 온도가 약 3,000K까지 떨어져야 양성자와 전자가 비로소 안정된 결합을 이룰 수 있었다. 절대온도 3,000K는 섭씨로는 2,727℃로, 이는 대부분의 물질이 기체 상태가 되는 온도다. 우리가 느끼기에는 무척 뜨겁지만 우주적 기준으로는 이미 상당히 '시원한' 온도였다.

수소 원자의 탄생은 우주사에서 가장 극적인 순간 중 하나였다. 처음으로 양성자 하나와 전자 하나가 만나 안정된 원자를 이뤘을 때, 우주는 비로소 투명해졌다. 그 전까지는 빛이 자유롭게 이동할 수 없었다. 이유는 자유전자들이 빛을 계속 산란시켰기 때문이다. 마치 안개 낀 날처럼 우주는 불투명했다. 하지만 수소 원자가 형성되면서 자유전자가 사라지자 마침내 빛은 방해받지 않고 우주를 가로질러 여행할 수 있게 됐다. 이 빛이 바로 우리가 관측하는 우주배경복사의 기원이다. 이 우주배경복사Cosmic Microwave Background는 1965년 아르노 펜지아스Arno Penzias와 로버트 윌슨Robert Wilson이 우연히 발견했다. 그들은 벨 연구소에서 통신 위성용 안테나를 테스트하고 있었는데, 아무리 해도 제거되지 않는 잡음이 있었다. 처음에는 비둘기 똥 때문이라고 생각해서 안테나를 청소하고 비둘기들을 쫓아내기도 했지만, 잡음은 사라지지 않았다. 이는 과학사상 가장 낭만적이지 못한 우주적 발견 중 하나였다. 비둘기 똥과 우주의 기원을 연결지어 생각할 수 있는 사람이 과연 몇이나 될까? 나중에 알고 보니 이 잡음이 바로 138억 년 전 수소 원자가 형성될 때 방출된 빛의 잔해인 마이크로파였다. 펜지아스와 윌슨은 자신들도 모르는 사이에 우주의 탄생 증거를 발견한 것이었다.

하지만 수소의 진짜 드라마는 여기서부터 시작됐다. 우주가 계속 팽창하면서 온도가 더 내려가자, 중력이 주도권을 잡기 시작했다. 수소 구름들이 모이기 시작했고, 밀도가 높아지면서 구름 중심부의 온도가 올라갔다. 이는 역설적인 상황이었다. 우주 전체는 식고 있는데, 특정 지역은 뜨거워지고 있었던 것이다. 마치 어둡고 차가운 겨울 밤에 모닥불이 피어오른 모습과 같았다. 중력이 수소 구름을 압축하는 데에는 생각보다 오랜 시간이 걸렸다. 그 과정에는 수백만 년에서 수천만 년이 필요했다. 우주적 기준으로는 빠른 시간이지만, 인간의 관점에서는 참을 수 없을 만큼 긴 시간이었다. 하지만 마침내 중심부 온도가 1,000만 캘빈(K)에 도달하는 순간, 엄청난 일이 일어났다. 수소 원자핵들이 융합하기 시작한 것이다. 바로 그 순간, 최초의 별이 탄생했다. 수소는 단순히 우주의 관찰자가 아니라, 우주를 밝히는 연료가 된 주인공이었다.

초기 별인 '제1세대 별Population III stars'들은 지금의 별들과는 완전히 달랐다. 수소와 헬륨 외에는 아무것도 없었기 때문에 무거운 원소들이 만들어내는 냉각 효과가 없었다. 그래서 이들은 태양보다 수백 배 무거운 거대한 괴물 별들이었다. 현대의 천문학자들이 이들을 관측하면 아마 '별이 저렇게 클 수가 있나?'라고 의심할 정도였을 것이다. 이런 별들의 수명은 매우 짧았다. 겨우 몇 백만 년만 타다가 초신성 폭발로 생을 마감했다. 별의 기준으로는 거의 '하루살이' 수준이었다. 실제로 현대의 별들은 금속 함량이 높아 상대적으로 작고 오래 산다. 하지만 이들의 죽음은 헛되지 않았다. 폭발 과정에서 탄소, 산소, 철 같은 무거운 원소들을 우주에 뿌렸고, 이것이 나중에 행성과 생명체는 물론 우리가 알고 있는 세상을 만드는 재료가 됐다.

현재 우리 태양은 매초 약 6억 t의 수소를 태워 거의 같은 양의 헬륨을 만들고, 그 과정에서 수백만~수천만 t에 해당하는 질량이 에너지로 변환되어 우주로 방출된다. 아인슈타인의 질량-에너지 등가 공식인 $E=mc^2$이 실제로 작동하는 거대한 실험실이 바로 태양인 셈이다. 매초 수백만~수천만 t이 에너지로 변환된다는 것은 어마어마한 양이다. 이는 지구상의 모든 핵무기를 동시에 터뜨린 것보다 수십에서 수백만 배 강한 에너지다. 태양에서 일어나는 핵융합 과정은 매우 복잡하다. 가장 주요한 과정은 '양성자-양성자 연쇄반응proton-proton chain'인데, 이는 여러 단계를 거쳐 4개의 수소 원자핵이 1개의 헬륨 원자핵으로 변환되는 과정이다. 이 과정에서 나온 에너지 덕분에 지구상의 모든 생명체가 존재할 수 있다. 수소가 없었다면 태양도 없었을 것이고, 태양이 없었다면 우리도 여기 있을 수 없었을 것이다.

흥미로운 것은 우리가 받고 있는 에너지의 출발 시차가 상상을 초월한다는 것이다. 태양 중심부에서 만들어진 에너지가 표면까지 도달하는 데는 평균 약 10~20만 년이 걸린다. 태양 내부의 밀도가 너무 높아서 광자들이 무수히 많은 충돌을 겪으며 천천히 바깥으로 나오기 때문이다. 마치 붐비는 지하철역에서 출구까지 나가는 것과 같다. 반면 표면에서 지구까지는 겨우 8분 20초면 된다. 결국 우리가 지금 받고 있는 햇빛은 최소 10만 년 전에 태양 중심부에서 수소 융합으로 만들어진 에너지인 셈이다. 이 말은 당신이 지금 느끼고 있는 따스한 햇살이 구석기 시대부터 여행을 시작했다는 뜻이다.

단순함 속의 복잡함

수소는 주기율표에서 1번 자리를 차지하고 있다. 이는 단순히 발견 순서가 아니라 가장 단순한 원소이기 때문이다. 양성자 하나, 전자 하나. 이보다 더 간단할 수는 없다. 하지만 이 단순함이야말로 수소를 가장 특별하게 만드는 요소다. 수소는 마치 수의 '1'이나 알파벳에서의 'A'와 같다. 가장 기본적이지만 가장 중요한 요소다. 내가 처음 양자역학을 공부할 때 가장 놀라웠던 것은 수소 원자가 유일하게 정확한 해를 구할 수 있는 원자라는 사실이었다. 전자 1개, 양성자 1개로 이루어진 2체 문제로, 방정식의 해를 정확하게 구할 수 있었다. 헬륨만 해도 전자가 두 개가 되면서 전자간 반발력 때문에 방정식이 복잡해지고 수학적으로 정확히 풀 수 없는 문제가 된다. 3체는 학자들도 극도로 꺼리는 복잡함을 수반한다. 소설『삼체』가 복잡성의 우주를 배경으로 한 이유가 있다. 하지만 수소는 슈뢰딩거 방정식의 완벽한 해답을 제공한다.

수소 원자의 슈뢰딩거 방정식을 푸는 과정은 물리학도들에게는 일종의 통과의례다. 구면좌표계로 변환하고, 변수분리를 하고, 라게르 다항식Laguerre polynomials과 구면조화함수spherical harmonics를 다루는 복잡한 과정을 거쳐야 한다. 이 과정을 거치고 나면 대부분의 학생들이 '이래서 물리학자들의 언어가 수학이구나'하고 깨닫게 된다. 하지만 그 결과의 아름다움은 풀어 본 사람만이 알 수 있다. 수소의 에너지 준위는 $E = -13.6/n^2$ eV라는 간단한 공식으로 표현된다. 여기서 n은 주양자수다. 이 공식은 수소 원자의 모든 스펙트럼 선을 정확히 예측한다. 물리학이지만, 이 결과가 화학에 얼마나 위대한 영향을 끼치는 지는 이후에 모든 화학자가 알게 된다.

발머Johann Jakob Balmer가 1885년 수소 스펙트럼에서 발견한 규칙성은 당시로서는 신비로운 현상이었다. 가시광선 영역의 수소 스펙트럼 선들이 $1/\lambda = R(1/2^2 - 1/n^2)$라는 간단한 공식을 따른다는 것이었다. 여기서 R은 리드버그 상수다. 발머는 이 공식을 순전히 실험 데이터에서 귀납적으로 찾아냈지만, 왜 이런 규칙성이 나타나는지는 몰랐다. 이는 마치 복권 번호에서 패턴을 발견했지만 그 이유를 모르는 것과 같았다. 30년 후 보어Niels Bohr의 원자 모델이 등장하고 나서야 이 신비로운 공식의 물리적 의미가 밝혀졌다.

수소의 전자는 핵 주위에 구형의 오비탈을 형성한다. 이 오비탈은 전자가 '있을 확률'을 나타내는 확률 구름probability cloud과 같은 형태다. 전자가 정확히 어디에 있는지는 알 수 없지만, 어디에 있을 가능성이 높은지는 정확히 계산할 수 있다. 이는 마치 안개 속을 걷는 사람을 찾는 것과 같다. 정확한 위치는 모르지만, 안개가 가장 짙은 곳에 있을 가능성이 높다는 것은 안다. 수소의 오비탈은 주양자수 n, 방위양자수 l, 자기양자수 m으로 구분된다. n=1일 때는 1s 오비탈로 구형이고, n=2일 때는 2s와 2p 오비탈이 있다. 2p 오비탈은 아령 모양이다. 이런 다양한 모양의 오비탈들이 수소의 화학적 성질을 결정한다. 특히 1s 오비탈은 핵에 가장 가까워서 에너지가 가장 낮고 안정하다. 마치 건물에서 1층이 가장 안전한 것과 같은 원리다. 하지만 수소의 진정한 능력은 다른 원소들과 결합할 때 나타난다. 수소는 거의 모든 원소와 결합할 수 있는 놀라운 능력을 가지고 있다. 탄소와 결합하면 메탄이나 석유 같은 탄화수소를 만들고, 산소와 결합하면 물이 된다. 질소와 결합하면 암모니아가 되고, 염소와 결합하면 염산이 된다. 수소는 화학의 세계에서 가장 사교적인 원소라고 할 수 있다. 마치 어느 파티에 가도 분위기에 녹아들어 모두와 스스럼없이 어울릴 수 있는 사람 같다.

이런 다재다능함의 비밀은 수소의 전자 하나에 있다. 이 전자는 다른 원자와 쉽게 공유될 수 있고, 때로는 완전히 넘겨주기도 한다. 수소는 마치 자신의 것을 기꺼이 나누는 관대한 친구와 같지만, 동시에 까다로운 면도 있다. 다른 원자의 전자를 받아들여 H^- 이온이 되기도 하기 때문이다. 이런 유연성 때문에 수소는 화학 반응의 중심에 서 있다.

수소의 동위원소들도 흥미롭다. 일반적인 수소protium는 양성자 하나만 가지고 있지만, 중수소deuterium는 중성자 하나가 더 있고, 삼중수소tritium는 중성자 두 개가 더 있다. 중수소는 안정하지만 삼중수소는 방사성이어서 12.3년의 반감기를 가지고 붕괴한다. 이 동위원소들은 모두 화학적 성질이 거의 같지만 물리적 성질은 다르다. 중수소가 결합한 물은 일반 물보다 11% 무겁고 끓는점도 높다. 중수로 차를 끓이면 보통보다 더 오래 걸린다는 뜻이다. 원자력 발전소에서는 중수를 감속재로 사용하기도 한다.

생명의 용매

지구상에서 수소의 가장 중요한 역할은 의심할 여지없이 물의 구성요소가 되는 것이다. H_2O라는 간단한 분자식 뒤에는 생명 자체의 비밀이 숨어 있다. 물 분자에서 수소는 산소와 독특한 관계를 맺는다. 수소가 산소와 전자를 공유하며 형성되는 공유결합covalent bond은 단순해 보이지만, 실제로는 무거운 산소핵이 공유 전자쌍을 끌어당기면서 분자 주변에 극성을 형성하고, 이로 인해 물은 매우 복잡한 성질을 띠게 된다.

물 분자의 형태를 정확히 이해하는 것은 생명의 비밀을 푸는 열쇠다. 물 분자는 직선이 아니라 104.5°로 구부러진 각도를 이루고 있다. 이는 마치 부메랑과 같은 모양이다. 이 각도가 생명에게는 결정적으로 중요하다. 만약 물 분자가 직선형이었다면 지구상의 생명체는 존재할 수 없었을 것이다. 때로는 이렇게 작은 각도의 차이가 생명과 무생물의 차이를 만들어낸다. VSEPR 이론Valence Shell Electron Pair Repulsion에 따르면, 산소 원자 주위의 공유되지 않은 전자쌍들이 서로를 밀어내면서 이런 각도가 만들어진다. 산소에는 두 개의 결합 전자쌍과 두 개의 비결합 전자쌍이 있는데, 비결합 전자쌍이 더 많은 공간을 차지하면서 H-O-H 각도를 109.5°보다 작은 104.5°로 만든다.

이 구부러진 구조 때문에 물 분자는 극성을 갖게 되고, 수소 쪽은 약간의 양전하(δ+)를, 산소 쪽은 약간의 음전하(δ−)를 띠게 된다. 이는 산소가 수소보다 전기음성도가 훨씬 크기 때문이다. 산소의 전기음성도는 3.44인데 수소는 2.2밖에 되지 않는다. 이 차이 때문에 공유전자쌍이 산소 쪽으로 치우치게 되고, 결과적으로 물 분자는 쌍극자가 된다. 이는 마치 수소가 산소와 줄다리기를 하며 전자쌍이 힘이 센 산소에게 끌려가는 것과 같다. 이 극성 때문에 물 분자들은 서로를 끌어당긴다. 한 물분자의 수소가 다른 물분자의 산소와 약한 결합을 형성하는데, 이를 수소결합hydrogen bond이라고 한다. 수소결합의 강도는 공유결합보다는 약하지만 반데르발스 힘보다는 강하다. 대략 5~10 kcal/mol 정도의 에너지를 가진다. 이는 공유결합(50~100 kcal/mol)의 10분의 1 정도지만, 분자들을 질서정연하게 배열시키기에는 충분한 힘이다.

이 수소결합이야말로 물의 모든 특이한 성질의 근원이다. 물이 0℃에서 얼고 100℃에서 끓는 것, 얼음이 물에 뜨는 것, 물의 표면장력이 큰 것, 비열이 큰 것 등은 모두 수소결합 때문이다. 만약 수소결합이 없었다면 비슷한 분자량의 비극성 분자처럼 대략 −80℃에서 얼고 −60℃에서 끓는 수준이었을 것이다. 그렇다면 지구상의 물은 모두 기체 상태였을 것이고, 생명체는 존재할 수 없었을 것이다. 우리가 존재할 수 있는 것은 수소가 제공하는 이 절묘한 분자 간 친화력 덕분이다. 얼음의 구조는 특히 흥미롭다. 얼음에서 각 물 분자는 주위의 4개 물 분자와 수소결합을 형성해 정사면체 구조를 만든다. 이 구조는 액체 상태보다 부피가 9% 정도 크다. 그래서 얼음이 물에 뜬다. 이는 자연계에서 매우 드문 현상이다. 대부분의 물질은 고체가 액체보다 밀도가 크다. 하지만 물은 예외다. 만약 얼음이 물보다 무거웠다면 호수나 바다가 바닥부터 얼기 시작해 결국 완전히 얼어버렸을 것이다. 그렇다면 수중 생물들은 모두 멸종했을 것이다. 다행히 물은 이런 '바보 같은' 행동을 하지 않는다.

수소결합은 생명체에게도 핵심적인 역할을 한다. DNA의 이중나선 구조를 안정하게 유지하는 것도 염기 사이의 수소결합이다. 아데닌과 티민 사이에는 2개의 수소결합이, 구아닌과 시토신 사이에는 3개의 수소결합이 형성된다. 이 차이 때문에 GC 함량이 높은 DNA가 더 안정하다. 단백질이 특정한 모양을 유지하는 것도, 세포막이 형성되는 것도 모두 수소결합과 관련이 있다. 효소의 작용 메커니즘에서도 수소결합은 핵심적이다. 기질이 효소의 활성부위에 결합할 때 수소결합이 중요한 역할을 한다. 또한 효소-기질 복합체가 형성될 때 생기는 수소결합의 변화가 반응의 활성화 에너지를 낮춘다. 이는 마치 열쇠와 자물쇠의 관계와 같다. 정확한 모양의 열쇠만이 자물쇠를 열 수 있듯이, 특정 기질만이 특정 효소와 적절한 수소결합을 형성할 수 있다. 수소 원자 하나하나가 우리의 유전정보를 지키는 작은 보초병 역할을 하고 있는 셈이다. 이는 마치 거대한 도서관의 모든 책을 작은 자석들이 제자리에 고정시키고 있는 것과 같다.

물의 이상한 성질들은 수소결합으로만 설명되지 않는다. 물은 4℃에서 밀도가 최대가 된다. 이는 수소결합 네트워크의 미묘한 변화 때문이다. 0℃에서 4℃로 온도가 올라가면 얼음의 정규적인 수소결합 구조가 부분적으로 붕괴되면서 분자들이 더 조밀하게 배열된다. 하지만 4℃를 넘어서면 열운동이 증가해 분자들 사이의 거리가 멀어진다.

이런 섬세한 균형 덕분에 호수나 바다의 바닥은 4℃를 유지하게 되고, 이는 수중 생물들에게 안정적인 서식지를 제공한다.

폭발하는 미래

수소는 온순한 물의 구성요소인 동시에 폭발적인 에너지를 품고 있는 이중성을 가진 원소다. 이 사실을 인류가 극적으로 깨달은 것은 1937년 힌덴부르크호 폭발 사고였다. 독일의 거대한 비행선 힌덴부르크호는 수소를 부력 기체로 사용했는데, 착륙 과정에서 기체 결함과 정전기에 의해 누출된 수소가 발화되면서 36초 만에 완전히 타버렸다. 길이 245 m, 승객 72명과 승무원 61명을 태운 거대한 비행선이 순식간에 화염에 휩싸이는 장면은 라디오를 통해 전 세계에 생중계됐다. 당시 실황 중계를 담당했던 허버트 모리슨 기자의 절규하는 목소리는 지금도 역사에 남아있다. "Oh, the humanity!(오, 인류여!)" 그의 목소리에 담긴 충격과 공포는 수소의 위험성을 온 세상에 알렸다. 사실 힌덴부르크호는 원래 헬륨을 사용하도록 설계됐지만, 미국이 헬륨 수출을 금지하면서 어쩔 수 없이 수소를 사용했다. 만약 헬륨을 사용했다면 이런 참사는 일어나지 않았을 것이다. 헬륨은 불활성 기체여서 아무리 높은 온도에서도 반응하지 않는다. 이는 정치적 결정이 과학적 안전성을 무시했을 때 벌어질 수 있는 비극의 대표적인 사례였다. 힌덴부르크 사고의 원인에 대해서는 여전히 논란이 있다. 정전기설이 가장 유력하지만, 일부에서는 테러설이나 수소 누출설을 제기하기도 한다. 하지만 분명한 것은 수소의 폭발 위험성이

힌덴부르크호 폭발 사고 모습

극명하게 드러났다는 점이다. 수소는 공기 중에서 4~75%의 매우 넓은 농도 범위에서 폭발할 수 있고, 점화 에너지도 매우 낮다. 겨우 0.02 mJ의 에너지만으로도 수소-공기 혼합물이 폭발할 수 있다. 이는 정전기로도 충분한 수준이다.

하지만 수소의 폭발적 에너지는 재앙이 아니라 미래의 희망이 될 수도 있다. 수소는 연소할 때 부산물로 물만을 배출하는 완전히 청정한 연료다.

$$2H_2 + O_2 \rightarrow 2H_2O + \text{에너지}$$

라는 간단한 반응식이지만, 이것이 인류를 화석연료 의존에서 벗어나게 해줄 수 있는 열쇠가 될 수도 있다. 석유나 석탄을 태울 때는 이산화탄소, 일산화탄소, 황산화물, 질소산화물, 미세먼지 등 각종 대기오염물질이 나오지만, 수소는 물만 배출한다. 물론 공기(질소 포함)에서 연소할 경우, 고온에서 질소와 반응해 질소산화물(NOx)이 생성될 수 있다. 수소 연소의 열역학적 효율은 매우 높다. 수소의 발열량은 kg당 120~142 메가줄(MJ/kg)로 메탄(55 MJ/kg)이나 가솔린(44~46 MJ/kg)보다 훨씬 높다. 무게당 에너지 밀도가 가장 높은 연료인 셈이다. 하지만 부피당 에너지 밀도는 낮다는 단점이 있다. 기체 상태의 수소는 부피당 에너지가 가솔린에 비해 1/3000에 불과하다. 그래서 수소를 저장하려면 압축하거나 액화해야 한다. 이는 저장, 운송, 인프라 구축에 추가 비용과 기술적 도전이 따른다는 의미이다.

현재 일본의 도요타, 한국의 현대차, 독일의 BMW 등 주요 자동차 제조사들이 수소연료전지차 개발에 박차를 가하고 있다. 수소연료전지는 수소와 산소를 반응시켜 전기를 만드는 장치로, 내연기관보다 효율이 높고 소음이 적으며 배출가스가 없다. 연료전지의 원리는 1839년 윌리엄 그로브가 발견했지만, 실용화되기까지는 160년이 넘게 걸렸다. 과학의 발전이 얼마나 인내를 요구하는지 보여주는 사례다. 연료전지의 핵심은 전해질막이다. 양극에서 수소가 산화되어 양성자와 전자로 분리되고, 양성자는 전해질막을 통과해 음극으로 이동한다. 전자는 외부 회로를 통해 음극으로 이동하면서 전기를 만든다. 음극에서는 산소, 양성자, 전자가 만나 물이 생성된다. 효율 역시 내연기관보다 두 배 정도로 높다. 수소차의 연료 충전 시간도 3~5분으로 전기차보다 훨씬 빠르다. 현대차의 넥쏘는 5분 충전으로 600 km를 갈 수 있다. 하지만 장점만 있는 것은 아니다. 수소 인프라 구축 비용이 높고, 수소를 생산하는 과정에서 여전히 화석연료가 사용된다는 한계가 있다.

현대자동차 제공, 넥쏘 (Hydrogen SUV), 2018.

수소 경제의 핵심은 '그린 수소' 생산에 있다. 현재 전 세계 수소의 95% 이상이 천연가스나 석탄을 이용해 생산되는데, 이 과정에서 대량의 이산화탄소가 배출된다. 메탄 수증기 개질Steam Methane Reforming이라는 과정에서 $CH_4 + H_2O \rightarrow CO + 3H_2$ 반응이 일어나고, 이어서 $CO + H_2O \rightarrow CO_2 + H_2$ 반응으로 최종적으로 수소를 얻는다. 하지만 이 과정에서 수소 1 t당 이산화탄소 9 t이 배출된다. 이는 마치 친환경적인 음료를 만들기 위해 더 많은 쓰레기를 만드는 것과 같은 모순이다. 하지만 재생에너지로 생산한 전기를 이용해 물을 분해하면 완전히 친환경적인 수소를 얻을 수 있다. 이것이 바로 그린 수소다. 전기분해 과정에서는 $2H_2O \rightarrow 2H_2 + O_2$ 반응이 일어난다. 독일, 일본, 호주 등은 이미 대규모 그린 수소 생산 시설을 건설하고 있다. 독일의 경우 2030년까지 10GW 규모의 전기분해 설비를 구축할 계획이다. 수소가 정말로 미래 에너지가 될 수 있을지는 그린 수소 생산 기술의 발전과 경제성에 달려 있다.

별을 지상에 옮겨오는 꿈

수소의 진정한 잠재력은 아마도 핵융합에 있을 것이다. 핵융합은 말 그대로 별의 힘을 지상으로 가져오는 기술이다. 수소 원자핵들이 융합하고 헬륨이 되면서 엄청난 에너지를 방출하는 과정으로, 이는 태양과 모든 별들이 수십억 년간 사용해온 에너지원이다. 맞다. 앞서 태양을 설명했던 그 에너지이다. 만약 인류가 이 기술을 완전히 마스터할 수 있다면, 에너지 문제는 영구히 해결될 수 있을 지도 모른다. 이는 마치 프로메테우스가 신으로부터 불을 훔쳐온 것과 같은 혁명적 사건이 될 것이다. 핵융합의 기본 원리는 놀랍도록 단순하다. 가벼운 원자핵들이 융합해서 더 무거운 원자핵을 만들 때, 결합에너지 차이만큼 에너지가 방출되는 것이다. 가장 간단한 핵융합 반응은 두 개의 중수소 원자핵이 융합하는 것이다.

$$^{2}H + ^{2}H \rightarrow ^{3}He + n + 3.27\ MeV.$$

하지만 실제 발전소에서 가장 유력한 반응은 중수소와 삼중수소가 융합하는 D-T 반응이다.

$$^{2}H + ^{3}H \rightarrow ^{4}He + n + 17.6\ MeV.$$

이 반응은 상대적으로 낮은 온도에서도 일어나기 때문에 기술적으로 가장 달성하기 쉽다. 누차 이야기하지만, 여기서 '낮은 온도'라는 것은 1억℃를 의미한다. 여기에 존재하는 치명적인 문제가 온도라는 환경이다. 핵융합이 일어나려면 원자핵들이 서로 반발하려는 쿨롱 척력을 극복하고 가까이 다가가야 한다. 원자핵은 모두 양전하를 띠므로 서로를 밀어낸다. 이 장벽을 극복하려면 엄청난 에너지가 필요하다. 태양에서는 중력이 수소를 압축해서 중심부 온도를 1,500만℃까지 올린다. 그래서 인공적으로 1억℃ 이상의 극고온을 만들어야 한다. 왜 온도를 더 높여야 하느냐고? 태양 중심에는 엄청난 압력이 동반된다. 지구에서는 중력으로 이런 조건을 만들 수 없다. 결론적으로 핵융합 발전은 지구에 작은 태양을 만드는 일이다.

1억℃라는 온도는 상상하기 어려운 수준이다. 이 온도에서는 거의 모든 물질이 플라즈마 상태가 된다. 전자와 원자핵이 완전히 분리되어 자유롭게 움직이는 상태다. 플라즈마는 고체, 액체, 기체에 이은 물질의 제4상태로 불린다. 놀랍게도 우주의 99% 이상이 플라즈마 상태다. 별의 내부, 성간 물질, 심지어 우리 주변의 형광등 안에도 플라즈마가 있다. 하지만 핵융합에 필요한 고온 고밀도 플라즈마를 만들고 제어하는 것은 전혀 다른 차원의 문제다. 플라즈마를 제어하는 방법은 크게 두 가지다. 첫 번째는 자기 감금magnetic confinement방식이다. 강력한 자기장으로 플라즈마를 공중에 띄워 용기 벽과 접촉하지 않게 하는 방법이다. 가장 유명한 것이 도넛 모양의 토카막tokamak이다. 토카막은 소련의 물리학자들이 1950년대에 발명한 것으로, 현재 세계 최대의 핵융합 실험 프로젝트인 ITER도 토카막 방식을 사용한다. 토카막의 원리는 복잡하다. 도넛 모양의 용기 주위에 코일을 감아 토로이달 자기장을 만들고, 플라즈마에 전류를 흘려 폴로이달 자기장을 만든다. 이 두 자기장이 합쳐져 나선형의 자기장이 형성되고, 이것이 플라즈마를 안정적으로 가둔다. 하지만 플라즈마는 매우 불안정해서 작은 간섭과 교란으로도 붕괴될 수 있다. 마치 비눗방울을 터지지 않게 유지하는 것처럼 어려운 일이다. 아니, 비눗방울보다 훨씬 어렵다. 적어도 비눗방울은 1억℃가 아니니까.

또 다른 방법은 관성 감금inertial confinement방식이다. 작은 연료 펠릿에 레이저를 쏘아 순간적으로 압축하는 방법이다. 2022년 12월, 미국 로렌스 리버모어 국립연구소의 NIF(National Ignition Facility)에서 역사적인 성과를 달성했다. 투입한 에너지보다 더 많은 에너지를 융합 반응에서 얻어낸 것이다. 이를 '점화ignition'라고 한다. 하지만 이는 아직 실험실 수준의 성과일 뿐, 실용적인 발전소와는 거리가 멀다. NIF의 실험은 정말 놀라웠다. 직경 2 mm의 작은 연료 펠릿에 192개의 레이저 빔을 동시에 쏘아 순간적으로 태양 중심부보다 높은 온도와 압력을 만들어냈다. 펠릿은 수 나노초 만에 압축되어 밀도가 원래의 100배가 되었고, 온도는 1억℃를 넘었다. 이 순간 핵융합이 일어나 3.15 MJ의 에너지를 방출했는데, 이는 투입된 2.05 MJ 보다 54% 많은 양이었다. 인류 역사상 최초로 핵융합에서 마치 주식 투자처럼 에너지 순증익을 달성한 순간이었다. 인류가 드디어 영구기관을 만든 것 같은 기분이었을 것이다. 물론 실제로 영구기관은 아니다 물리법칙에 따라 영구기관은 존재하기 어렵다.

실용적인 핵융합 발전소를 만들기 위해서는 아직 넘어야 할 산이 너무 많다. 우선 플라즈마를 안정하게 유지하는 시간을 늘려야 한다. 현재 기록은 중국의 EAST 토카막이 세운 17분이다. 하지만 상용 발전소에서는 몇 시간 또는 연속 운전이 필요하다. 또한 삼중수소 문제도 해결해야 한다. 삼중수소는 자연에 거의 존재하지 않아 인공적으로 만들어야 하는데, 이 과정이 복잡하고 비싸다.

핵융합의 가장 큰 매력은 안전성과 청정성이다. 핵분열과 달리 연쇄반응이 없어서 폭발 위험이 없고, 방사성 폐기물도 훨씬 적다.

연료인 중수소는 바닷물에서 무한정 얻을 수 있고, 삼중수소는 리튬에서 만들 수 있다. 바닷물 1 L에서 추출한 중수소로 가솔린 300 L에 해당하는 에너지를 얻을 수 있다. 만약 핵융합이 상용화된다면 인류는 수십억 년간 사용할 수 있는 청정 에너지를 확보하게 된다. 이는 마치 한도가 없는 신용카드를 얻는 것과 같다.

현재 세계 각국이 참여하는 ITER 프로젝트는 2035년 첫 플라즈마 생성을 목표로 하고 있다. ITER는 높이 30 m, 지름 30 m의 거대한 토카막으로, 500 MW의 융합 출력을 10분간 유지하는 것이 목표다. 건설 비용만 200억 달러가 넘는 인류 역사상 최대 규모의 과학 프로젝트 중 하나다. 하지만 ITER도 아직 실험 장치일 뿐, 실제 발전을 하지는 않는다. 실험이 끝나면 해체해야 하고, 상용 핵융합 발전소가 언제 가능할지는 여전히 미지수다. 낙관적인 전망으로는 2040년대, 보수적인 전망으로는 21세기 말이다. 핵융합 분야에서는 '상용화는 항상 30년 후'라는 농담이 있다. 50년 전에도 30년 후라고 했고, 지금도 30년 후라고 한다. 하지만 최근 민간 기업들의 참여로 개발 속도가 빨라지고 있다. 영국의 토카막 에너지, 미국의 커먼웰스 퓨전, 타이타 등이 소형 토카막으로 더 빠른 상용화를 추진하고 있다. 이들은 고온 초전도체를 사용해 기존보다 훨씬 강한 자기장을 만들어 장치 크기를 획기적으로 줄이려 한다.

핵융합은 정말로 인류의 에너지 문제를 영구히 해결할 수 있는 궁극적인 기술일까? 아직은 확실히 말하기 어렵다. 기술적 도전이 워낙 크고, 경제성도 입증되지 않았다. 하지만 핵융합이 성공한다면 그 파급효과는 상상을 초월할 것이다. 기후변화 문제는 물론, 에너지를 둘러싼 모든 갈등이 일시에 사라질 수 있다. 수소가 우주에서 시작해서 별을 통해 에너지를 만들어내고, 마침내 지상에서도 같은 일을 할 수 있게 되는 날이 온다면, 그것은 정말로 인류사의 새로운 전환점이 될 것이다. 우주적으로도 물리법칙을 완전히 역행해 행성에서 별이 탄생하는 일이 될 것이다.

우주로 돌아가는 여행

수소의 가장 극적인 활용은 아마도 우주 탐사 분야일 것이다. 액체 수소는 로켓 연료로서 거의 완벽한 조건을 갖추고 있다. 가볍고, 연소할 때 높은 에너지를 내며, 배출가스가 깨끗하다. NASA의 스페이스 셔틀부터 SpaceX의 팰컨 헤비까지, 현대의 거의 모든 대형 로켓이 수소를 연료로 사용한다. 수소의 비추력specific impulse은 450초로 케로신(300초)이나 고체연료(250초)보다 훨씬 높다. 비추력은 연료 1 kg으로 얼마나 오래 1 kg의 추력을 낼 수 있는지를 나타내는 지표다. 쉽게 말해 연료의 효율성을 나타내는 성적표이다.

로켓에서 액체 수소와 액체 산소가 연소실에서 만나는 순간은 정말 장관이다. 로켓 발사 시 보이는 거대한 하얀 구름은 연기가 아니라 대부분 수증기(물)다. 수소와 산소가 연소해 물이 생성되고 고온의 수증기가 배출된다. 이 수증기가 대기 중에서 급격히 냉각되며 응결해 하얀 구름(증기 구름)을 형성한다. 물론 수증기 원인은 또 있다. 로켓 발사대 주변에는 연료 탱크와 엔진 냉각을 위해 대량의 물을 뿌리기도 하는데, 이 물이 증발하면서도 하얀 증기 구름이 더해진다. 이 증기구름은 로켓 엔진의 점화와 연소 시 발생하는 음파(충격파)를 감쇠해 발사체와 주변 시설이 파괴되는 것을 막는 효과도 있다. 두 원소의 연소 온도가 3,000℃에 달하고, 초당 수십 t의 추진력을 만들어낸다. 이 힘으로 수백 t의 로켓을 중력의 속박에서 벗어나게 할 수 있다. 수소는 말 그대로 인류를 우주로 밀어 올리는 원동력이다. 1981년부터 2011년까지 30년간 운영된 스페이스 셔틀은 총 135회 발사되었는데, 이 과정에서 사용된 액체 수소의 양은 약 1,500 t에 달한다. 이는 마치 거대한 수소 소비 산업이 우주에서 벌어지는 것과 같다.

하지만 액체 수소를 다루는 것은 무척 어려운 일이다. 영하 253℃라는 극저온에서 보관해야 하고, 누출 위험이 크며, 폭발 가능성도 높다. 수소는 매우 작은 분자여서 금속 틈새로도 쉽게 새어나간다. 또한 액체 수소는 금속을 취성화시켜 부서지기 쉽게 만든다. 수소취성은 수소 원자가 금속 격자 사이로 침투해 구조를 약화시키는 현상이다. 그래서 수소 저장 탱크는 특수한 재료와 코팅을 사용해야 한다. 이는 마치 액체 폭탄을 안전하게 보관하는 것과 같은 도전이다.

로켓 발사 과정에서 일어나는 사고의 상당수가 수소와 관련되어 있다. 1986년 챌린저호 폭발사고의 직접적 원인은 고체 로켓 부스터의 O-링 파손이었지만, 외부 연료탱크의 액체 수소가 폭발을 더욱 키웠다. 2003년 컬럼비아호 사고에서도 열 보호 타일 손상으로 재진입 시 액체 수소 탱크가 폭발했다. 이런 사고들은 수소의 위험성을 보여주는 동시에, 그 강력한 에너지를 보여주기도 한다. 현재 NASA는 차세대 우주발사시스템(SLS)을 개발하고 있는데, 이 역시 액체 수소를 주연료로 사용한다. SLS는 달 탐사 프로그램인 아르테미스의 핵심이다. 2022년 아르테미스 1호가 성공적으로 발사되었고, 앞으로 인류가 다시 달에 착륙할 때도 수소의 힘을 빌릴 예정이다. SpaceX의 일론 머스크는 메탄을 연료로 사용하는 스타쉽을 개발하고 있지만, 여전히 많은 우주기관이 수소의 높은 성능을 선호한다. 이는 마치 전기차와 내연기관차가 경쟁하는 것과 같은 양상이다.

미래의 우주 탐사에서 수소의 역할은 더욱 중요해질 것이다. 화성 탐사나 소행성 채굴 같은 장거리 우주 여행에서는 현지에서 연료를 조달하는 ISRU(In-Situ Resource Utilization) 기술이 필수다. 화성 대기의 주성분인 이산화탄소에서 물을 만들고, 그 물을 전기분해해서 수소와 산소를 얻는 기술이 개발되고 있다. NASA의 퍼시비어런스 로버에 탑재된 MOXIE 장치는 이미 화성에서 산소 생산에 성공했다. MOXIE는 CO_2를 고온에서 전기분해하여 산소와 일산화탄소(CO)로 분해한다. 이제 수소도 만들 수 있다면 화성이 거대한 주유소가 될 수 있을 것이다.

흥미롭게도 수소는 우주에서 시작해서 다시 우주로 돌아가는 순환을 완성하고 있다. 138억 년 전 빅뱅에서 태어난 수소가 별 속에서 타다가 죽은 별의 폭발로 우주에 흩어지고, 다시 새로운 별을 만들고, 그 중 일부는 행성을 형성해 생명체를 만들어내고, 마침내 그 생명체가 다시 우주로 나아가는 연료가 되는 것이다. 이보다 더 완벽한 순환이 있을까? 칼 세이건의 표현을 빌리면, 우리는 모두 '별의 재료star stuff'로 만들어진 존재들이고, 수소는 그 별의 재료 중에서도 가장 원시적이고 근본적인 성분이다.

수소의 역설과 미래

수소를 연구하면 할수록 놀라운 역설들을 발견하게 된다. 가장 가벼운 원소이면서 동시에 우주 질량의 대부분을 차지한다. 가장 단순한 구조를 가지면서도 가장 복잡한 화학 반응의 중심에 서 있다. 생명을 가능하게 하는 물의 핵심 구성요소이면서 동시에 폭발적인 위험성을 내포하고 있다. 청정한 미래 에너지의 희망이면서도 생산 과정에서는 아직 화석연료에 의존하고 있다. 이런 모순들이 수소를 더욱 매력적인 원소로 만든다. 가장 흥미로운 역설은 수소가 가장 오래된 것인 동시에 가장 새로운 것이라는 점이다. 우주에서 가장 먼저 만들어진 원소고 별의 연료로 수백억 년간 사용되어 왔지만, 인류가 에너지원으로 활용하기 시작한 것은 겨우 몇십 년에 불과하다. 물의 형태로는 생명 탄생 이후 40억 년간 지구에 존재했지만, 순수한 기체로 분리한 것은 18세기에 들어서다. 이는 마치 가장 친숙한 것이 동시에 가장 낯선 것과 같다. 또 다른 역설은 수소의 존재론적 모순이다. 수소는 화학적으로는 매우 활발한 원소지만, 물리적으로는 가장 안정한 원소다. 다른 원소들과 쉽게 반응하지만, 수소 분자(H_2) 자체는 매우 안정해서 고온이나 촉매 없이는 잘 반응하지 않는다. 이는 H-H 결합의 결합에너지가 436 kJ/mol로 상당히 크기 때문이다. 그래서 수소는 반응성이 높은 원소라고 하면서도, 실제로는 특별한 조건에서만 반응한다. 이는 마치 사교적인 성격을 가졌지만 실제로는 매우 까다로운 사람과 같다.

수소의 미래는 기술 발전과 밀접하게 연결되어 있다. 그린 수소 생산 기술이 경제성을 확보하고, 저장 및 운송 기술이 발전하며,

안전성 문제가 해결된다면 수소는 정말로 화석연료를 대체할 수 있을 것이다. 현재 전기분해 수소의 생산 비용은 kg당 5~10달러 수준이지만, 2030년까지 1~2달러로 낮출 수 있을 것으로 전망된다. 수소 저장 기술도 빠르게 발전하고 있다. 고압 저장, 액화 저장 외에도 금속 하이드라이드나 MOF(Metal-Organic Framework) 같은 고체 저장 방식이 연구되고 있다. 특히 일본이 개발 중인 유기 하이드라이드 기술은 상온에서 수소를 안전하게 저장할 수 있어 주목받고 있다. 톨루엔에 수소를 첨가해 메틸시클로헥산으로 만들고, 필요할 때 다시 수소를 분리하는 방식이다. 이는 마치 수소를 화학적 은행에 안전하게 보관하는 것과 같다.

수소의 또 다른 흥미로운 활용 분야는 철강 산업이다. 철강 생산 과정에서 코크스 대신 수소를 환원제로 사용하면 이산화탄소 배출을 크게 줄일 수 있다. 스웨덴의 HYBRIT 프로젝트는 이미 수소 환원 철강 생산에 성공했다. $Fe_2O_3 + 3H_2 \rightarrow 2Fe + 3H_2O$ 반응으로 철광석을 환원하면 물만 나오고 이산화탄소는 전혀 배출되지 않는다. 화학 산업에서도 수소의 역할이 커지고 있다. 암모니아 생산을 위한 하버-보슈 공정은 여전히 대량의 수소를 필요로 한다. 전 세계 수소 소비량의 절반이 암모니아 생산에 사용된다. 또한 석유 정제 과정에서의 탈황, 메탄올 생산, 합성연료 제조 등에도 수소가 환원제로 필수적으로 사용된다.

이런 역설들은 수소라는 원소가 얼마나 특별한 존재인지를 보여준다. 수소는 우주의 시작과 끝, 생명의 탄생과 죽음, 과거와 미래를 모두 아우르는 원소다. 우리가 매일 마시는 물 한 모금에도, 밤하늘을 바라볼 때 보는 별빛에도, 그리고 미래의 청정 에너지에 대한 꿈에도 수소가 있다.

캐번디시가 1766년 그 작은 실험실에서 '가연성 공기'를 발견했을 때, 그는 자신이 우주의 가장 근본적인 비밀 중 하나를 손에 넣었다는 것을 몰랐을 것이다. 그는 단지 금속과 산이 만났을 때 나오는 이상한 기체를 관찰했을 뿐이었다. 하지만 그 작은 발견이 우주론, 화학, 생물학, 에너지 공학을 혁명적으로 바꿔 놓았다. 이는 마치 작은 돌멩이가 거대한 눈사태를 일으키는 것과 같았다. 지금 우리는 수소가 단순히 주기율표의 첫 번째 원소가 아니라, 우주의 첫 번째 이야기이자 마지막 이야기가 될 수 있다는 것을 안다. 138억 년 전 빅뱅의 불꽃 속에서 태어나 무수한 별들의 연료가 되고, 지구에서는 생명의 토대가 되며, 이제는 인류의 지속가능한 미래를 위한 열쇠가 되려 하고 있다. 물 한 방울에서 시작된 이 여행은 아직 끝나지 않았다. 어쩌면 이제 막 시작된 것일지도 모른다. 수소의 이야기는 결국 우주의 이야기이고, 우주의 이야기는 곧 우리 자신의 이야기이기도 하다.

제7장

가장 무거운 원소, 가장 무거운 책임, 우라늄

92

U

Uranium

238.0289

U

이 이야기는 한 덩어리의 검은 광석으로 시작한다. 1789년 베를린의 한 화학 실험실에서 마르틴 하인리히 클라프로트Martin Heinrich Klaproth라는 독일 화학자가 신비로운 검은 광물을 들여다보고 있었다. 그 광물의 이름은 피치블렌드Pitchblende였는데, 광부들 사이에서는 '불운을 가져다주는 돌'이라고 불렸다. 이런 미신적 명칭이 붙은 이유는 단순했다. 피치블렌드가 발견되는 곳에서는 은이나 다른 귀금속이 나오지 않았기 때문이다. 광부들에게는 그야말로 당첨되지 않은 복권이었던 셈이다. 마치 로또 번호를 맞춘 것 같은 기대감으로 땅을 팠는데 결국 쓸모없는 검은 돌만 나오는 상황이었다. 하지만 클라프로트는 이 불길한 돌에서 무언가 특별한 것을 감지했다. 그는 피치블렌드를 질산에 녹이고, 암모니아를 첨가하고, 다시 황산으로 처리하는 복잡한 과정을 거쳐 이상한 노란색 화합물을 분리해냈다.

당시는 화학이 막 과학으로 자리잡기 시작한 시대였다. 라부아지에가 연소의 비밀을 밝혀낸 지 얼마되지 않았고, 원소라는 개념조차 아직 명확하지 않았다. 주기율표를 만든 멘델레예프는 태어나지도 않은 시기다. 클라프로트는 자신이 발견한 새로운 물질을 '우라늄'이라고 명명했다. 당시 막 발견된 천체인 천왕성을 뜻하는 라틴어 'Uranus'에서 따온 이름이었다. 천왕성이 발견된 것이 1781년이니, 겨우 8년 만에 그 이름을 딴 원소가 등장한 셈이다. 이는 마치 새로운 스마트폰이 출시되자마자 그 이름을 딴 화학 원소를 발견하는 것과 같은 당대적 감각이었다. 물론 당시에는 스마트폰은 커녕 전화기도 없었지만 말이다. 하지만 클라프로트는 자신이 발견한 것이 단순한 새로운 금속이 아니라, 앞으로 250년 동안 인류의 역사를 송두리째 바꿔놓을 물질이라는 사실을 꿈에도 몰랐다.

사실 클라프로트가 분리한 것은 순수한 금속 우라늄이 아니라 이산화우라늄(UO_2)이라는 산화물이었다. 이후 1841년 프랑스의 유진 펠리고Eugène-Melchior Péligot가 염화우라늄(UCl_4)을 칼륨으로 환원시켜 검은 분말 형태의 우라늄을 얻었다. 하지만 두 사람이 분리한 물질도 오늘날의 기준으로 보면 완벽하게 순수한 금속 우라늄은 아니었다. 19세기 후반에 여러 화학자들이 정제된 금속 우라늄을 얻기 위한 다양한 방법(나트륨 환원, 전기분해 등)을 개발하며 19세기 말에 이르러서야 진정한 의미의 고순도 금속 우라늄이 실험실에서 얻어졌다. 한 원소가 제대로 된 정체를 드러내는 데 무려 100년 이상이 걸린 셈이다. 이는 과학사에서 보기 드문 긴 여정이었다. 19세기 내내 우라늄은 화학자들에게 골칫거리였다. 실용적 가치가 거의 없는 원소임에도 비싸고, 다루기 어려웠다. 유일한 용도는 도자기와 유리의 착색제였다. 우라늄 화합물이 만들어내는 선명한 노란색과 녹색은 다른 어떤 안료로도 흉내낼 수 없는 독특한 색이었다. 피에스타웨어Fiestaware라는 미국의 유명한 식기 브랜드는 1936년부터 1972년까지 우라늄 유약을 사용했다. 이 식기들은 방사성 우라늄 화합물을 유약에 첨가해 독특한 노란색, 주황색, 녹색을 구현했다. 실제로 가이거 카운터로 측정하면 방사선이 검출된다. 지금 생각해보면 사람들이 방사성 물질로 코팅된 접시에서 밥을 먹었다는 것이 소름 끼치는 일이지만, 당시에는 어느 누구도 그 위험성을 알지 못했다. 빅토리아 시대의 사람들은 심지어 우라늄 유리로 만든 샹들리에 아래서 파티를 즐겼다. 어둠 속에서 자외선에 의해 은은하게 녹색 형광을 내는 우라늄 유리는 당시 최고급 장식품이었다. 만약 현대인이 그 파티에 참석한다면 가이거 카운터가 미친 듯이 삐삐거리며 소리를 냈을 것이다. 우라늄이 원자력이나 핵분열 등 현대적 의미의 '진짜 정체'를 드러내는 데에는 1938~1939년에 오토 한, 리제 마이트너, 프리츠 스트라스만 등이 핵분열을 발견할 때까지 약 150년이 걸린 셈이다.

자연계 최고의 중량급 선수

우라늄을 제대로 이해하려면 주기율표의 맨 아래쪽 구석진 곳으로 가야 한다. 원자번호 92번, 자연계에서 지속적으로 존재하는 원소 중 가장 무거운 존재다. 우라늄 원자 하나의 무게는 수소 원자의 238배에 달한다. 수소 원자가 탁구공 크기라면 우라늄 원자는 볼링공보다 조금 작은 크기가 될 것이다. 하지만 질량은 238배 차이가 난다. 이런 극단적인 질량 차이는 원자핵의 구조를 이해하는 데 중요한 단서가 된다.

자연계에서 가장 흔한 우라늄 동위 원소인 우라늄-238 원자핵은 92개의 양성자와 대부분의 경우 146개의 중성자로 이루어져 있다. 이렇게 많은 양성자들이 한 곳에 모여 있다는 것은 놀라운 일이다. 양성자는 모두 양전하를 띠므로 서로를 밀어내려고 한다. 쿨롱의 법칙에 따르면 같은 전하를 가진 입자들 사이의 반발력은 거리의 제곱에 반비례해서 증가한다. 원자핵만큼 작은 공간에 92개의 양성자가 모여 있다면 그 반발력은 상상을 초월한다. 그런데도 이들이 흩어지지 않고 한 덩어리를 이루고 있는 이유는 강한 핵력 때문이다. 강한 핵력은 전자기력보다 100배 강하지만, 그 작용 범위가 원자핵 크기(약 1 fm) 정도로 매우 제한되어 있다. 이는 마치 서로 마음에 들지 않은 92명의 사람들이 작은 방 안에서 등을 맞대고 있으면서도, 146명의 강력한 중재인 덕에 붙잡혀 있는 상황과 같다. 언젠가는 누군가 터져 나올 수밖에 없는 구조인 것이다. 실제로 우라늄은 서서히 이 압박을 견디지 못하고 조금씩 부서져 나간다.

우라늄의 밀도는 19.1 g/cm³로 철의 2.4배, 납보다도 70% 무겁다. 이는 금보다는 약간 가벼운 수준이다. 우라늄 덩어리를 손에 들어보면 그 크기에 비해 놀라울 정도로 무겁다는 것을 느낄 수 있다. 물론 그럴 기회가 많지 않을 것이고 권장하지도 않는다. 이는 원자핵이 극도로 조밀하게 압축되어 있기 때문이다. 실제로 원자의 거의 모든 질량은 중심의 원자핵에 집중되어 있고, 전자들은 상대적으로 무시할 만한 질량을 가지고 있다. 만약 우라늄으로 골프공을 만든다면 무게가 777 g, 즉 일반 골프공 45 g의 17배가 될 것이다. 그런 골프공으로 게임을 한다면 아마도 스윙할 때마다 어깨가 탈골될 지도 모른다. 더 심각한 문제는 그 골프공이 서서히 방사선을 방출하면서 스스로 붕괴한다는 점이다. 세상에서 가장 위험한 스포츠 용품이 될 것이다. 아마도 PGA에서는 즉시 사용 금지 조치를 내릴 것이다.

자연계에서 발견되는 우라늄은 세 가지 동위원소로 구성되어 있다. 우라늄-238이 99.27%로 대부분을 차지하고 우라늄-235가 0.72%, 그리고 우라늄-234는 0.006% 존재한다. 이 세 동위원소는 화학적으로는 완전히 동일하지만 핵물리학적으로는 천양지차의 성질을 보인다. 가장 중요한 차이점은 중성자에 대한 반응이다. 우라늄-235만이 열중성자(느린 중성자)에 맞아 핵분열을 일으킬 수 있다. 겨우 0.72%의 희귀한 동위원소가 바로 원자폭탄과 원자력 발전소의 핵심 연료인 셈이다. 이는 마치 1,000명 중 7명만이 특별한 능력을 가진 상황과 같다. 그런데 바로 그 7명이 세상을 바꿀 힘을 가지고 있다는 것이다.

우라늄-235와 우라늄-238의 차이를 구분해내는 것은 극도로 어려운 일이다. 질량 차이가 238분의 3, 즉 1.26%밖에 나지 않기 때문이다. 이는 마치 똑같이 생긴 쌍둥이 중에서 몸무게가 3~40 g 차이가 나는 신생아를 구분하는 것과 같다. 이런 미묘한 차이를 구분해내는 것이 바로 우라늄 농축 기술의 핵심이다. 맨해튼 프로젝트 당시 과학자들은 이 문제를 해결하기 위해 온갖 기발한 방법을 동원했다. 기체 확산법, 전자기 분리법, 원심분리법 등이 동원되었고, 그 중 일부는 지금도 사용되고 있다. 놀랍게도 우라늄 동위원소들의 비율은 지구 어디서나 거의 동일하다. 오클로의 천연 원자로 같은 극히 예외적인 경우를 제외하면, 캐나다산 우라늄이나 카자흐스탄산 우라늄이나 동위원소 비율이 소수점 셋째 자리까지 같다. 이는 태양계가 형성될 때부터 우라늄이 고르게 섞였다는 증거이기도 하다. 마치 거대한 믹서기가 45억 년 전부터 쉼 없이 돌아가고 있었던 듯하다.

방사능이라는 신비로운 현상

1896년 2월 어느 흐린 날, 프랑스 물리학자 앙리 베크렐Antoine Henri Becquerel은 파리의 자연사박물관에서 작은 실수를 저질렀다. 그는 우라늄 화합물을 사진 필름 위에 올려놓고 햇빛에 노출시키려 했는데, 날씨가 흐려서 그냥 서랍에 넣어두었다. 며칠 후 필름을 현상해 보니 놀라운 일이 벌어져 있었다. 햇빛에 노출되지 않았는데도 필름이 검게 변해 있었던 것이다. 우라늄이 스스로 어떤 광선을 방출하고 있다는 증거였다. 이는 과학사상 가장 운 좋은 실수 중 하나였다. 만약 그날 날씨가 좋았다면 베크렐은 그냥 계획대로 실험을 진행했을 것이고, 방사능의 발견은 몇 년 더 늦어졌을지도 모른다. 베크렐은 처음에 이것을 인광현상의 일종이라고 생각했다. 물질이 빛을 흡수했다가 나중에 방출하는 현상 말이다. 하지만 추가 실험을 통해 이것이 완전히 다른 현상임을 깨달았다. 우라늄은 외부로부터 어떠한 에너지의 공급 없이도 계속해서 에너지를 방출하고 있었다. 이는 당시 물리학계에 충격적인 발견이었다. 에너지 보존 법칙에 따르면 에너지는 생성되거나 소멸될 수 없고, 단지 한 형태에서 다른 형태로 변환될 뿐이었다. 그런데 우라늄은 마치 영구기관처럼 계속해서 에너지를 만들어내고 있었다. 당시 과학자들은 이 현상에 대해 어떤 설명도 할 수 없었다. 아직 원자핵의 존재도 밝혀지지 않았고, 질량-에너지 등가원리도 발견되지 않았던 시대였다. 마리 퀴리는 이 신비로운 현상에 '방사능radioactivité'이라는 이름을 붙였다. 라틴어로 '광선을 내뿜는다'는 뜻이었다. 그녀는 다른 원소들도 비슷한 성질을 가지고 있는지 체계적으로 조사하기 시작했다. 그 결과 토륨 역시 방사능을 가지고 있다는 것을 발견했다.

마리와 피에르 퀴리 부부는 우라늄보다 훨씬 강한 방사능을 가진 원소들이 피치블렌드에 숨어 있다는 것을 확신했다. 그들은 수 t의 피치블렌드 찌꺼기를 구해다가 거대한 가마솥에서 끓이고 저으며 새로운 방사성 원소를 찾기 시작했다. 이 과정은 극도로 지루하고 위험한 작업이었다. 마리 퀴리는 후에 이 시절을 회상하며 '우리는 매일 20 kg씩 끓는 혼합물을 철봉으로 저었다'고 기록했다. 이는 마치 거대한 마녀의 대가마솥에서 마법의 물약을 끓이는 것 같은 광경이었을 것이다. 다만 진짜 마법이 일어나고 있었다는 점이 다를 뿐이다. 1898년 그들은 마침내 폴로늄과 라듐을 발견했다. 당시 측정한 라듐은 우라늄보다 900배 강한 방사능을 가지고 있었고 폴로늄은 400배에 달했다. 사실 두 물질은 훨씬 강한 방사선을 뿜어낸다. 현대의 측정 방법으로 보면 순수 금속상태에서는 두 물질이 우라늄보다 수백만배나 강하다. 당시 마리 퀴리는 라듐 0.1 g을 분리하기 위해 8 t의 피치블렌드를 처리해야 했다. 이는 마치 올림픽 수영장 가득한 모래에서 다이아몬드 한 알을 찾는 것과 같은 작업이었다.

인류가 방사능의 본질을 이해하는 데는 시간이 걸렸다. 어니스트 러더퍼드Ernest Rutherford가 방사선을 알파(α), 베타(β), 감마(γ) 세 종류로 분류하고 나서야 그 정체가 드러나기 시작했다. 알파선은 헬륨 원자핵(양성자 2개 + 중성자 2개), 베타선은 고속 전자, 감마선은 고에너지 전자기파였다. 우라늄 원자는 알파/베타 붕괴를 반복하고 이런 입자들을 방출하면서 서서히 다른 원소로 변해간다. 이는 연금술사들이 꿈꾸던 원소 변환이 자연에서 실제로 일어나고 있다는 뜻이었다. 다만 그들이 원했던 납을 금으로 바꾸는 것이 아니라, 우라늄이 최종적으로 납으로 변하는 과정이었지만 말이다. 연금술사들이 그 사실을 알았다면 허탈했을 것이다.

우라늄-238의 붕괴 과정은 놀라울 정도로 복잡하다. 총 14단계의 붕괴를 거쳐 안정한 납-206이 된다. 이 과정에서 토륨-234, 프로탁티늄-234, 라듐-226, 라돈-222, 폴로늄-218 등 다양한 방사성 중간 생성물들이 나타났다가 다시 붕괴되며 사라진다. 전체 과정은 헬륨(He)입자를 방출하는 알파(α) 붕괴 8회와 전자를 방출하는 베타(β^-) 붕괴 6회로 구성된다.

$$^{238}_{92}U \rightarrow\ ^{234}_{90}Th +\ ^{4}_{2}He$$

$$^{234}_{90}Th \rightarrow\ ^{234}_{91}Pa +\ ^{0}_{-1}e$$

$$^{234}_{91}Pa \rightarrow\ ^{234}_{92}U +\ ^{0}_{-1}e$$

$$^{234}_{92}U \rightarrow\ ^{230}_{90}Th +\ ^{4}_{2}He$$

$$^{230}_{90}Th \rightarrow\ ^{226}_{88}Ra +\ ^{4}_{2}He$$

$$^{226}_{88}Ra \rightarrow\ ^{222}_{86}Rn +\ ^{4}_{2}He$$

$$^{222}_{86}Rn \rightarrow\ ^{218}_{84}Po +\ ^{4}_{2}He$$

$$^{218}_{84}Po \rightarrow\ ^{214}_{82}Pb +\ ^{4}_{2}He$$

$$^{214}_{82}Pb \rightarrow\ ^{214}_{83}Bi +\ ^{0}_{-1}e$$

$$^{214}_{83}Bi \rightarrow\ ^{214}_{84}Po +\ ^{0}_{-1}e$$

$$^{214}_{84}Po \rightarrow\ ^{210}_{82}Pb +\ ^{4}_{2}He$$

$$^{210}_{82}Pb \rightarrow\ ^{210}_{83}Bi +\ ^{0}_{-1}e$$

$$^{210}_{83}Bi \rightarrow\ ^{210}_{84}Po +\ ^{0}_{-1}e$$

$$^{210}_{84}Po \rightarrow\ ^{206}_{82}Pb +\ ^{4}_{2}He$$

각각의 단계마다 서로 다른 반감기를 가지고 있어서, 어떤 것은 수초 만에 사라지고 어떤 것은 수천 년을 버틴다. 라돈-222의 경우 반감기가 3.8일인데, 이 기체가 지하에서 올라와 실내에 축적되면 폐암의 원인이 된다. 실제로 라돈은 흡연 다음으로 중요한 폐암 원인으로 알려져 있다. 라돈이 붕괴하며 생성된 폴로늄-218 등이 폐 조직에 부착되어 알파선을 방출하며 DNA 손상을 유발하는 것이다. 이 불운의 시간은 고작 3분 동안이다. 우라늄이 만들어내는 이 보이지 않는 킬러는 아마도 자신의 존재조차 모르는 사람들의 집에 조용히 축적되고 있을지 모른다. 가장 놀라운 것은 붕괴 과정의 시간 규모였다. 우라늄-238의 반감기는 44.7억 년이다. 지구의 나이와 거의 비슷한 시간이다. 즉, 지구가 형성될 때 존재했던 우라늄의 절반이 아직도 붕괴하지 않고 남아있다는 뜻이다. 반면 우라늄-235의 반감기는 7.04억 년으로 상대적으로 짧다. 그래서 지구 초기에는 우라늄-235의 비율이 지금보다 훨씬 높았다. 20억 년 전에는 약 3% 정도였을 것으로 추정된다. 이 때문에 당시에는 자연 상태에서 핵분열 연쇄반응이 일어날 수 있었다. 실제로 가봉의 오클로에서는 20억 년 전에 천연 원자로가 가동되었던 흔적이 발견되었다. 이는 인류가 인공 원자로를 만들기 20억 년 전에 자연이 이미 같은 일을 해낸 것이다. 자연은 언제나 우리보다 한 수 앞서 있었던 셈이다.

방사능은 생물체에 다양한 영향을 미친다. 저선량의 방사선은 DNA 손상을 일으켜 암을 유발할 수 있고, 고선량의 방사선은 급성 방사선 증후군을 일으켜 단시간에 생명을 위험하게 할 수 있다. 하지만 역설적으로 방사선은 의학 분야에서도 널리 사용된다. 엑스레이 촬영, CT 스캔, 핵의학 검사 등은 모두 방사선을 이용한 진단법이다.

또한 방사선 치료는 암 치료의 중요한 수단 중 하나다. 결국 방사능은 양날의 검과 같은 존재다. 제대로 통제하면 인류에게 도움이 되지만, 통제를 벗어나면 재앙이 될 수 있다. 자연이 인류에게 보내온 모든 선물이 두 얼굴을 지닌다. 프로메테우스의 불도 마찬가지다. 어둡고 추운 집을 밝히고 따뜻하게 해주지만, 잘못 다루면 모든 것을 태워버릴 수 있는 것처럼.

맨해튼 프로젝트와 파괴의 연금술

1938년 12월의 추운 어느 날, 베를린의 카이저 빌헬름 연구소에서 오토 한Otto Hahn과 프리츠 슈트라스만Fritz Strassmann이 이상한 실험 결과를 놓고 논쟁을 하고 있었다. 그들은 우라늄에 중성자를 충돌시키는 실험을 하고 있었는데, 예상했던 것보다 훨씬 가벼운 원소들이 나타났고 화학 분석 결과 바륨이었다. 핵이 수박처럼 쪼개진 것이다. 하지만 이는 불가능한 일이었다. 우라늄(원자번호 92)에서 절반 크기인 바륨(원자번호 56)이 나올 리 없었기 때문이다. 그들은 실험 실수를 의심했지만, 3주 동안 진행한 반복 실험에서도 같은 결과가 나왔다. 오토 한은 나치 독일을 피해 스웨덴으로 망명한 동료 리제 마이트너Lise Meitner에게 편지를 썼다. '아마도 당신은 이 결과에 대해 환상적인 설명을 할 수 있을 겁니다.' 이는 과학사상 가장 위험한 도움 요청 중 하나였다. 마이트너는 조카 오토 프리슈Otto Frisch와 함께 스웨덴의 실험실에서 이 문제를 논의했다. 그들은 액체 방울 모델을 이용해 원자핵이 두 개로 쪼개질 수 있다는 가능성을 검토했다. 원자핵을 물방울로 생각하면, 진동이 심해질 경우 두 개로 분리될 수 있다는 것이었다. 마이트너와 프리슈는 이 과정에서 방출되는 에너지를 계산해보고 깜짝 놀랐다. 아인슈타인의 질량-에너지 등가($E=mc^2$)공식에 따르면, 질량이 에너지로 변환되는 양이 상상을 초월했다. 우라늄 원자 하나가 분열할 때 나오는 에너지는 석탄 분자가 산소와 결합할 때 나오는 에너지의 200만 배였다. 프리슈는 이 현상을 생물학의 세포분열에 빗대어 '핵분열nuclear fission'이라고 명명했다. 아마도 그는 자신이 만든 이 용어가 향후 인류사를 바꿀 단어가 되리라고는 상상도 못했을 것이다.

소식을 들은 전 세계의 물리학자들은 즉시 그 함의를 깨달았다. 핵분열에서 나오는 중성자가 다른 우라늄 원자를 분열시키고, 그것이 또 다른 중성자를 방출하는 연쇄반응이 가능하다면 통제할 수 없는 에너지 폭발이 일어날 수 있었다. 엔리코 페르미Enrico Fermi는 컬럼비아 대학에서 즉시 연쇄반응 실험을 성공했다. 리오 실라드는 연쇄반응의 가능성을 깨닫고 충격을 받았다. 군사적 활용 가능성을 감지한 그는 '그 순간 세상이 슬픔으로 가득 찰 것이라는 것을 알았다'고 후에 회상했다. 2차 대전이 한창이던 상황에서 이런 무기를 먼저 개발하는 쪽이 전쟁의 승부를 결정할 수 있었다. 과학이 정치와 만나는 순간이었다.

아인슈타인은 1939년 8월 루즈벨트 대통령에게 유명한 편지를 썼다. '최근 페르미와 실라드의 연구에 따르면, 우라늄이 가까운 미래에 새로운 중요한 에너지원이 될 가능성이 있습니다. 이러한 상황에서 미국이 경계를 늘이고 필요하다면 정부의 행동을 가속화하는 것이 바람직해 보입니다.' 평화주의자였던 아인슈타인이 무기 개발을 촉구한 것은 그만큼 상황이 절박했기 때문이었다. 히틀러가 핵무기를 먼저 개발한다면, 세계의 운명이 어떻게 될지는 상상조차 어려웠다. 역설적이게도, 평화로운 우주의 질서를 밝힌 상대성 이론의 아인슈타인이 인류 역사상 가장 파괴적인 무기의 탄생에 촉매 역할을 한 셈이었다. 그는 훗날 이 편지를 쓴 일을 두고 '내 인생의 가장 큰 실수였다'고 회상하며 깊이 후회했다.

위대한 일은 결코 한 사람의 행동만으로 이루어지지 않는다. 언제나 운명처럼 맞물린 여러 상황이 함께 작용한다. 편지 초안은 핵분열 연쇄반응의 개념을 처음 제안한 레오 실라드Leó Szilárd가 작성했으며, 수소폭탄의 아버지 에드워드 텔러Edward Teller와 원자로를 설계한 유진 위그너Eugene Wigner의 자문을 받았다. 아인슈타인이 마무리한 편지는 미국의 경제학자이자 골드만과 함께 은행을 만들었던 알렉산더 삭스Alexander Sachs를 통해 1939년 10월 11일 대통령에게 전달되고, 19일 우라늄 자문위원회가 설립된다. 맨해튼 프로젝트는 그렇게 시작되었다. 로버트 오펜하이머Julius Robert Oppenheimer가 과학 책임자로 임명되었고, 레슬리 그로브스Leslie Groves 장군이 전체 프로젝트를 총괄했다. 당시 인류 역사상 가장 거대한 과학 기술 프로젝트였다. 13만 명이 넘는 사람들이 참여했고, 현재 가치로 280억 달러가 투입되었다. 이는 국제우주정거장 건설비용의 1/5 수준에 해당하는 금액이다. 프로젝트에는 당대 최고의 물리학자들이 총집결했다. 페르미, 보어, 텔러, 베테, 파인만 등 노벨상 수상자만 31명이 참여했다. 이는 마치 현재의 모든 IT 거장들이 하나의 거대한 인공지능 개발 프로젝트에 모인 것과 같은 상황이다. 아마도 과학사상 가장 화려한 드림팀이었을 것이다.

가장 큰 난제는 우라늄-235를 농축하는 것이었다. 자연 상태

맨해튼 프로젝트 참가 과학자들 (리버풀 대학교, 1944)

에서 0.72%밖에 없는 우라늄-235를 90% 이상으로 농축해야 했다. 화학적으로 동일한 두 동위원소를 분리하는 것은 극도로 어려운 일이었다. 질량 차이가 겨우 1.26%밖에 나지 않았기 때문이다. 이는 마치 똑같은 모양의 동전 100개 중에서 무게가 몇 mg 다른 하나를 골라내는 것과 같았다. 테네시주 오크리지에 건설된 농축 시설은 도시 하나 크기였다. 3가지 다른 방법이 동시에 시도되었다. 기체 확산법에서는 육불화우라늄(UF_6) 기체를 다공성 막을 통과시켜 질량이 가벼운 우라늄-235를 먼저 통과시키는 방법을 사용했다. 전자기 분리법에서는 거대한 자기장을 이용해 우라늄 이온의 궤도를 질량에 따라 분리했다. 열확산법에서는 온도 차이를 이용해 가벼운 동위원소가 중간 영역에 집중되는 현상을 이용했다. 농축 과정은 물론 시설 역시 상상을 초월하는 규모였다. K-25 기체 확산 공장은 건물 면적만 17만 평방미터로 당시 세계에서 가장 큰 건물이었다. 이 공장에는 3,000단계의 확산 단계가 있었고, 각 단계마다 미세한 농축이 일어났다. 전자기

분리 공장에서는 1만 4천 t의 은을 전선으로 사용했다. 구리가 부족해서 미국 재무부가 은을 빌려준 것이었다. 그로브스 장군이 재무부 관리에게 "t 단위로 은을 빌리고 싶다"고 했더니, 관리가 "장군, 재무부에서는 은을 파운드나 온스 단위로 말합니다"라고 정중하게 정정했다는 일화가 있다. 미국은 지금도 여전히 국제단위 표준을 지키지 않는다. 단위는 일종의 권력인 셈이다. 열확한 공장 역시 규모가 컸다. 길이 157 m, 높이 15 m의 거대한 컬럼들이 수백 개씩 설치되었다.

이런 엄청난 노력의 결과 1945년 8월까지 고농축 우라늄 64 kg을 생산할 수 있었다. 이 중 50 kg이 '리틀 보이'에 사용되었다. 1945년 8월 6일 오전 8시 15분, 히로시마 상공에서 리틀 보이가 폭발했다. 순식간에 14만 명이 목숨을 잃었다. 폭발 지점의 온도는 500만도에 달했다. 태양 표면 온도의 약 300배이다. 폭풍의 속도는 시속 1,000 km를 넘었다. 인류는 마침내 별의 내부에서나 일어나는 핵반응을 지상에서 재현하는 데 성공했다. 하지만 그 성공의 대가는 너무나 참혹했다. 오펜하이머는 폭발을 목격한 후 바가바드 11장의 구절을 인용했다. "나는 죽음이요, 세계의 파괴자가 되었다." 과학자들이 열어젖힌 판도라의 상자는 다시 닫을 수 없었다. 우라늄이 인류에게 커다란 선물이 된 것은 분명하지만, 그와의 첫 만남은 참혹한 비극으로 시작됐다.

평화의 원자와 에너지 혁명

핵무기의 파괴력을 목격한 인류는 이 무서운 힘을 평화적으로 활용할 방법을 모색하기 시작했다. 아이러니하게도 파괴를 위해 개발된 기술이 인류에게 새로운 에너지원을 제공할 가능성을 보여주었다. 1953년 12월 8일, 드와이트 아이젠하워Dwight D. Eisenhower 대통령이 유엔 총회에서 '평화를 위한 원자Atoms for Peace' 연설을 한 것이 그 출발점이었다. 그는 "미국은 세계의 평화, 복지, 번영을 위해 원자력의 기적적 발명품들을 바치겠다는 결의를 가지고 있다"고 선언했다. 전쟁용 핵기술을 에너지 생산에 활용하는 것이었다. 이는 마치 용을 길들여서 집을 데우는 것과 같은 발상이었고 국제원자력기구IAEA설립의 기반이 됐다.

원자력 발전의 원리는 의외로 간단했다. 우라늄 핵분열로 물을 끓여 증기를 만들고, 그 증기로 터빈을 돌려 발전기를 가동하는 것이었다. 본질적으로는 19세기 제임스 와트의 증기기관과 동일한 원리였다. 다만 열원을 석탄 대신 우라늄을 연료로 사용한다는 점만 달랐다. 하지만 그 에너지 밀도의 차이는 혁명적이었다. 우라늄 1 kg으로 생산할 수 있는 에너지는 석탄 2,700 t에 해당한다. 핵연료봉 하나가 석탄 화차 150량 분량의 에너지를 담고 있는 셈이다. 이런 고밀도 에너지원 덕분에 원자력 발전소는 매우 작은 부지에서도 거대한 전력을 생산할 수 있었다. 마치 작은 성냥갑 속에 거대한 화력발전소가 들어 있는 듯했다.

첫 번째 실험용 원자로는 1942년 12월 2일 시카고 대학의 스타그 필드 스타디움 지하에서 가동되었다. 엔리코 페르미가 설계한 시카고 파일-1(CP-1)이었다. 우라늄 덩어리 6 t이 금속 형태와 산화물(UO_2) 형태로 층층이 쌓여 57,000개의 흑연 블록 사이에 배치되었다. 흑연은 중성자를 느리게 하는 감속재 역할을 했고, 카드뮴 제어봉으로 반응을 조절했다. 페르미와 동료들은 제어봉을 조금씩 빼내며 연쇄반응이 자생적으로 유지되는 임계점을 찾았다. 오후 3시 25분, 인류 역사상 최초로 통제된 핵분열 연쇄반응이 28분간 달성되었다. 페르미는 '이탈리아 항해자가 신대륙에 상륙했다The Italian navigator has just landed in the new world'는 암호로 성공을 알렸다. 그 순간 원자력 시대가 시작되었다. 콜럼버스가 아메리카를 발견한 것에 비견될 만한 역사적 순간이었다.

1954년 6월 27일, 소련의 오브닌스크Obninsk에서 세계 최초의 상업용 원자력 발전소가 가동을 시작했다. 당시 출력은 5 MW로 작았지만 원자력의 평화적 이용이 현실화된 상징적 사건이었다. 1957년에는 미국 펜실베이니아주 시핑포트Shippingport에서 최초의 민간 원자력 발전소가 가동되었다. 1950년대와 1960년대에는 원자력에 대한 낙관론이 지배적이었다. 원자력위원회 위원장이었던 루이스 스트라우스Lewis Strauss는 '원자력 덕분에 우리 아이들은 너무 싸서 계량할 수 없을 정도too cheap to meter의 전기를 사용하게 될 것'이라고 예언했다. 핵융합 발전까지 성공한다면 에너지 문제는 영원히 해결될 것처럼 보였다. 마치 지금의 핵융합발전처럼 에너지의 유토피아가 눈앞에 있는 것 같았다.

1970년대 석유 위기를 거치면서 원자력은 에너지 안보의 핵심 수단으로 자리잡았다. 프랑스는 1974년 메시메르 계획Messmer Plan을 통해 대규모 원자력 발전 확대에 나섰다. 석유 수입 의존도를 줄이고 에너지 자립을 달성하겠다는 것이었다. 그 결과 현재 프랑스는 전력의 70% 이상을 원자력으로 공급하고 있다. 또한 프랑스는 전력을 독일, 이탈리아, 영국 등 주변국에 수출하는 '유럽의 발전소' 역할을 하고 있다. 일본도 석유 위기 이후 원자력 발전 확대에 나서 현재 34기의 원자로를 보유하고 있다. 한국은 1978년 고리 1호기가 상업 운전을 시작한 이후 현재 24기의 원자로가 가동 중이며, 전력의 약 27%를 원자력으로 공급하고 있다.

하지만 원자력에는 근본적인 딜레마가 있었다. 핵분열 반응을 완전히 통제하는 것은 불가능했다. 원자로를 멈춘 뒤에도 핵연료는 계속해서 열을 내뿜었다. '붕괴열decay heat'이라고 불리는 이 현상은 핵분열 생성물들이 계속 붕괴하면서 열을 내기 때문이다. 비록 정상 출력의 6~7% 정도지만, 대형 원자로의 경우 수백 MW에 달하는 엄청난 양이다. 이 열을 제어하지 못하면 연료봉이 녹아내릴 위험이 있었다. 원전 사고 때 마다 언급되는 멜트다운meltdown이다. 냉각 시스템이 작동하지 않는 순간 원자로는 통제 불가능한 상태가 된다. 이는 마치 브레이크가 고장 난 자동차와 같다. 엔진을 끄더라도 관성 때문에 계속 달릴 수밖에 없는 것이다.

1979년 3월 28일 새벽, 펜실베이니아주 스리마일 아일랜드Three Mile Island 원자력 발전소에서 냉각수 펌프가 고장났다. 운전원들이 상황을 잘못 판단하면서 냉각수 부족 상태가 되었고, 결국 연료봉의 일부가 녹아내렸다. 다행히 격납용기가 방사성 물질의 대량 누출을 막았지만, 이 사고는 미국 내 상업용 원전 역사상 최악의 사고로, 원자력의 안전성에 대한 의문을 제기했다. 1986년 4월 26일 새벽 1시 23분, 우크라이나의 체르노빌Chernobyl 원자력 발전소에서 훨씬 심각한 사고가 발생했다. 안전성 시험 중 운전원의 실수와 설계 결함이 겹치면서 원자로가 폭발했다. 방사성 물질이 유럽 전역으로 퍼져 나갔고, 반경 30 km가 출입금지구역으로 설정되고, 이는 오늘날까지 유지되고 있다. 이 사건으로 35만 명이 고향을 떠나야 했다. 2011년 3월

11일 일본 후쿠시마Fukushima에서는 지진과 쓰나미로 냉각 시스템이 파괴되면서 3개 원자로에서 멜트다운이 발생했다. 10만 명 이상이 장기 또는 영구적으로 대피했고, 방사선 피폭에 의한 직접 사망자는 공식적으로 보고되지 않았으나, 대피 과정에서 재해 관련 사망자가 2천 명 이상 발생했다. 이 사고들은 원자력이 에너지 위기의 해결책인지 아니면 새로운 위험의 근원인지를 둘러싼 논쟁을 격화시켰다. 결국 원자력은 인류에게 거대한 힘을 주었지만, 그 힘을 완전히 통제할 수 있는가 하는 근본적인 질문을 던졌다.

땅 아래 숨겨진 검은 황금과 불평등의 사슬

콩고민주공화국 남동부의 카탕가Katanga 지역을 지도에서 찾아보면, 아프리카 대륙 중앙의 한적한 곳에 위치한 평범한 지역처럼 보인다. 하지만 이곳 땅 아래에는 지구상에서 가장 풍부한 우라늄이 숨어 있다. 신카콜로베Shinkolobwe 광산은 한때 세계에서 가장 중요한 우라늄 공급원이었다. 이 광산에서 나온 우라늄이 맨해튼 프로젝트의 원료가 되어 히로시마와 나가사키에 투하된 원자폭탄을 만들었다. 아이러니하게도 아프리카의 가난한 마을에서 캐낸 돌이 지구 반대편 문명 상부에 살던 수십만 명의 목숨을 앗아간 것이다.

카탕가 지역에 우라늄이 풍부한 이유는 지질학적 우연이 만들어낸 결과다. 약 20억 년 전, 이 지역에는 거대한 퇴적분지가 형성되었다. 당시 대기 중 산소 농도가 급격히 증가하면서 바다에 용해되어 있던 우라늄이 산화되어 침전이 시작됐다. 이는 지구 역사상 '대산소 사건'이라고 불리는 중요한 전환점이다. 우라늄은 환원성 환경에서는 용해되지만 산화성 환경에서는 침전된다. 산소가 증가하면서 우라늄이 대량으로 침전되어 오늘날의 거대한 우라늄 광상을 형성한 것이다. 마치 지구가 20억 년 전부터 미래의 인류를 위해 핵물질을 저장해둔 것 같은 상황이다. 하지만 그 '선물'이 누구에게 돌아갔는지는 완전히 다른 이야기다.

1915년, 벨기에 지질학자들이 카탕가에서 이상한 검은 광물을 발견했다. 처음에는 구리나 코발트 광석으로 생각했지만, 정밀 분석 결과 고농도의 우라늄이 포함되어 있다는 것을 알았다. 당시 우라늄은 별로 쓸모없는 광물이었지만, 유럽의 실험실에서는 호기심을 자극하는 물질이었다. 벨기에 식민 정부는 즉시 이 지역의 채굴권을 유니온 미니에르 뒤 오카탕가Union Minière du Haut-Katanga라는 벨기에 회사에 독점으로 부여했다. 이는 유럽 제국주의 국가가 행했던 식민지 자원 수탈 구조의 전형적인 방법이었다. 원료는 아프리카에서 채굴하고, 가공과 이익은 유럽에서 차지하는 패턴이었다. 예나 지금이나 자원은 권력과 같이 움직인다. 신카콜로베 광산의 우라늄은 당시로서는 상상할 수 없을 정도로 고품위였다. 일반적인 우라늄 광석의 품위가 0.1~0.3%인 데 비해, 이곳의 품위는 무려 65%에 달했다. 이는 마치 철광석을 파는데 순수한 철덩어리가 나오는 것과 같은 수준이었다. 심지어 일부 구역에서는 품위가 80%를 넘어 거의 순수한 우라늄 광석에 가까웠다. 이런 고품위 광석은 지구상 어디서도 찾아볼 수 없는 독특한 것이었다. 마리 퀴리도 연구를 위해 이곳의 우라늄을 사용했다. 아프리카의 한 마을에서 캐낸 돌이 파리의 실험실에서 노벨상을 낳은 것이다. 퀴리 부인이 만약 이 사실을 알았다면 아마도 그 광부들에게 감사 인사라도 전하고 싶었을지도 모른다.

1930년대 후반 핵분열이 발견되고 핵무기 개발이 시작되면서 신카콜로베는 갑자기 세계에서 가장 중요한 장소 중 하나가 되었다. 맨해튼 프로젝트의 과학자들은 이곳에서 나온 우라늄 없이는 원자폭탄을 만들 수 없다는 것을 알고 있었다. 미국은 벨기에 망명 정부와 비밀 협정을 맺고 신카콜로베 우라늄의 독점 공급을 확보했다. 1942년부터 1944년까지 이 광산에서 캐낸 우라늄 3,000 t이 미국으로 반출되었다고 알려져 있다. 이는 당시 미국 전체 우라늄 수요의 80% 이상을 차지하는 양이었다. 히로시마와 나가사키에 투하된 원자폭탄의 우라늄도 상당 부분 이곳에서 나온 것이었다.

하지만 모든 부가가치의 과정에서 정작 콩고 사람들은 철저히 배제되었다. 광산에서 일하는 현지 노동자들은 우라늄이 무엇인지, 그것이 어떤 용도로 사용되는지 전혀 알지 못했다. 그들에게는 그저 '검은 돌'을 캐는 일일뿐이었다. 안전 장비도 제대로 지급되지 않았고, 방사능 위험에 대한 교육도 없었다. 노동자들은 맨손으로 고농도 우라늄 광석을 다뤘고, 마스크도 없이 우라늄 분진을 들이마셨다. 많은 광부들이 폐질환과 암에 걸렸지만, 그것이 우라늄과 관련이 있다는 것을 아는 사람은 없었다. 우라늄으로 인한 피해는 수십 년 후에야 나타나기 때문에 당시에는 원인을 알 수 없었다. 마치 보이지 않는 독이 서서히 몸을 좀먹는 것과 같았다. 막대한 부는 정작 지역 주민들에게 전혀 돌아가지 않았다. 우라늄은 원석 상태로 벨기에로 수출되어 그곳에서 정제되고 가공되었다. 모든 고부가가치 작업은 유럽에서 이루어졌고, 콩고는 단순한 원료 공급지 역할만 했다. 이는 마치 최고급 다이아몬드를 캐는 광부가 그 다이아몬드로 만든 반지는 구경조차 못하는 상황과 같았다. 벨기에의 유니온 미니에르는 막대한 이익을 올렸지만, 콩고 지역은 여전히 가난했다.

1960년 콩고가 독립한 후에도 이런 구조는 크게 바뀌지 않았다. 신카콜로베 광산은 여러 차례 소유주가 바뀌었지만, 우라늄의 최종 목적지는 여전히 서구 선진국이었다. 1970년대에 광산이 폐쇄된 후에도 불법 채굴이 계속되었다. 가난한 지역 주민들이 생계를 위해 폐광에 들어가 우라늄을 채굴해 암시장에 팔았다. 이들은 여전히 방사능의 위험을 모른 채 맨손으로 우라늄을 다뤘다. 더 심각한 것은 채굴 과정에서 발생한 방사성 폐기물이 아무런 처리 없이 방치되었다는 점이다. 광산 주변 지역의 토양과 지하수가 방사능에 오염되었지만, 제대로 된 환경 조사나 정화 작업은 이루어지지 않았다. 마치 지뢰밭을 그대로 방치한 것과 같은 상황이었다.

현재도 콩고의 우라늄은 국제 시장에서 거래되고 있다. 하지만 그 이익의 대부분은 여전히 외국 기업들이 가져간다. 콩고 정부는 채굴 권리금과 세금을 받지만, 그마저도 부패와 비효율로 인해 국민들에게 제대로 돌아가지 않는다. 반면 우라늄을 수입해 원자력 발전소를 운영하는 선진국들은 값싼 전력의 혜택을 누리고 있다. 이는 21세기에도 계속되는 신식민주의적 자원 수탈의 전형적인 사례다. 콩고의 우라늄이 만들어낸 것은 아프리카의 번영이 아니라 서구의 에너지 안보였다. 이런 불평등 구조는 우라늄이라는 원소가 가진 이중성을 극명하게 보여준다. 같은 물질이 어떤 사람에게는 풍요로운 에너지를, 어떤 사람에게는 가난과 죽음을 가져다주는 것이다. 우라늄의 무게는 단순히 물리적 질량만이 아니라 이런 도덕적, 사회적 무게까지 포함하고 있다.

지정학의 새로운 변수

우라늄의 발견은 국제정치의 판도를 완전히 바꿔놓았다. 핵무기를 보유한 국가와 그렇지 않은 국가 사이에는, 결코 넘을 수 없는 권력의 격차가 생겼다. 냉전 시대 미국과 소련은 서로를 여러 번 파괴할 수 있을 만큼의 핵무기를 보유했다. 상호확증파괴MAD 전략은 역설적으로 전면전을 불가능하게 만들었다. 핵무기가 너무 강력해서 사용할 수 없는 무기가 된 것이다. 이는 마치 양쪽이 모두 자폭 장치를 들고 대치하는 상황과 같았다. 하지만 이 '공포의 균형'은 핵무기 확산이라는 새로운 문제를 낳았다. 1968년 핵확산금지조약NPT이 체결되었지만, 핵무기의 유혹을 완전히 차단하지는 못했다.

인도는 1974년 '평화적 핵 폭발'이라는 명목으로 첫 핵실험을 실시했다. 파키스탄은 1998년 인도의 재핵실험에 대응해 자체 핵실험을 단행했다. 이스라엘은 공식적으로 핵보유를 인정하지 않지만 200여 개의 핵탄두를 보유한 것으로 추정된다. 북한은 2006년부터 2017년까지 6차례 핵실험을 실시하며 핵보유국 지위를 기정사실화했다. 각국은 핵무기 개발을 '평화적 핵 이용'이라는 명목으로 포장했지만, 우라늄 농축 기술은 본질적으로 이중 용도dual-use 기술이었다. 원자력 발전용 저농축 우라늄(3~5%)을 90% 이상으로 농축하면 핵무기용 고농축 우라늄이 되는 것이었다. 기술적으로는 그저 연속적이고 반복적 과정일 뿐이다. 평화로운 도시와 전쟁터 사이에 경계선이 흐려진 것이다.

현재 세계 우라늄 생산량의 40%대를 카자흐스탄이 차지한다. 이는 놀라운 집중도다. 카자흐스탄의 우라늄 생산량은 캐나다(13%)와 호주(12%)를 합친 것보다도 많다. 나머지는 나미비아, 니제르, 러시아, 우즈베키스탄 등에서 생산된다. 흥미롭게도 미국과 중국, 러시아는 우라늄 생산량이 많지 않다. 대신 이들은 우라늄 농축 기술을 독점하고 있다. 천연 우라늄을 핵연료로 가공하는 농축 기술은 미국, 러시아, 중국, 프랑스, 독일, 네덜란드, 영국, 일본 등 극소수 국가만이 보유하고 있다. 이는 마치 원유는 중동에서 나오지만 정제 기술은 선진국이 독점하는 구조와 비슷하다. 그런데 우라늄의 경우 그 기술이 곧바로 무기 개발로 이어질 수 있기 때문에 훨씬 민감한 문제다. 러시아는 세계 우라늄 농축 시장의 약 40%대 중반을 장악하고 있다. 로스아톰Rosatom은 세계 최대의 우라늄 농축 기업으로, 연간 2,400만 SWU(분리작업 단위)의 농축 능력을 보유하고 있다. 이는 전 세계 농축 능력의 거의 절반에 해당한다. 또한 러시아는 해외 원자력 발전소 건설에서도 압도적 지위를 차지하고 있다. 현재 건설 중이거나 계획 중인 해외 원자로의 70% 이상이 러시아 기술이다. 이는 러시아가 에너지 분야에서 갖는 지정학적 영향력의 또 다른 측면이다. 천연가스 수출로 유럽을 압박했던 것처럼, 우라늄과 원자력 기술로도 비슷한 영향력을 행사할 수 있는 것이다. 마치 거대한 체스판에서 러시아가 여러 개의 퀸을 동시에 움직이는 것과 같다.

2022년 러시아의 우크라이나 침공 이후 우라늄 공급망에도 큰 변화가 일어나고 있다. 미국은 2024년 러시아산 농축 우라늄 수입을 금지하는 법안을 통과시켰다. 하지만 당장 대체할 공급원이 부족한 상황이다. 미국 원자력 발전소들은 러시아산 농축 우라늄에 크게 의존해왔기 때문이다. 유럽도 비슷한 상황이다. 러시아산 우라늄 없이는 원자력 발전소 운영이 어려워질 수 있다. 이는 에너지 안보의 새로운 취약점을 드러내고 있다. 우라늄이 석유나 천연가스 못지않게 중요한 지정학적 무기가 되고 있는 것이다. 이란의 우라늄 농축 프로그램은 이런 문제들을 집약적으로 보여준다. 이란은 나탄즈와 포르도 등의 시설에서 우라늄을 농축하고 있다. 공식적으로는 평화적 목적이라고 주장하지만, 국제사회는 핵무기 개발 의도를 의심하고 있다. 2015년 포괄적 공동행동계획JCPOA을 통해 이란의 농축 활동을 제한했지만, 2018년 트럼프 행정부가 협정에서 탈퇴하면서 상황이 복잡해졌다. 현재 이란의 우라늄 농축도는 60%까지 올라갔는데, 이는 핵무기 제조에 필요한 90%에 매우 가까운 수준이다. 기술적으로는 몇 주 만에 핵무기용 고농축 우라늄을 생산할 수 있는 단계에 이른 것으로 평가된다. 이는 마치 핵무기 제조의 문턱에서 한 발짝 떨어진 상태와 같다.

중국은 자체적인 우라늄 공급망 구축에 나서고 있다. 아프리카 여러 국가에서 우라늄 광산을 확보하고, 자체 농축 능력도 확대하고 있다. 중국은 2030년까지 원자로 150기를 건설할 계획인데, 이를 위해서는 안정적인 우라늄 공급이 필수다. 21세기 강대국 경쟁에서 우라늄 확보는 필수적인 요소가 되었다. 에너지 안보와 군사 안보가 우라늄이라는 하나의 원소로 연결되어 있기 때문이다. 우라늄을 둘러싼 새로운 '그레이트 게임'이 전개되고 있다. 19세기의 그레이트 게임이 중앙아시아의 영향력을 둘러싼 경쟁이었다면, 21세기의 게임은 우라늄이라는 원소를 둘러싼 경쟁이다.

미래의 선택과 윤리적 딜레마

기후변화와 에너지 전환이라는 21세기의 과제 앞에서 우라늄은 다시 한번 주목받고 있다. 파리기후협정에 따라 2050년까지 탄소 중립을 달성하기 위해서는 화석연료를 대체할 대규모 무탄소 에너지원이 필요하다. 국제에너지기구IEA에 따르면 탄소 중립 시나리오에서 원자력 발전량은 현재의 2배로 증가해야 한다. 재생에너지만으로는 한계가 있다는 것이 점차 명확해지고 있다. 태양광과 풍력은 간헐성 문제가 있고, 에너지 저장 기술은 아직 충분히 받쳐주지 못하고 있다. 또한 재생에너지의 에너지 밀도는 원자력에 비해 현저히 낮다. 같은 양의 전력을 생산하려면 훨씬 넓은 부지가 필요하다. 탁구공만한 전구로 축구장을 밝히는 것은 쉽지 않다. 이런 상황에서 원자력은 유력한 대안으로 떠오르고 있다. 프랑스는 전력의 70% 이상을 원자력으로 공급하면서도 세계에서 가장 낮은 탄소 배출량을 유지하고 있다. 중국은 현재 건설 중인 원자로가 22기에 달한다. 인도도 2032년까지 원자력 발전 용량을 3배로 늘릴 계획이다. 심지어 독일처럼 탈원전을 추진했던 국가들도 재검토에 나서고 있다. 2023년 독일이 마지막 원자로를 폐쇄한 후 전력 부족과 전기요금 상승 문제가 대두되면서 원자력 재검토 논의가 시작되었다. 이는 마치 저탄고지와 같은 무리한 다이어트를 하다가 결국 균형있는 영양소를 다시 찾는 것과 같은 상황이다.

새로운 원자력 기술들도 등장하고 있다. 소형 모듈 원자로SMR는 기존 원자로보다 안전하고 경제적이라고 주장된다. 출력이 300 MW 이하로 작아서 대도시 인근에 설치할 수 있고, 공장에서 제작해 현장에서 조립하는 방식으로 건설비와 공기를 단축할 수 있다. 뉴스케일, 웨스팅하우스, 롤스로이스 등이 SMR 개발에 나서고 있다. 고온 가스 냉각로나 용융염 원자로 같은 4세대 원자로 기술도 개발되고 있다. 이들은 설계상 멜트다운이 원천적으로 불가능하다고 한다. 연료봉이 과열되면 자동으로 반응이 중단되는 구조를 갖고 있기 때문이다. 노심 온도가 비정상적으로 증가하면 연료의 밀도가 감소해 자동으로 출력이 줄어드는 '자기조절' 특성을 지닌다. 마치 과열되면 저절로 꺼지는 전기장판과 같은 원리다. '멜트다운 불가능'은 물리적 원리에 기반한 설계 개념이지만, 실제 적용에는 기술적·규제적 장벽이 남아 있다.

현재까지 어떤 나라도 고준위 폐기물의 영구 처분 방법을 완전히 해결하지 못했다. 핀란드의 온칼로Onkalo 처분장이 유일한 운영 사례지만, 아직 초기 단계이고 본격 운영은 2020년대 후반으로 예상한다. 이 시설은 지하 420 m 화강암 반석에 건설되었으며, 10만 년간 방사성 물질을 안전하게 격리할 수 있도록 설계되었다. 빙하기가 몇 번 반복될 수 있는 시간인 10만 년은 인간의 경험과 상상을 초월하는 기간이다. 하지만, 미래 세대에게 방사성 폐기물을 떠넘기는 것이 윤리적으로 정당한가하는 질문에 명확한 답은 없다.

더 먼 미래에는 핵융합이 우라늄을 대체할 수 있을지도 모른다. 하지만, 상용화까지는 최소 30년은 더 걸릴 것으로 예상된다. 그 사이에 기후변화 문제를 해결해야 한다면 우라늄에 의존할 수밖에 없을 수도 있다. 결국 우리는 선택해야 한다. 방사성 폐기물의 위험을 감수하고라도 원자력을 확대할 것인가, 아니면 기후변화의 위험을 감수하고라도 화석연료를 계속 사용할 것인가. 물론 둘 다 위험하다. 하지만 아무것도 하지 않는 것은 더 위험할 수도 있다. 우라늄은 우리에게 이런 불편한 선택을 강요하고 있다. 어떤 선택을 하든 미래 세대에게 부담을 떠넘기는 것은 마찬가지다. 기후변화든 방사성 폐기물이든 말이다. 이는 현 세대가 짊어져야 할 무거운 도덕적 책임이다. 마치 양쪽 모두 가시밭길인 갈래길에서 선택을 강요받는 상황이다. 우라늄이 인류에게 가져다준 것은 단순한 에너지가 아니라 선택의 무게였다. 그 무게를 감당할 수 있는지가 인류의 성숙도를 보여주는 척도가 될 것이다. 마치 어른이 되어서야 비로소 화약을 다룰 수 있게 되는 것처럼, 인류도 충분히 성숙해졌을 때 우라늄을 진정으로 다룰 수 있게 될 것이다.

클라프로트가 피치블렌드에서 우라늄을 발견한 지 236년이 지났다. 그 동안 이 원소는 인류에게 축복과 저주를 동시에 가져다 주었다. 원자력 의학은 암 진단과 치료에 혁명을 가져왔고, 원자력 발전은 깨끗한 에너지를 제공했다. 동시에 핵무기는 인류 문명 자체를 위협하는 존재가 되었다. 히로시마와 나가사키의 참극, 체르노빌과 후쿠시마의 사고는 원자력 기술의 어두운 면을 적나라하게 보여주었다. 우라늄은 인간의 과학기술이 얼마나 발전했는지, 동시에 얼마나 위험할 수 있는지를 상징하는 원소가 되었다. 마치 양날의 칼을 인류에게 쥐어준 것과 같다. 우라늄이 우리에게 던지는 가장 근본적인 질문은 이것이다. 과학기술의 힘이 인간의 지혜를 앞설 때 우리는 어떻게 해야 하는가? 우라늄 농축 기술을 개발한 과학자들은 그것이 히로시마의 참극으로 이어질 것을 예상했을까? 원자력 발전소를 설계한 엔지니어들은 체르노빌 같은 사고가 일어날 것을 상상했을까? 과학자들의 의도와 상관없이 기술은 예상치 못한 방향으로 발전한다. 노벨이 다이너마이트를 발명할 때는 광산업의 발전을 위한 것이었지만, 결국 전쟁 무기로 사용되었다. 오펜하이머가 최초의 핵실험을 목격하고 "나는 죽음이요, 세계의 파괴자가 되었다."고 말한 것은 바로 이런 깨달음 때문이었다. 인간이 만든 기술이 인간을 넘어서는 순간의 두려움이었다.

아인슈타인은 말년에 이런 말을 했다. "새로운 사고방식이 없다면, 원자력은 우리를 파멸로 이끌 것이다." 기술의 발전만으로는 충분하지 않다. 그 기술을 다룰 수 있는 지혜와 윤리의식이 필요하다. 우라늄은 인류에게 거대한 힘을 주었다. 이제 그 힘을 어떻게 사용할지는 우리의 선택에 달려 있다. 물론 자연 플루토늄등이 극미량 존재하지만 실제로 지속적으로 존재하는 원소 주기율표의 마지막 자연 원소가 던지는 이 질문에 대한 답을 찾는 것이 21세기 인류의 과제일 것이다. 우라늄의 이야기는 아직 끝나지 않았다.

제8장

푸른 금속의 검은 그림자, 코발트

27

Co

Cobalt

58.9332

Co

이 이야기는 한 명의 분노한 광부로부터 시작한다. 16세기 독일 작센 지방의 어느 은광에서, 광부들은 이상한 광석을 발견했다. 겉보기에는 은처럼 반짝였지만, 아무리 가열해도 은이 나오지 않았다. 오히려 독성 가스만 뿜어내며 광부들의 폐를 태웠다. 그들을 더 분노하게 만든 점은 이 돌덩어리가 근처의 진짜 은광석마저 망쳐버린다는 사실이었다. 광부들은 이 악마 같은 광석을 '코볼트Kobold의 저주'라고 불렀다. 코볼트는 독일 민담에 나오는 장난기 많고 악의적인 광산 요정의 이름이었다. 코볼트 요정은 광부들을 속여 쓸모없는 돌을 캐게 하고, 진짜 보물은 숨겨버리는 존재였다. 광부들에게 이 이상한 광석은 요정의 저주나 다름없었다.

그로부터 200년이 지난 1735년, 스웨덴의 화학자 게오르크 브란트Georg Brandt는 이 '저주받은 돌'에서 새로운 금속을 분리해냈다. 그것은 아름다운 푸른빛을 내는 금속이었다. 브란트는 광부들의 전설을 기억하며 이 원소를 코발트라고 명명했다. 코발트의 공식 명명은 1735년이지만, 푸른 안료 사용은 기원전 2000년 이집트와 중국에서도 확인된다. 다만 당시에는 그것을 하나의 원소로 인식하지 못했다. 그래서 그 물질이 인류에게 가장 중요한 금속 중 하나가 될 것이라고는 아무도 상상하지 못했다. 오늘날 우리가 손에 쥐고 있는 스마트폰과 전기차는 바로 이 '요정의 저주' 없이는 작동할 수 없는데도 말이다. 만약 16세기 광부들이 이 사실을 알았다면, 아마 그 요정에게 사과 편지라도 써야 한다고 생각했을 것이다.

원자 하나의 우주

과학의 가장 아름다운 순간들은 종종 가장 작은 세계에서 일어난다. 코발트를 진정으로 이해하려면 원자 하나의 세계로 들어가야 한다. 코발트 원자는 원자번호 27로, 핵에 27개의 양성자와 대개 32개의 중성자를 품고 있다. 이 숫자들이 단순해 보이지만, 여기에는 놀라운 물리학이 숨어 있다. 코발트의 전자 배치는 [Ar] $3d^7$ $4s^2$인데, 이는 아르곤의 전자 껍질 구조에 d오비탈에 7개, s오비탈에 2개의 전자가 추가된 형태다. 이 배치는 코발트를 매우 독특한 금속으로 만든다. d오비탈의 7개 전자는 5개의 d오비탈에 불균등하게 분포되어 있어, 코발트에게 강자성이라는 특별한 능력을 부여한다. 하나의 오비탈에는 두 개의 전자가 들어갈 수 있다. 쉽게 생각하면 3개의 d오비탈에 두 개의 전자가 배치되고 전자 1개가 있는 오비탈과 완전히 비어 있는 오비탈이 존재할 수 있을 것이다. 하지만, 이런 일은 일어나지 않는다. 전자는 가능한 한 최대한 홀전자를 형성하도록 오비탈에 분포하는 훈트의 법칙Hund's rule 때문이다. 결국 5개의 d 오비탈에 1개씩 전자 5개가 먼저 채워진다. 이때 모든 전자의 스핀 방향이 일치한다. 남은 2개의 전자는 이미 전자가 있는 오비탈에 스핀 반대 방향으로 페어링된다. 결과적으로 3개의 홀전자가 남아 각 오비탈에 존재한다. 이런 전자 배치로 외부 자기장이 가해지면 스핀이 정렬되어 강한 자성을 띠게 된다. 홀전자가 많을수록 더 많은 스핀이 정렬되어 더 큰 알짜 자기 모멘트를 생성하는 원리다. 이는 철이나 니켈과 유사한 특성이지만, 코발트는 이들보다 훨씬 높은 온도에서도 자성을 유지한다. 큐리 온도가 무려 1,115℃ 달하는데, 이는 용암보다도 뜨거운 온도다. 마치 다른 금속들이 모두 더위에 지쳐 쓰러질 때 혼자서 꿋꿋이 버티는 무쇠 의지의 소유자와 같다. 만약 코발트가 사람이었다면 사우나에서 몇 시간씩 버티면서도 "아직 더 올려도 돼요"라고 말하는 타입일 것이다.

강자성체에서 큐리온도는 원자 내 홀전자의 스핀들이 같은 방향으로 정렬하려는 경향과 열에너지가 스핀 정렬을 흐트러뜨리려는 경향이 균형을 이루는 임계점이다. 그렇다면 여기서 질문이 하나 생긴다. 철은 홀 원자 수가 4개나 된다. 그렇다면 코발트 보다 더 높은 큐리온도를 가져야 한다. 하지만, 철의 큐리 온도는 770℃로 코발트보다 무려 345℃ 가량 차이가 난다. 이유는 금속의 결합 구조에 있다. 코발트의 원자 배열은 육방정계 결정 구조hcp인데, 철은 체심입방구조이다. 육방 정계 결정구조가 원자 간 거리와 전자 오비탈 겹침overlap이 더 효율적이다. 이 구조는 자기 모멘트 방향의 일관성을 유지하기 쉽다. 그래서 외부 열에너지가 스핀 정렬을 무너뜨리는 데 더 많은 에너지를 필요로 하기 때문이다.

코발트의 이러한 자기적 성질은 현대 기술에서 광범위하게 활용된다. 하드 드라이브의 자기 기록층에 사용되는 코크롬플래티넘Co-CrPt 합금은 정보를 자기장 형태로 저장한다. 당신이 지금 읽고 있는 이 글이 컴퓨터에 저장되는 것도 결국 코발트 원자들의 자기 모멘트 덕분이다. 또한 강력한 영구자석인 사마륨-코발트SmCo 자석은 전기 모터, 발전기, MRI 장비에 필수적이다. 이 자석은 네오디뮴 자석보다 온도 안정성이 뛰어나 항공우주 분야에서 선호된다. 우주에서도 코발트는 지구에서만큼 성실하게 일한다.

코발트의 다재다능함은 화학에서도 나타나고 그 원동력은 물리적 특성과 마찬가지로 전자 구조에서 비롯된다. Co^{2+}와 Co^{3+} 사이를 쉽게 오갈 수 있는 능력은 배터리뿐만 아니라 촉매 분야에서도 매우 중요하다. 코발트는 피셔-트롭쉬Fischer-Tropsch 합성에서 핵심 촉매로 사용되는데, 이 반응은 일산화탄소(CO)와 수소(H_2)를 액체 탄화수소 연료로 만드는 과정이다. 앞서 다룬 철 역시 이런 촉매로 적합하다. 철(Fe) 촉매는 저렴하지만 코발트는 고온·고압 조건에서 더 효율적이다. 남아프리카공화국이 석유 금수조치를 받던 아파르트헤이트Apartheid 정권 시절, 이 나라는 철 촉매를 이용해 석탄에서 연료를 만들어냈고 일부 고급 공정에서는 코발트가 활용됐다. 국제사회는 당시 아파르트헤이트 정권을 명백한 인종차별 정책으로 규정하고, 유엔 등에서 남아공에 대한 제재를 가했으며, 그 제재 중 하나로 국제 석유 금수조치가 내려진 것이다. 금속 원소가 에너지 자립을 가능하게 하며 인종차별 정권의 생명줄 역할을 했던 셈이다. 과학은 때로 우리가 원하지 않는 곳에서도 중요한 역할을 한다는 불편한 진실을 보여준다. 그런 코발트의 시작은 대부분의 원소와 마찬가지로 화학이었다.

푸른 색채의 연금술

코발트의 첫 번째 용도는 아름다움이었다. 18세기 유럽의 도자기 제작자들은 코발트 화합물이 만들어내는 깊고 선명한 푸른색에 매혹됐다. 이 색은 단순한 장식을 넘어 권력과 부의 상징이었다. 중국 청화백자의 그 유명한 푸른색도 사실 코발트 덕분이었다. 명나라와 청나라 시대 중국 장인들은 페르시아에서 수입한 '수마니'라는 코발트 광석으로 세계에서 가장 아름다운 도자기를 만들어냈다. 이 페르시아 코발트는 t당 은 가격보다 비쌌다. 서구의 왕실과 귀족들이 중국 도자기에 열광했던 이유 중 하나가 바로 이 신비로운 푸른색이었다. 마치 현대 사람들이 한정판 스니커즈에 열광하는 것과 비슷했다. 그 시절에는 도자기가 스니커즈였던 것이다.

코발트 블루는 단순한 색깔이 아니라 화학의 승리였다. 대부분의 천연 염료와 안료는 시간이 지나면 바래거나 변색된다. 중세 시대 수도원의 채색 사본들이 수백 년 만에 갈색으로 변한 것처럼 말이다. 하지만 코발트 화합물은 고온에서도, 강한 빛에서도, 심지어 산성이나 알칼리성 환경에서도 그 색을 잃지 않는다. 이는 코발트 이온의 독특한 전자 구조 때문이다. Co^{2+} 이온은 d^7 전자 배치를 가지며, 산소 등 리간드와 결합할 때 특정 파장의 빛을 강하게 흡수한다. 마치 피아노에서 특정 음만을 골라 연주하듯, 코발트는 빛의 스펙트럼에서 주황색과 빨간색만을 선택적으로 흡수하고 푸른색을 반사한다. 이러한 특성 때문에 코발트 블루($CoAl_2O_4$, 코발트 알루미네이트)는 수백 년이 지나도 변색되지 않는 대표적 무기 안료로 꼽힌다.

반 고흐가 초기에 그렸던 〈밤의 카페테라스〉에는 깊은 밤하늘

빈센트 반 고흐,
〈밤의 카페테라스〉, 1888년,
유화, 크뢸러 뮐러 미술관 소장.

이 짙은 푸른색으로 표현됐는데, 코발트블루가 주로 사용됐다. 대표작인 〈별이 빛나는 밤〉은 울트라마린과 프러시안 블루가 주로 사용됐지만 코발트 블루가 보완적으로 적용됐다. 예술가들이 '영원한 푸름'이라고 부른 이 색은 문자 그대로 화학적으로 영원했다. 흥미롭게도 반 고흐는 이 비싼 안료를 아끼지 않고 사용했는데, 그의 그림이 100년이 넘은 지금도 여전히 선명한 푸른색을 유지하는 이유가 바로 여기에 있다. 반면 같은 시대 다른 화가들이 사용한 저렴한 프러시안 블루는 시간이 지나면서 녹청으로 변색되기도 했다. 코발트는 예술의 영원성까지 보장해준 셈이다. 반 고흐가 돈 관리는 못했지만 적어도 안료 선택은 완벽했던 것이다.

하지만 코발트의 진정한 변신은 20세기에 시작됐다. 두 차례 세계대전을 거치면서 과학자들은 코발트의 다른 특성들을 발견하기 시작했다. 코발트는 철이나 니켈과 마찬가지로 강자성을 띠지만, 더 높은 온도에서도 자성을 유지했다. 이는 마치 다른 사람들이 모두 더위에 지쳐 쓰러질 때 혼자서 꿋꿋이 버티는 것과 같았다. 또한 다른 금속들과 합금을 만들 때 경도와 내열성을 크게 향상시킨다. 제트 엔진이 개발되면서 코발트 합금은 항공우주 산업의 핵심 소재가 됐다. 물론 니켈 기반 합금으로 대체 가능하지만, 터빈 블레이드가 극한조건인 1,200℃가 넘는 고온에서도 견딜 수 있는 재료는 코발트 합금이 유일하다. 고성능 제트 엔진은 사실상 코발트가 없었다면 불가능했을 것이다. 하늘을 나는 꿈이 실현된 것도 결국 작은 코발트 원자들의 공로였다.

배터리 속의 교통경찰

코발트가 현대 문명의 핵심이 된 것은 1991년 소니가 세계 최초의 상용 리튬이온 배터리를 출시하면서부터다. 이 배터리의 양극재는 리튬코발트산화물($LiCoO_2$)이었다. 당시 소니의 연구진들도 이 작은 배터리가 세상을 바꿀 것이라고는 예상하지 못했을 것이다. 하지만 이 배터리는 문자 그대로 혁명이었다. 무게는 기존 니켈카드뮴 배터리의 절반인데 에너지는 2배를 저장할 수 있었다. 마치 같은 크기의 가방에 두 배 이상의 짐을 넣을 수 있게 된 기술적 진보였다. 휴대폰, 노트북, 전기차 등 현대 모바일 기기의 혁신을 이끈 결정적 계기가 된 것이다.

코발트는 여기서 마치 배터리의 '통제자' 역할을 한다. 리튬 이온이 양극과 음극 사이를 오가는 과정에서 코발트는 안정적인 구조를 유지하며 전자의 흐름을 조절한다. 이는 코발트의 독특한 화학적 성질 때문이다. 코발트 원자는 이온 상태에서 Co^{2+}와 Co^{3+}, Co^{4+} 사이를 쉽게 오갈 수 있어 배터리의 충방전 과정에서 안정적인 전자 전달을 가능하게 한다. 마치 숙련된 교통 경찰이 복잡한 교차로에서 차량 흐름을 조절하듯, 코발트는 배터리 내부에서 전자의 교통정리를 담당한다. 이 과정을 좀 더 자세히 살펴보면 경이로운 화학이 펼쳐진다. 배터리가 방전될 때 리튬 이온(Li^{+})은 양극에서 음극으로 이동한다. 이때 양극의 코발트는 Co^{4+}에서 Co^{3+}로 환원되면서 전자를 받아들인다. 충전할 때는 그 반대다. 리튬 이온이 음극에서 양극으로 돌아오고, 코발트는 다시 Co^{3+}에서 Co^{4+}로 산화된다. 이 과정이 수천 번 반복되는데, 코발트의 결정 구조는 거의 변하지 않는다. 마치 수많은 자동차들이 들어오고 나가도 타워 주차장 자체는 그대로 유지되는 내구성을 제공한다.

코발트가 없다면 리튬이온 배터리는 몇 번의 충방전 만에 성능이 급격히 저하되거나 아예 작동을 멈춰버릴 것이다. 실제로 초기 리튬 배터리 연구에서 코발트 대신 다른 금속을 사용한 실험들은 모두 실패했다. 망간은 충방전 중 구조가 변형했고, 니켈은 산소 가스를 발생시켰으며, 철은 전압이 너무 낮아 에너지 밀도가 부족했다. 코발트만이 리튬과 완벽한 화학적 궁합을 보였다. 이는 단순한 우연이 아니라 코발트의 전자 구조와 결정학적 특성이 리튬 저장에 최적화되어 있기 때문이다. 마치 완벽한 매치를 찾은 것처럼, 코발트와 리튬의 만남은 화학적 운명이었다.

리튬코발트산화물 배터리의 등장으로 1990년대 후반부터 휴대폰이 급속히 소형화됐다. 1980년대 휴대폰은 벽돌만 했지만, 2000년대에는 손바닥 크기가 됐다. 이 모든 변화의 중심에 코발트가 있었다. 인류는 주머니에 슈퍼컴퓨터를 넣고 다닐 수 있게 됐고, 이는 정보 혁명과 소셜 미디어 시대를 가능하게 했다. 지금의 우리가 언제 어디서든 무한 스크롤하며 시간을 보낼 수 있는 것도 결국 코발트 덕분이다.

생명의 필수 요소와 코발트의 생물학적 여정

과학의 가장 놀라운 발견들은 종종 예상치 못한 곳에서 일어난다. 코발트의 가장 놀라운 역할 중 하나는 엉뚱하게도 우리 몸 안에서 일어난다. 코발트는 비타민 B_{12}(코발라민)의 중심 원자로, 모든 동물의 생명 유지에 필수적이다. 이는 자연이 코발트를 선택한 가장 정교한 사례 중 하나다. 비타민 B_{12} 분자는 마치 복잡한 분자 기계처럼 생겼는데, 그 중심에 코발트 원자 하나가 자리잡고 있다. 이 코발트 원자는 6개의 질소 원자에 둘러싸여 있고, 그 위아래로는 각각 다른 리간드들이 결합되어 있다. 5'-데옥시아데노실기, 하단에는 디메틸벤즈이미다졸 리간드가 결합한다. 이 모습은 마치 분자 세계의 왕이 보좌관들에게 둘러싸여 있는 모습과 같다. 코발트가 없으

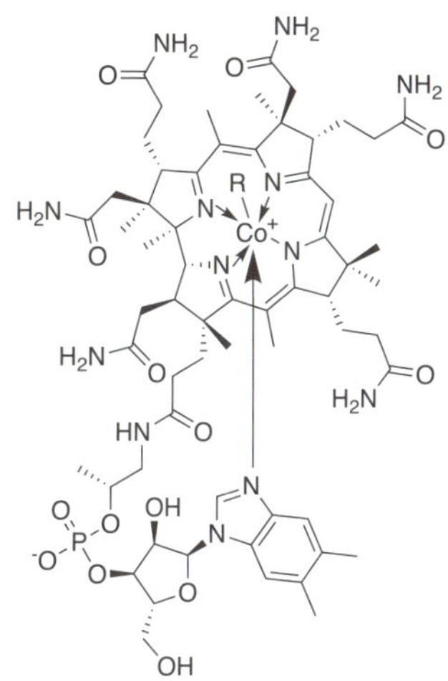

면 B_{12}가 형성되지 않는다. 코발트는 비타민 B_{12}에서 두 가지 핵심 기능을 수행한다. 첫째, DNA 합성에 필요한 메틸기 전달 반응을 촉매한다. 이는 세포 분열과 성장에 필수적이다. 둘째, 지방산 대사에서 중요한 역할을 한다. 코발트가 없으면 우리 몸은 제대로 된 적혈구를 만들 수 없고, 신경계도 정상적으로 기능하지 못한다.

비타민 B_{12}의 발견 과정은 그 자체로 의학사의 드라마였다. 1920년대까지 악성빈혈은 치명적인 질병이었다. 환자들은 점점 쇠약해지다가 결국 사망했다. 그런데 하버드 의대의 조지 마이노트George Minot와 윌리엄 머피William Murphy가 우연히 발견한 것은 동물의 간을 먹으면 악성빈혈이 치료된다는 사실이었다. 하지만 간의 어떤 성분이 치료 효과를 내는지는 알 수 없었다. 당시로서는 마치 마법 같은 일이었다. 수십 년간의 연구 끝에 1948년 영국의 도로시 호지킨Dorothy Hodgkin이 X선 결정학으로 숨은 비타민 B_{12}의 구조를 밝혀냈다. 그 중심에 코발트가 있다는 사실이 밝혀진 순간이었다. 호지킨은 마치 분자 세계의 고고학자처럼 B_{12}의 비밀을 파헤쳤다. 흥미롭게도 인간을 포함한 동물과 식물은 비타민 B_{12}를 만들지 못한다. 오직 특정 박테리아만이 이 복잡한 분자를 생합성할 수 있다. 소와 양같은 반추동물은 장내 세균의 도움으로 비타민 B_{12}를 얻지만, 인간은 동물성 식품이나 보충제를 섭취해야 한다. 결론적으로 채식주의자들은 보충제를 섭취해야 한다.

최근 연구에 따르면 비타민 B_{12} 부족 또는 경계 수준은 전 세계 인구의 최대 약 40%에 달한다고 한다. 특히 인도와 멕시코 등 개발도상국에서 심각한 문제다. 아이러니하게도 코발트가 풍부한 아프리카 대륙에서 비타민 B_{12} 부족이 흔하다. 이는 식품접근성이 떨어져 생기는 영양실조와 위생 문제 때문인데, 결국 코발트를 채굴하는 사람들이 코발트 부족으로 고통받는 모순적 상황이다. 코발트는 또한 일부 효소의 필수 구성 요소이기도 하다. 메티오닌 아미노펩티다아제MetAP라는 효소는 단백질 합성 과정에서 첫 번째 아미노산을 제거하는 역할을 하는데, 그 활성 부위에 코발트가 필요하다. 생명체는 코발트 없이 제대로 된 단백질 하나 만들지 못하는 셈이다. 물론, 인간을 포함한 포유류에서는 경우에 따라 망간도 중요한 역할을 한다.

콩고의 검은 진실

현대 기술의 이면에는 종종 불편한 진실이 숨어 있다. 전 세계 코발트 생산량의 70% 이상, 그리고 매장량의 50% 이상이 콩고민주공화국(DRC)에 집중되어 있다. 이는 마치 한 나라가 특정 자원의 절반을 독점하는 것과 같은 상황이다. 문제는 콩고가 세계에서 가장 가난하고 정치적으로 불안정한 나라 중 하나라는 점이다. 수십 년간 내전과 정치적 혼란에 시달린 이 나라에서 코발트 채굴은 종종 비극적인 모습을 띤다. 이 아이러니는 '자원의 저주Resource Curse'라는 경제학 이론을 극명하게 보여준다. 가장 소중한 자원을 가진 나라가 가장 가난하다는 역설 말이다. 마치 보물 위에 앉아서 굶주리는 상황과 같다.

콩고 남동부 카탄가 주의 코발트가 집중된 콜위지 광산 지역을 방문한 기자들이 전하는 이야기는 충격적이다. 5세부터 17세까지의 어린이들이 하루 12시간씩 좁은 갱도에서 코발트 광석을 캐고 있다.

아이들이 안전장비도 없이 바위를 깨며 하루에 받는 일당은 1~2달러에 불과하다. 이는 미국에서 스타벅스 커피 한 잔 값에도 못 미치는 돈이다. 유니세프 보고서에 따르면 콩고의 코발트 광산에서 일하는 어린이 노동자가 4만 명에 이른다고 한다. 이 어린이들이 캐는 것은 단순한 돌이 아니다. 그들이 파내는 것은 문자 그대로 우리의 디지털 미래다. 아이폰 하나에는 약 8 g의 코발트가 들어간다. 테슬라 모델 S에는 약 15 kg이 필요하다. 즉, 전기차 한 대를 만들려면 콩고의 어린이들이 수백 시간 동안 땅을 파야 한다는 계산이다. 더 끔찍한 것은 이 아이들 30%는 초등학교를 중퇴한다. 광산 노동이 주원인이다. 그들의 교육받을 권리가 우리의 편의를 위해 박탈되고 있는 것이다. 우리가 스마트폰을 만지고 전기차를 운전할 때마다 간접적으로 어린이 노동을 후원하고 있었다는 뜻이다. 미래를 만드는 기술을 위해 미래의 주인공들이 희생되는 모순이다.

더 심각한 것은 환경오염이다. 코발트 채굴 과정에서 나오는 폐수는 강과 지하수를 오염시킨다. 현지 주민들은 오염된 물을 마시고, 오염된 땅에서 기른 농작물을 먹는다. 세계보건기구 조사에 따르면 콜위지 지역 주민들의 소변에서 정상 수치보다 수 배에서 10배

코발트 광석 채굴에 동원된 어린이의 모습
출처: 국제 어린이 후원단체 휴머니움 누리집

가까이 높은 코발트가 검출됐다. 코발트 중독은 심장질환, 갑상선 장애, 신경계 손상을 일으킬 수 있다. 임산부가 코발트에 노출되면 기형아 출산 위험이 높아진다. 아이러니하게도 코발트-60이 의료용으로 생명을 구하는 한편, 자연 상태의 코발트는 수많은 아프리카인들의 건강을 해치고 있는 것이다. 그렇다면 이런 질문이 가능하다. 콩고의 광산지역 주민의 체내 코발트 농도는 높으면서 비타민12가 왜 부족할까? 이유는 코발트의 생체이용 가능성의 차이다. 광산에서 유출된 코발트는 Co^{2+} 이온 형태로 존재한다. 2가 이온은 비타민 B_{12}(코발라민)의 생합성에 사용되지 않는다. 비타민 B_{12} 내 코발트는 생체활성 형태인 Co^{3+}가 코린corrin 고리에 결합한 구조로만 기능한다. 실제로 B_{12} 부족 이유는 동물성 식품 섭취 부족과 전반적인 위생, 영양문제이다. 게다가 오염된 환경에서의 농작물은 B_{12}함량도 낮아 섭취로도 부족한 것이다.

국제 인권단체들이 이런 실상을 고발하면서 '분쟁 광물conflict mineral' 문제가 대두됐다. 미국 증권거래위원회는 2010년 도드-프랭크법을 통해 기업들이 분쟁 광물 사용 여부를 투명하게 공개하도록 했다. 하지만 코발트는 정작 이 법의 적용 대상에서 제외됐다. 당시 코발트는 주요 배터리 원료로 인식되지 않았고, 스마트폰·전기차 수요가 급증하기 전이어서 중요하다는 판단하에 규제하기 어렵다는 현실적 판단이었다. 물론 선진국에서 중요하다는 의미다. 2023년 EU는 코발트를 핵심 원자재로 지정해 공급망 조사 의무화를 추진 중이지만, 미국은 여전히 법적 구속력 있는 규제에서 자유로운 상태다. 결국 우리는 기술 발전과 인권 보호 사이에서 불편한 딜레마에 직면해 있다. 깨끗한 전기차를 타기 위해 아프리카 어린이들의 눈물을 외면해야 하는가? 이는 21세기 문명이 풀어야 할 가장 복잡한 도덕적 퍼즐 중 하나다.

도시 광산과 순환의 꿈

코발트의 윤리적 문제를 해결할 가장 현실적인 방법 중 하나는 재활용이다. 다행히 코발트는 다른 금속들과 달리 재활용해도 품질이 거의 저하되지 않는다. 마치 알루미늄 캔처럼 무한히 재활용할 수 있는 소재다. 더욱 흥미로운 것은 폐배터리 속 코발트의 농도가 천연 광석보다 훨씬 높다는 사실이다. 일반적인 코발트 광석의 코발트 함량이 0.1~0.3%인 반면, 리튬이온 배터리는 종류에 따라 차이가 있지만 약 5~20%의 코발트가 들어있다. 즉, 폐배터리는 천연 광산보다 50배 이상 농축돼 있다. 일종의 '도시 광산'인 셈이다. 마치 자연이 만든 광산보다 인간이 만든 광산이 더 효율적인 상황이다. 게다가 현재 기술 수준은 최대 97% 이상의 코발트 회수율을 보인다.

문제는 현실이 생각만큼 간단하지 않다는 점이다. 먼저 물량의 문제가 있다. 리튬이온 배터리의 수명은 8~15년이다. 2010년에 생산된 배터리들이 이제야 폐기되기 시작했고, 본격적인 배터리 폐기물 대란은 2030년대에 올 것으로 예상된다. 현재 배터리 재활용 시설들은 충분한 원료를 확보하지 못해 가동률이 낮다. 코발트 재활용 회사들이 원료 부족으로 고전하는 아이러니한 상황이다. 벨기에의 유미코어는 세계 최대 배터리 재활용 기업이지만, 2023년 기준 설비 가동률이 60%에 그쳤다. 마치 식당에서 요리사는 준비됐는데 재료가 없어서 식당 운영에 차질을 빚는 상황이다.

기술적 어려움도 크다. 배터리에서 코발트를 분리하려면 복잡한 습식제련 과정을 거쳐야 한다. 먼저 배터리를 해체하고 분쇄한 다음, 황산이나 염산으로 용해시켜 각종 금속을 추출한다. 이 과정에서 코발트 순도를 99.9% 이상으로 높여야 새 배터리에 사용할 수 있다. 화학적 정제 과정이 복잡할 뿐만 아니라 에너지도 많이 소모한다. 과거에는 재활용 비용이 신규 채굴 비용보다 높았다. 중국의 GEM은 연간 15만 t의 배터리를 처리하는 세계 최대 시설을 운영하지만, 여전히 재활용 비용이 신규 채굴보다 최대 20% 이상 높아 경제성 확보에 어려움을 겪고 있다. 더 복잡한 문제는 배터리 설계의 다양성이다. 스마트폰 배터리, 전기차 배터리, 전력저장용 배터리는 모두 다른 구조와 화학 조성을 갖는다. 재활용 공정을 자동화나 표준화하기 어렵다는 거다. 결국 대량 처리가 힘들다. 애플, 테슬라 같은 제조사들이 재활용을 염두에 둔 설계를 도입하고 있지만, 아직 산업 표준으로 자리잡지 못했다. 진정한 순환경제를 위해서는 설계 단계부터 재활용을 고려해야 하지만, 현실은 여전히 '만들고 버리는' 선형경제에 머물러 있다. 글로벌 배터리 재활용률은 아직 한 자릿수에 불과하며, 대부분 매립·소각되거나 비공식적으로 처리된다. EU는 2036년까지 배터리 내 재활용 코발트 26% 사용을 의무화했다. 하지만, 기술·물량 부족으로 달성 자체가 불확실한 게 현실이다. 그럼에도 희망적인 신호들이 보인다. 미국의 Li-Cycle, 캐나다의 American Manganese 같은 스타트업들이 혁신적인 재활용 기술을 개발하고 있다. 코발트의 미래는 아마도 이런 작은 혁신들에 달려 있을 것이다.

과학자들의 도전

과학의 역사는 문제를 해결하려는 인간의 끝없는 도전으로 점철되어 있다. 전 세계 배터리 제조사들은 '코발트 프리cobalt-free' 기술 개발에 사활을 걸고 있다. 가장 유력한 대안은 LFP(리튬인산철) 배터리다. 이 배터리는 코발트와 니켈 대신 철을 사용해 원가도 저렴하고 윤리적 문제도 없다. 열폭주thermal runaway 위험도 낮아 화재 발생 가능성이 적다. 중국의 BYD가 이 기술의 선두주자로, 2023년 기준 전기차용 LFP 배터리 시장의 40% 이상을 점유하고 있다. 테슬라도 표준형 모델들에서 LFP 배터리로 전환하고 있다. 일론 머스크는 "코발트는 배터리의 미래가 아니다"라고 공언하기까지 했다. 머스크가 트위터에서 뭔가를 확언할 때는 항상 조심스럽지만, 이번에는 옳을 수도 있다. 하지만 LFP 배터리에는 치명적인 한계가 있다. 에너지 밀도가 코발트 배터리의 60~70% 수준에 그친다. 같은 주행거리를 내려면 배터리가 더 크고 무거워져야 한다는 뜻이다. 이는 마치 같은 거리를 가려고 하는데 더 큰 연료탱크가 필요한 것과 같다. 또한 저온에서 성능이 크게 떨어진다. 요즘 말로 '광탈'이 일어난다. 겨울철 극랭지인 캐나다나 시베리아에서는 LFP 배터리 전기차의 주행거리가 절반으로 줄어들 수 있다. 이 때문에 고급 전기차나 장거리 주행이 필요한 용도에서는 여전히 코발트 배터리가 선호된다. 포르셰, BMW, 메르세데스 같은 프리미엄 브랜드들이 여전히 코발트 배터리를 고집하는 이유다. 결국 성능과 윤리 사이에서 선택해야 하는 딜레마에 직면해 있다.

또 다른 접근법은 코발트 함량을 최소화하는 것이다. 최신 NCM 811 배터리(니켈 80%, 코발트 10%, 망간 10%)는 초기 NCM 111 배터리(각각 33%) 보다 코발트 사용량을 3분의 1로 줄였다. 일부 제조사들은 코발트 함량을 5% 이하로 낮추는 기술을 개발하고 있다. 심지어 2~3%까지 줄일 수 있다는 연구 결과도 있다. 하지만 코발트를 완전히 제거하기는 어렵다. 코발트는 배터리의 안전성과 수명에 결정적 역할을 하기 때문이다. 앞서 언급했지만 배터리를 통제하고 조절하는 교통경찰과 같아서, 없으면 전체 조화가 무너진다.

가장 혁신적인 연구는 전고체 배터리 분야에서 일어나고 있다. 도요타, 삼성 SDI, 퀀텀스케이프 같은 기업들이 고체 전해질을 사용한 배터리를 개발 중이다. 이 기술이 상용화되면 코발트 없이도 높은 에너지 밀도와 안전성을 확보할 수 있을 것으로 기대된다. 하지만 전고체 배터리는 아직 실험실 단계에 머물러 있다. 대량생산 기술, 가격 경쟁력, 내구성 등 해결해야 할 과제가 산적해 있다. 과학자들은 부분적으로 액체 전해질을 사용하는 하이브리드 형태를 거쳐 적어도 2030년 이후에나 완전 전고체 배터리 상용화가 가능할 것으로 보고 있다. 그때까지는 코발트와 함께 살아가야 할 수밖에 없다.

원자가 생명을 구하다

과학의 가장 놀라운 순간들은 종종 파괴와 치유가 같은 원소에서 나온다는 사실이다. 코발트의 또 다른 얼굴은 생명을 구하는 치료사다. 코발트-60은 자연에는 존재하지 않는 인공 방사성 동위원소로, 원자로에서 안정한 코발트-59에 중성자를 조사해 만든다. 이 과정은 마치 평범한 사람을 슈퍼히어로로 변신시키는 것과 같다. 코발트-59는 아무런 방사능이 없지만, 중성자 하나를 더 받으면 강력한 감마선을 방출하는 코발트-60이 된다. 이 동위원소는 5.27년의 반감기를 가지며, 1 g당 매초마다 수조 개의 감마선을 뿜어낸다. 마치 평범한 시민이 갑자기 에너지 광선을 쏘는 슈퍼히어로가 되는 것과 같다.

코발트-60 치료기는 1950년대부터 사용되기 시작해 지금까지 수백만 명의 암 환자를 치료했다. 현재는 선형가속기Linac가 대체하고 있지만, 전 세계적으로 천여 개의 코발트-60 치료기가 가동 중이고, 특히 개발도상국에서 여전히 주력 장비로 쓰이고 있다. 작동 원리는 간단하면서도 정교하다. 종양 부위에 정확히 조준한 감마선으로 암세포의 DNA를 파괴하는 것이다. 감마선이 DNA의 이중나선 구조를 끊어버리면 암세포는 더 이상 분열할 수 없게 된다. 물론 정상 세포도 일부 손상을 받지만, 암세포가 더 취약해 선택적으로 제거할 수 있다. 이는 마치 전쟁터에서 적군만 골라서 공격하는 정밀타격과 같다. 다만 이 전쟁은 현미경으로만 볼 수 있는 세포 수준에서 벌어진다.

코발트-60 치료기의 가장 큰 장점은 안정성이다. 선형가속기나 사이클로트론 같은 최신 장비들은 정전이 되거나 고장이 나면 방사선 생성이 불가능해 작동을 멈춘다. 하지만 코발트-60은 물리학 법칙에 따라 자연스럽게 방사선을 방출하기 때문에 외부 전원이나 기계적 작동과 무관하다.

$$^{60}_{27}\mathrm{Co} \rightarrow {}^{60}_{28}\mathrm{Ni} + \beta^{-} + \bar{\nu}_e + \gamma$$

개발도상국에서는 여전히 코발트-60 치료기가 암 치료의 주력이다. 인도, 브라질, 이집트 등에서 운영되는 수백 대의 코발트 치료기가 매년 수십만 명의 생명을 구하고 있다.

코발트-60의 또 다른 용도는 식품 조사(照射)다. 감마선으로 식품을 조사하면 세균, 바이러스, 곰팡이, 벌레를 모두 죽일 수 있다. 화학 살균제를 사용하지 않고도 식품을 안전하게 보존할 수 있는 친환경적 방법이다. NASA는 우주비행사들의 식료품을 코발트-60으로 조사해 25년 이상 장기간 보존한다. 국제우주정거장에서 먹는 모든 음식이 코발트의 도움을 받은 셈이다. 지구에서도 향신료, 육류, 해산물 등이 코발트 조사를 거친다. 조사된 식품에는 방사능이 전혀 남지 않는다. 마치 X-ray를 찍은 환자가 방사능을 띠지 않는 것과 같은 이유다.

의료용 코발트-60 생산에는 특별한 기술이 필요하다. 캐나다가 이 분야의 독보적 강국으로, 전 세계 의료용 코발트-60의 절반 안팎을 생산한다. 온타리오주의 브루스 파워Bruce Power와 온타리오 파워 제너레이션BOPG이 주요 생산업체다. 하지만 캐나다의 노후한 원자로들이 하나 둘 폐쇄되면서 공급 부족 문제가 대두되고 있다. 2016년 캐나다 촉크 리버 NRU 원자로가 예정보다 일찍 폐쇄되면서 전 세계적으로 코발트-60 공급 차질이 발생했다. 수많은 병원들이 치료 일정을 연기해야 했고, 일부 암 환자들은 다른 나라로 치료를 받으러 가야 했다. 코발트-60 부족은 전 세계 암 환자들에게 직접적인 위협이 될 수 있다. 이는 의료 분야에서도 공급망의 중요성을 보여주는 사례다.

미래를 위한 선택

현대 문명이 직면한 가장 복잡한 도전들은 종종 단순한 해답을 거부한다. 코발트를 둘러싼 딜레마는 현대 문명이 직면한 근본적 모순을 상징한다. 우리는 더 깨끗하고 지속가능한 미래를 원하지만, 그 미래를 만드는 과정에서 새로운 형태의 착취와 환경파괴가 발생한다. 전기차는 탄소배출을 줄이지만 아프리카 어린이들의 노동을 착취한다. 재생에너지는 화석연료를 대체하지만 희토류와 코발트 같은 희소금속에 의존한다. 이런 모순을 어떻게 해결할 것인가? 이는 마치 한쪽 발로는 미래를 향해 걷고, 다른 쪽 발로는 과거의 문제를 끌고 가는 것과 같다.

첫 번째 해답은 역시 기술 혁신이다. 코발트 없는 배터리, 효율적인 재활용 기술, 대체 소재 개발이 지속되어야 한다. 최근 MIT의 연구진들은 바이러스를 이용해 배터리 전극을 만드는 기술을 개발했다. M13 박테리오파지라는 바이러스에 철(Fe)과 인산염(PO_4^{3-})을 결합시켜 LFP 배터리의 성능을 크게 향상시킨 것이다. 이런 생물학적 접근법이 상용화되면 코발트 의존도를 줄일 수 있을 것이다. 나트륨이온 배터리, 알루미늄-공기 배터리, 아연-공기 배터리 같은 차세대 기술들도 빠르게 발전하고 있다. 결국 답은 늘 자연에 있었다. 과학자들은 자연에서 영감을 얻어 인공적인 문제를 해결하려 하고 있다.

두 번째 해답은 공급망 투명성 확보다. 블록체인 기술을 활용해 코발트의 원산지부터 최종 제품까지 추적하는 시스템이 구축되고 있다. IBM의 '코발트 추적 플랫폼'은 콩고에서 채굴된 코발트가 배터리 공장까지 도달하는 모든 과정을 기록한다. 포드, BMW, 볼보 같은 자동차 제조사들은 '책임 있는 코발트' 이니셔티브에 참여해 윤리적 조달을 약속했다. 하지만 콩고 같은 분쟁 지역에서 완벽한 추적은 여전히 어렵다. 광산에서 제련소까지, 제련소에서 배터리 공장까지 복잡한 공급망에서 불법 코발트가 섞일 가능성을 완전히 차단하기는 힘들다. 콩고에는 최대 약 10만 개에 이르는 소규모 광산이 난립하고 있어 완전한 추적은 불가능하다. 이는 마치 강물에서 오염된 물방울 하나하나를 찾아내려는 것과 같은 도전이다.

세 번째이자 가장 중요한 해답은 소비 패턴의 변화다. 우리가 정말로 매년 새 스마트폰이 필요한가? 전기차 배터리를 더 오래 사용할 수는 없는가? 애플이 최근 발표한 '수리권 법안' 정책은 고무적이다. 소비자들이 스마트폰을 더 오래 사용할 수 있도록 부품과 수리 매뉴얼을 제공하겠다는 것이다. 제품 수명 연장, 공유경제 확산, 모듈러 설계 등을 통해 코발트 수요 자체를 줄일 수 있다. 하지만 이 제도는 기업의 이익과 경제성장 논리에 정면으로 맞선다. 더 많이 팔아야 하는 기업과 덜 소비해야 한다는 환경론 사이의 갈등은 쉽게 해결되지 않을 것이다.

결국 코발트 문제는 기술적 해결책과 제도적 개선, 그리고 윤리적 각성이 동시에 필요한 복합적 과제다. 16세기 독일 광부들이 저주라고 여겼던 그 금속이 21세기 인류에게 던지는 질문은 명확하다. 우리는 진보의 대가로 무엇을 희생할 것인가? 그리고 그 희생은 정당한가? 코발트의 푸른 빛 속에는 인류 문명의 밝은 미래와 어두운 그림자가 함께 담겨 있다. 이제 우리가 어느 쪽을 선택할지 결정할 차례다. 요정의 저주에서 시작된 코발트의 이야기는 아직 끝나지 않았다. 오히려 지금이 가장 중요한 챕터의 시작일지도 모른다. 우리가 어떤 미래를 선택하느냐에 따라 코발트는 축복이 될 수도, 저주가 될 수도 있다. 그 선택의 책임은 우리 모두에게 있다.

제9장

보이지 않는 힘의 제왕, 네오디뮴

60

Nd

Neodymium

144.24

Nd

이 이야기는 주머니 속 진동으로 시작한다. 당신의 스마트폰이 울릴 때마다, 그 안에서는 원자번호 60번의 희토류 금속이 미세한 진동을 한다. 네오디뮴(Nd)이라는 이름을 가진 이 은백색 금속은 아마도 흔하게 들어본 적 없는 원소일 것이다. 하지만 당신이 음악을 듣고, 전화를 받고, 내비게이션을 사용하는 모든 순간에 이 금속의 힘이 작동하고 있다. 네오디뮴은 현대 문명에서 가장 강력한 영구자석을 만드는 핵심 원소로, 우리 손안의 작은 기기부터 거대한 풍력발전기까지 모든 곳에서 보이지 않는 힘을 발휘한다. 마치 영화에서 슈퍼히어로가 투명망토를 입고 세상을 구하는 것처럼, 네오디뮴은 우리가 모르는 사이에 현대 생활을 지탱하고 있다. 네오디뮴 자석이 없다면 스마트폰은 지금보다 3배는 두꺼워져야 할 것이다. 헤드폰에서 나오는 선명한 음질도 불가능하고, 전기차의 효율적인 모터도 만들 수 없다. 그런데 이 놀라운 금속의 이름을 아는 사람은 많지 않다. 마치 무대 뒤에서 모든 것을 조율하는 조감독처럼, 네오디뮴은 조용히 현대 기술 문명을 떠받치고 있다. 이것이야 말로 진정한 '보이지 않는

손'이 아닐까. 만약 아담 스미스가 21세기에 살았다면 분명 네오디뮴을 염두에 두고 이 개념을 설명했을 것이다.

쌍둥이 금속의 발견

과학의 역사는 종종 인내심과 우연한 발견의 만남으로 이루어진다. 1885년 오스트리아 빈에서 화학자 칼 아우어 폰 벨스바흐Carl Auer von Welsbach가 한 가지 이상한 현상을 발견했다. 당시 과학자들이 '디디뮴didymium'이라고 부르던 물질이 사실은 단일 원소가 아니라는 것이었다. 아우어는 정교한 분리 실험을 통해 디디뮴이 두 개의 서로 다른 원소로 구성되어 있다는 사실을 밝혀냈다. 그는 이 두 원소에 그리스어로 '녹색 쌍둥이'를 뜻하는 프라세오디뮴praseodymium(PR)과 '새로운 쌍둥이'를 뜻하는 네오디뮴Neodymium(Nd)이라는 이름을 붙였다. 이름은 그리스어 'prasinos'와 'neos'에서 유래했다. 마치 한 지붕 아래 살던 쌍둥이가 사실은 서로 다른 성격을 가진 별개의 인물이었다는 것을 발견한 것과 같았다. 아우어의 발견은 당시로서는 순전히 학문적 호기심에서 비롯되었다. 그가 사용한 분리 기법은 분별결정화fractional crystallization라는 극도로 인내심을 요구하는 방법이었다. 희토류 염을 물에 녹인 후 조금씩 결정을 만들고, 이를 다시 녹이고 결정화하는 과정을 수백 번 반복해야 했다. 마치 커피를 한 방울씩 떨어뜨려 콜드브루를 만드는 것처럼 지난한 반복이 요구되는 작업이었다. 아니, 더 정확히 말하면 완벽한 에스프레소를 만들기 위해 수개월 동안 매일 같은 작업을 반복하는 것과 같았다. 아우어는 이 지루한 과정을

6개월 동안 매일 반복한 끝에 드디어 순수한 네오디뮴 화합물을 분리해냈다. 그가 얻은 것은 고작 2 g의 보라색 결정이었지만, 이것이 인류 역사를 바꿀 물질이라는 것을 당시에는 아무도 몰랐다.

당시만 해도 이 발견이 21세기 디지털 혁명의 토대가 될 것이라고는 누구도 상상하지 못했다. 아우어 자신도 이 새로운 원소들이 단지 과학적 호기심의 대상 정도로 여겼을 것이다. 그가 발견한 네오디뮴은 희토류 원소군의 일원으로, 란타넘족에 속하는 15개 원소 중 하나였다. 사실, 희토류rare earth라는 이름과는 달리 이들은 지각에 상당히 풍부하게 존재한다. 네오디뮴의 경우 구리보다도 더 많이 존재한다. 그런데 왜 '희토류'라고 불릴까? 답은 간단하다. 이들을 순수하게 분리하고 정제하는 것이 극도로 어렵기 때문이다. 마치 똑같이 생기고 성격마저 비슷한 쌍둥이들 사이에서 특정 인물 하나만을 찾아내는 것과 같은 작업이었다. 이 과정은 너무나 복잡하고 시간이 많이 걸려서 한때 희토류 원소들은 금보다 비쌌다. 아우어가 네오디뮴을 분리했을 때도 그가 얻은 것은 불과 몇 그램에 불과했지만, 그 가치는 엄청났다. 지금 생각해보면 그는 미래의 스마트폰 시대를 위한 첫 번째 열쇠를 만든 셈이었다.

흥미롭게도 네오디뮴의 발견 과정에는 과학사의 우연한 만남들이 숨어있다. 아우어가 사용한 원료 광물은 스웨덴의 이테르뷔 광산에서 나온 것이었는데, 이 광산은 희토류 원소의 보고였다. 이 작은 광산에서 무려 8개의 새로운 원소가 발견되었다. 마치 자연이 의도적으로 화학자들을 위한 보물상자를 만들어 놓은 것 같았다. 아니, 더 정확히 말하면 자연이 운영하는 화학자 전용 쇼핑몰 같은 곳이었다. 아우어는 당시 가스등 제조업에도 관여하고 있었는데, 밝기를 극

대화한 캠핑용 가스 맨틀gas mantle은 아우어의 작품이다. 당시 그는 맨틀 제조과정에서 혼합된 희토류 원소들이 특별한 스펙트럼을 보인다는 사실을 알고 있었다. 가령 세륨은 청록색, 토륨은 밝은 백색, 네오디뮴은 분홍색 스펙트럼을 방출했다. 이것이 그로 하여금 분광학적 방법으로 원소들을 구별할 수 있게 해준 결정적 단서였다. 화학적 분리법으로는 희토류 원소의 미묘한 차이를 구분하기 어려웠기 때문이다. 그럼에도 네오디뮴의 진정한 가치는 1세기가 지난 후에야 드러났다. 1982년 제네럴 모터스의 연구진이 네오디뮴-철-붕소($Nd_2Fe_{14}B$) 합금으로 만든 자석이 기존의 어떤 영구자석보다 강력하다는 사실을 발견한 것이다. 이 발견은 자석 기술의 혁명이었고, 곧이어 전자 산업 전체를 뒤바꿔 놓았다. 아우어가 실험실에서 분리한 '새로운 쌍둥이'가 마침내 자신의 운명을 찾은 순간이었다. 1885년의 보라색 결정이 2025년의 스마트폰 속에서 진동하고 있다는 사실을 아우어가 알았다면 얼마나 놀랐을까. 아마도 그는 자신이 미래의 셀카와 스크롤 문화에 기여했다는 사실에 당황했을 것이다.

자성의 과학적 비밀

과학의 가장 아름다운 순간들은 종종 원자 차원의 세계에서 벌어진다. 네오디뮴이 이토록 강력한 자석을 만들 수 있는 이유는 바로 원자 구조에 숨어 있다. 네오디뮴의 전자 배치는 [Xe] $4f^4$ $6s^2$로, f구역은 주기율표를 놓고 보면 다소 특별해 보인다. 56번 바륨Barium과 72번 하프늄Hafnium 사이에 원소 한 개가 위치할 공간에 무려 15개의 원소가 우겨져 넣어 있는 것처럼 그려져 있다. 주기율표를 이렇게 그릴 수밖에 없는 이유는 이 원소들이 마치 같은 원소처럼 행동을 하기 때문이다. 그도 그럴 것이 15개 원소의 전자 배치를 보면 가장 바깥 궤도에 s오비탈에 전자 2개가 채워져 있는 모습이다. 외형만으로는 구분하기 어렵다는 뜻이다. 차이가 있다면 안쪽 껍질의 전자 배열뿐이지만, 그 내부 구조를 알아내기란 쉽지 않았다. 이런 이유로, 마치 일란성쌍둥이처럼 닮은 원소들을 구별하기가 무척 어려웠던 것이다.

네오디뮴은 4f 오비탈에 짝을 이루지 않은 4개의 전자가 들어 있다. 이 4f 전자들이 바로 네오디뮴의 자기적 성질을 결정하는 핵심이다. 4f 오비탈은 원자핵에 매우 가까이 있어서 외부 환경의 영향을 거의 받지 않는다. 게다가 5s·5p 오비탈에 의해 외부로부터 차폐된 상태다. 마치 성벽으로 둘러싸인 요새 안의 병사들처럼, 4f 전자들은 외부의 방해를 받지 않고 자신만의 자기적 성질을 유지한다. 만약 원자를 중세 성곽으로 비유한다면, 4f 전자들은 가장 안쪽 성벽에서 왕을 호위하는 친위대와 같다.

이 현상을 이해하려면 양자역학의 세계로 들어가야 한다. 전자는 마치 작은 자석처럼 스핀이라는 고유한 성질을 갖는다. 이 스핀은 전자가 실제로 자전하는 것이 아니라 양자역학적 내재 성질이다. 네오디뮴의 4f 오비탈에 있는 4개의 전자는 모두 평행한 스핀을 가지려 한다. 이는 파울리 배타 원리Pauli Exclusion Principle와 훈트의 법칙Hund's rule이라는 양자역학의 두 기본 원칙에 따른 것이다. 마치 군대에서 같은 방향을 보고 정렬하는 병사들처럼, 이 전자들이 모두 같은 방향으로 스핀하면서 강력한 자기 모멘트를 만들어낸다. 실제로 4f에 있는 4개의 전자들의 행동은 훈련 받은 군대보다도 더 질서정연하다.

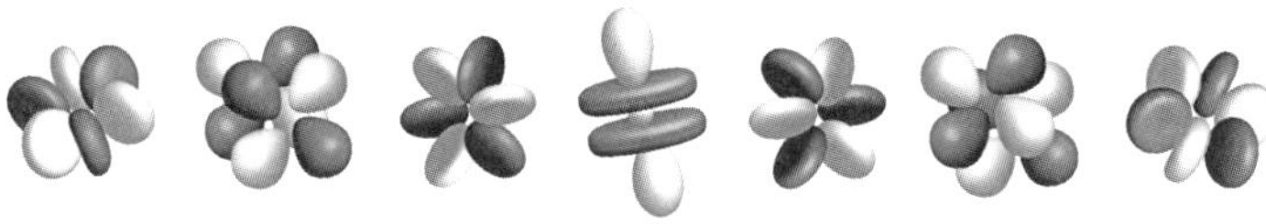

더욱 흥미로운 것은 4f 오비탈의 공간적 분포이다. f 오비탈은 매우 복잡한 형태를 가지고 있어서 일반적인 s, p, d 오비탈과는 완전히 다르다. f 오비탈은 방향성을 말하는 자기양자수magnetic quantum number가 7가지 독립적 형태(−3, −2, −1, 0, +1, +2, +3)를 가지며, 각각 8개의 로브lobe로 구성된 복잡한 구조를 가진다. 이런 복잡한 형태 때문에 4f 전자들은 원자핵 주변에 매우 특별한 방식으로 분포한다. 이것이 바로 네오디뮴이 다른 전이금속들과 구별되는 독특한 자기적 성질을 갖게 되는 이유다. 만약 원자 구조를 건물로 비유한다면, 4f 오비탈은 가장 복잡하고 정교한 설계가 적용된 벙커 하우스와 같다.

사실, 순수한 네오디뮴 금속 자체는 그다지 좋은 영구자석이 아니다. 원자 한 개를 보면 꽤 성능이 좋지만, 금속결합을 한 네오디뮴 덩어리의 경우 원자들의 자기 모멘트들이 서로 다른 방향을 향하고 있어서 전체적으로는 상쇄되기 때문이다. 이는 마치 분대별로 각자 다른 방향을 보고 있는 군인들과 같다. 아무리 개별적으로는 강해도 집단으로는 힘을 발휘하지 못한다. 더 심각한 문제는 네오디뮴이 상자성Paramagnetism에 가까운 거동을 보인다는 점이다. 외부 자기장이 있을 때만 자성을 보이고, 자기장이 사라지면 자성도 함께 사라진다. 이는 영구자석으로는 쓸모없다는 뜻이다. 마치 전원을 켜야만 작동하는 전자제품과 같은 상황이었다. 네오디뮴의 본질은 철과 붕소와 결합할 때 일어난다. $Nd_2Fe_{14}B$라는 화학식으로 표현되는 이 화합물에서 네오디뮴, 철, 붕소 원자들은 매우 특별한 결정 구조를 형성한다. 이 결정 구조에서 네오디뮴 원자들의 자기 모멘트가 모두 같은 방향으로 정렬되면서 거대한 집단 자기장을 만들어낸다. 네오디뮴원자에서 자기 결정 이방성magnetocrystalline anisotropy이 발생하는 것이다. 철 원자들도 여기에 기여하여 전체적인 자기력을 더욱 강화하게 된 것이다. 붕소는 작지만 결정적인 역할을 한다. 붕소 원자들은 특별한 결정 격자에서 네오디뮴과 철 원자들을 완벽한 위치에 고정시켜 자기 정렬을 유지하게 해준다. 마치 완벽한 관계에서 세 사람이 모두 서로의 장점을 극대화시키는 것과 같은 상황이다.

이 과정에서 일어나는 현상을 물리학은 놀랍도록 정교하게 설명한다. 네오디뮴 원자의 4f 전자들이 만드는 자기장과 철 원자의 3d 전자들이 만드는 자기장이 결정 격자를 통해 상호작용한다. 이때 교환 상호작용exchange interaction과 결정장 효과crystal field effect라는 두 가지 양자역학적 현상이 동시에 작용한다. 교환 상호작용은 인접한 자기 모멘트(스핀)들이 평행하게 정렬되려는 경향을 만들고, 결정장 효과는 스핀들이 결정 구조의 대칭성에 따라 특정 방향을 선호하게 만든다. 이 두 효과가 조합되면서 네오디뮴 자석은 한 번 자화되면 그 상태를 영구히 유지하는 영구자석이 된다. 더욱 놀라운 것은 이 자석의 자기 이방성Anisotropy이다. 네오디뮴 자석은 특정 방향으로만 강하게 자화되고, 다른 방향으로는 자화되기 어렵다. 이는 결정 구조의 대칭성과 관련있다. 마치 나무의 나이테처럼 네오디뮴 자석에는 '쉬운 축'과 '어려운 축'이 있다. 이런 특성 때문에 네오디뮴 자석은 방향성이 매우 중요하며, 제조 과정에서 자기장을 가해 결정을 정렬시키는 공정이 필수적이다.

이렇게 만들어진 네오디뮴 자석의 자기력은 상상을 초월한다.

자기 에너지 밀도가 기존의 페라이트 자석Ferrite magnet보다 10배 이상 높다. 같은 크기로 비교하면 네오디뮴 자석은 자신의 무게보다 수백~천 배에 이르는 하중을 지탱하는 제품도 있다. 이런 놀라운 성능 때문에 네오디뮴 자석은 '자석의 왕'이라고 불린다. 물론 이런 강력한 힘에는 위험도 따른다. 대형 네오디뮴 자석 두 개가 갑자기 달라붙으면 사이에 끼인 손가락 뼈가 부러질 정도의 힘을 발휘한다. 이는 자석계의 헐크라고 해도 과언이 아니다.

스마트 문명의 심장부

현대 기술의 가장 놀라운 점 중 하나는 우리가 얼마나 많은 기적적인 장치들에 둘러싸여 살고 있는지 모른다는 것이다. 지금 이 글을 읽고 있는 당신 근처에도 수십 개의 네오디뮴 자석이 있을 것이다. 스마트폰 하나에도 십여 개의 네오디뮴 자석이 들어있다. 스피커, 진동 모터, 카메라 렌즈의 오토포커스 시스템까지, 네오디뮴 없이는 현대적인 모습의 스마트폰조차 불가능하다. 특히 스피커에서 네오디뮴의 역할은 절대적이다. 기존의 스피커가 무거운 페라이트 자석을 사용해 부피가 컸다면, 네오디뮴 자석은 같은 성능을 1/10 크기로 구현할 수 있게 해준다. 마치 거대한 트레일러 트럭을 경차 크기로 압축한 것과 같은 기술적 혁신이다. 스마트폰의 진화 과정을 살펴보면 네오디뮴의 중요성이 더욱 명확해진다. 1973년 모토로라의 다이나택 DynaTAC 8000X는 무게가 1.1 kg에 달했다. 일명 '벽돌폰'이라 불렀다. 이 초기 휴대폰에는 네오디뮴 자석이 없었다. 대신 무거운 전자석과 페라이트 자석들이 사용되었고, 이것이 휴대폰을 벽돌만큼 무겁게 만들었다. 1990년대 들어서야 네오디뮴 자석이 본격적으로 사용되기 시작했고, 이때부터 휴대폰의 급속한 소형화가 가능해졌다. 오늘날 아이폰 15프로맥스의 무게는 221 g에 불과하다. 50년 만에 무게가 1/5로 줄어든 것이다. 이런 변화의 핵심에는 네오디뮴이 있다. 만약 네오디뮴이 없었다면 우리는 아마도 지금도 백팩에 휴대폰을 넣고 다녀야 했을 것이다.

스피커 기술에서 네오디뮴의 혁신을 자세히 들여다보자. 전통적인 스피커는 전류가 흐르는 코일이 자기장 안에서 진동하면서 소리를 만든다. 자기장이 강할수록 더 정확하고 선명한 소리를 낼 수 있다. 네오디뮴 자석이 도입되기 전에는 거대한 페라이트 자석을 사용해야 했다. 1970년대 고급 하이파이 스피커는 무게가 50 kg을 넘나들었다. 하지만 네오디뮴 자석을 사용하면 같은 성능의 스피커를 2~3 kg으로 만들 수 있다. 이는 단순히 무게만 줄인 것이 아니다. 작고 강력한 자석 덕분에 스피커 디자이너들은 완전히 새로운 형태의 음향 장치를 상상할 수 있게 되었다. 마치 건축가가 갑자기 중력을 무시할 수 있게 된 것과 같은 자유로움을 얻은 것이다. 애플의 에어팟은 네오디뮴 기술의 걸작이다. 무게 4 g에 불과한 이 작은 이어폰에는 정밀하게 설계된 네오디뮴 자석이 들어있다. 이 자석의 크기는 쌀알보다도 작지만, 놀라울 정도로 선명한 음질을 만들어낸다. 에어팟 프로의 노이즈 캔슬링Active NoiseCancelling 기능은 더욱 정교한 네오디뮴 자석 시스템에 의존한다. 외부 소음을 실시간으로 분석하고 정확히 반대되는 음파를 생성하는 이 기술은 네오디뮴 자석의 빠른 응답성 없이는 불가능하다. 마치 네오디뮴이 우리 귀에 침묵의 세계를 선물해준 셈이다. 소

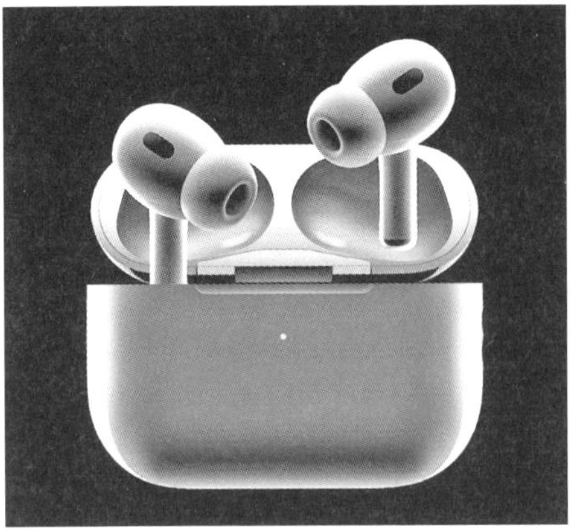

네오디뮴 자석 시스템을 활용한
에어팟 프로
출처: Apple Newsroom

음공해로 가득한 현대 도시에서 이보다 더 소중한 선물이 있을까?

지금은 대부분 SSD로 바뀌었지만, 아직도 저장매체로 하드디스크를 사용한다. HDD에서 네오디뮴의 역할은 더욱 정교하다. HDD의 읽기/쓰기 헤드는 네오디뮴 자석의 정밀한 제어 하에 초당 수백 번씩 움직이며 데이터를 읽어낸다. 이 과정에서 네오디뮴 자석은 마이크로미터 단위의 정확성을 요구받는다. 만약 자석의 성능이 조금이라도 떨어진다면 데이터 읽기 오류가 발생할 수 있다. 그래서 HDD 제조업체들은 최고 품질의 네오디뮴 자석만을 사용한다. 현대의 HDD는 1TB 공간에 1조 개의 데이터 비트를 저장할 수 있는데, 이는 네오디뮴 자석의 정밀함 없이는 불가능한 일이다. 전자제품의 소형화 트렌드는 사실상 네오디뮴 자석 기술의 발전과 함께 이루어졌다고 해도 과언이 아니다. 무어의 법칙이 반도체에 적용된다면, 네오디뮴에는 '소형화의 법칙'이 적용된다고 할 수 있을 것이다.

전기차 역시 마찬가지다. 자동차 산업에서 네오디뮴의 중요성은 더욱 극명하다. 테슬라 모델 S 같은 전기차 한 대에 대략 수백 g에서 1 kg 안팎의 네오디뮴이 들어가는 것으로 추정된다. 이 네오디뮴 자석들이 만드는 강력하고 정확한 자기장이 전기 에너지를 기계적 회전력으로 변환하는 핵심 역할을 한다. 네오디뮴 모터는 기존의 구리선 모터보다 효율이 높고 크기도 작다. 같은 출력을 내면서도 무게는 절반 이하로 줄일 수 있다. 이는 전기차의 주행거리 향상에 직접적으로 기여한다. 무게가 가벼울수록 더 멀리 갈 수 있기 때문이다. 테슬라의 성공 비결 중 하나는 바로 이 네오디뮴 모터 기술에 있다. 전기차 모터의 진화 과정도 흥미롭다. 초기 전기차들은 무거운 직류 모터를 사용했다. 1990년대 GM의 EV1은 137마력의 출력을 내는 데 무려 50 kg의 모터가 필요했다. 하지만 네오디뮴 자석을 사용한 현대의 영구자석 동기 모터는 같은 출력을 15 kg으로 구현할 수 있다. 무게가 1/3로 줄어든 것이다. 더 놀라운 것은 효율성이다. 네오디뮴 모터는 최대 에너지 효율이 95% 이상에 달한다. 이는 내연기관의 효율 35%와 비교하면 거의 3배에 달하는 수치다. 이런 효율성 덕분에 전기차는 같은 양의 에너지로 내연기관차보다 훨씬 멀리 갈 수 있다.

풍력발전기에서는 더욱 극적이다. 현대의 대형 풍력발전기 하나에는 수백 kg의 네오디뮴이 사용된다. 이 거대한 자석들이 바람의 힘을 전기로 변환하는 발전기의 심장부를 이룬다. 네오디뮴 자석을 사용한 직접구동 방식의 풍력발전기는 기어박스가 필요없어 고장률이 낮고 효율은 높다. 극한 조건의 해상에 설치되는 대형 풍력발전기들이 20년 이상 안정적으로 작동할 수 있는 것도 네오디뮴 자석의 높은 내구성 덕분이다. 재생에너지로의 전환이라는 인류의 거대한 도전에서 네오디뮴은 보이지 않는 핵심 역할을 하고 있는 것이다. 아이러니하게도 청정에너지를 만드는 핵심 기술이 토양·수질 오염, 인권 문제 등 환경적·사회적 논란으로 점철된 '더러운' 자원에 의존하고 있다는 사실은 현대 기술의 복잡한 딜레마를 보여준다. 마치 천사같은 사람이 사실은 복잡한 과거를 숨기고 있는 것과 같은 상황이다.

희토류 패권의 그림자

원소의 지리적 위치는 때로 인간 문명에서 가장 큰 문제를 만들어낸다. 네오디뮴의 이야기에서 가장 복잡하고 어두운 부분은 바로 지정학적 문제이다. 전 세계 네오디뮴 자석 생산량의 약 85% 이상, 최대 90% 가까이 중국에서 나온다. 이는 70%라는 단순한 생산량 집중을 넘어서 전략적 독점에 가깝다. 중국은 희토류 원광의 채굴뿐만 아니라 정제, 가공, 자석 제조에 이르는 전체 공급망을 장악하고 있는 셈이다. 소비 측면에서 보면 명확한 상황이 보인다. 미국, 일본, 유럽 등 선진국의 첨단산업은 네오디뮴 자석 등 희토류 소재의 80% 이상을 중국에서 수입한다. 마치 20세기 석유가 중동에 집중되었듯이, 21세기 디지털 문명의 핵심 자원인 희토류가 중국에 집중된 것이다. 다만 이 자원에는 훨씬 더 높은 집중도를 보인다는 점이 다르다.

이런 집중은 단지 지리적 행운이나 우연이 아니다. 중국은 1990년대부터 체계적으로 희토류 산업을 육성해왔다. 덩샤오핑鄧小平은 1992년 "중동에 석유가 있다면 중국에는 희토류가 있다"고 선언했다. 이 한 마디는 단순한 수사가 아니라 국가 전략 자원의 핵심으로 선언한 것이다. 정책적 전환점을 지난 중국은 저렴한 노동력과 느슨

한 환경 규제를 바탕으로 세계 시장을 장악했다. 동시에 서구 기업들은 환경 비용과 복잡한 정제 과정을 피해 희토류 생산을 중국에 의존하게 되었다. 결과적으로 오늘날 네오디뮴 없이는 작동하지 않는 모든 첨단 기기가 중국의 결정에 의존하는 상황이 벌어졌다. 전 세계가 하나의 공급 국가에 의존하는 기형적 공급망이 만들어진 것이다. 중국의 희토류 전략은 놀라울 정도로 장기적이고 체계적이었다. 1980년대부터 중국은 희토류 분야에 막대한 투자를 시작했다. 서구 기업들이 제조업의 부가가치가 낮다며 개발도상국으로 이전할 때, 중국은 이를 기회로 삼았다. 특히 희토류는 채굴과 정제 과정에서 심각한 환경 오염을 일으키기 때문에 서구 국가들이 꺼리는 산업이었다. 중국은 이런 '더러운 일'을 기꺼이 떠맡으면서 전 세계 공급망의 핵심부를 차지했다. 1990년 중국의 희토류 생산량은 전 세계의 27%에 불과했지만, 지금은 60~70%를 차지한다. 정제(가공) 및 자석 제조 등 하류 공정까지 포함하면 전체의 80~90%가 중국에 집중된 셈이다. 이는 경제학에서 말하는 독점의 완성에 가까웠다. 마치 체스에서 상대방의 모든 말을 잡아버린 것과 같은 상황이었다.

더욱 교묘한 것은 중국이 단순히 원료만 공급한 것이 아니라는 점이다. 중국은 희토류 정제 기술을 발전시키면서 동시에 자석 제조 기술까지 흡수했다. 1990년대 일본과 독일의 자석 제조업체들이 비용 절약을 위해 중국으로 공장을 이전하면서, 첨단 기술까지 중국으로 흘러 들어갔다. 중국은 이를 통해 '기술의 현지화'를 달성했다. 오늘날 세계 네오디뮴 자석의 92% 이상이 중국에서 생산되는 것은 우연이 아니다. 중국은 원료에서 완제품까지 전체 밸류체인을 장악한 것이다. 이는 단순한 경제적 성공을 넘어 전략적 승리였다.

이런 의존성의 위험은 2010년 센카쿠 열도 분쟁에서 극명하게 드러났다. 중국이 일본에 대한 희토류 수출을 중단하겠다고 위협하자 전 세계 전자업계가 공황상태에 빠졌다. 희토류 가격이 하루아침에 6배 이상 폭등했고, 일본의 주요 전자업체들은 생산 차질을 겪었다. 사실 중국은 공식적으로 수출 금지를 선언하지 않고 관세 인상(15~20%)과 수출 허가 지연으로 실질적 공급을 차단했다. 현재 미국의 관세 인상 선언으로 시작한 미중 무역전쟁과 닮아있다. 어쩌면 물질이 전략 물자로 다뤄지며 꽤 깊은 갈등의 연속선 상에 여전히 놓여있는 상황일지도 모른다. 이 사건 이후 미국과 유럽, 일본은 희토류 공급망 다양화에 나섰지만 쉽지 않은 상황이다. 호주나 캐나다에도 희토류 광산이 있지만, 정제 기술과 인프라가 부족해 여전히 중국에 의존해야 하는 실정이다. 마치 요리 재료는 있지만 요리사와 주방 기구가 없는 상황과 같다. 2010년 이 사건은 현대 기술 문명의 취약성을 적나라하게 보여줬다. 마치 거대한 산업 체계가 한 나라의 정치적 결정에 의해 마비될 수 있다는 사실이 충격이었다. 토요타는 생산라인을 멈춰야 했고, 파나소닉은 신제품 출시를 연기해야 했다. 애플도 아이폰 생산에 차질을 빚었다. 이때 많은 기업 경영진들이 처음으로 '네오디뮴'이라는 단어를 들어봤을 것이다. 그전까지는 공급망 담당자들만 알고 있던 이름이었으니까. 갑자기 온 세상이 화학 교과서를 뒤지기 시작한 기이한 광경이 벌어졌다.

미중 무역전쟁이 격화되면서 주기율표의 아래부분을 채운 원소는 새로운 무기가 되었다. 2019년 시진핑 주석이 희토류 공장을 방문하면서 '희토류 수출 제한'을 시사하자 미국 첨단 기업들의 주가가 폭락했다. 트럼프 행정부는 희토류를 국가 전략 물자로 지정하고 국내 생산 기반 구축에 나섰다. 바이든 행정부도 이 정책을 이어받아 '중요 공급망 검토'에서 희토류를 최우선 과제로 다뤘다. 하지만 미국의 희토류 정제 능력은 전 세계 수요의 한 자릿수 비율에 그친다. 광산의 개발과 정제 시설의 구축 등, 새로운 희토류 공급망을 구축하는 데는 10년 이상이 걸릴 것으로 예상된다. 그동안 미국은 물론 전 세계는 여전히 중국의 네오디뮴에 의존할 수밖에 없다. 실제로 희토류 공급망 구축의 어려움은 상상을 초월한다. 새로운 광산을 개발하는 데만 7~10년이 걸리고, 정제 시설을 구축하는 데 또 5~7년이 필요하다. 더 심각한 것은 환경 문제다. 공론화하지 않지만, 중국은 환경오염 문제를 외면하며 저비용 생산 체계를 유지해왔다. 서구 국가들은 엄격한 환경 기준을 적용할 수밖에 없다. 결국 희토류 생산 비용이 중국보다 최대 3~5배 높아지는 것이다. 이는 경제성을 크게 떨어뜨린다. 미국의 마운틴 패스Mountain Pass 광산이 2015년 파산한 것도 이런 이유였다. 결국 이 광산은 2017년 재개되었지만, 채굴된 희토류 원료의 상당 부분이 아직도 중국으로 수출되어 정제되는 구조적 한계는 남아있다. 희토류 전쟁에서 미국은 물론, 선진국은 환경과 비용의 함정에 갇힌 셈이다.

가장 아이러니한 것은 청정에너지를 위한 기술, 전기차와 풍력발전기로 화석연료를 대체하려는 인류의 노력이 또 다른 형태의 자원 의존을 만들어내고 있다는 사실이다. 더욱이 이런 자원은 한 나라에 집중되어 있어 지정학적 리스크가 매우 크다. 네오디뮴은 자유로운 기술의 상징처럼 보이지만, 실제로는 새로운 형태의 지정학적 쟁점이 되었고 21세기의 기술 냉전에서 반도체만큼이나 중요한 전략 자산이 되었다. 민주주의 국가들이 권위주의 국가에 의존하는 상황이 되며 단순한 경제 문제를 넘어 정치적, 안보적 문제로 확대되고 있다. 네오디뮴 한 줌이 전 세계 정치 지형을 흔드는 시대가 온 것이다.

땅에 새겨진 상처

현대 기술의 이면에는 대부분 환경이라는 대가가 숨어 있다. 네오디뮴 역시 어두운 면을 지니고 있고 채굴과 정제 과정에서 드러난다. 중국 내몽골의 바오터우Baotou 지역은 세계 희토류 생산의 중심지이자 동시에 환경 재앙의 현장이다. 이곳의 거대한 인공 호수는 희토류 정제 과정에서 나오는 방사성 폐수로 가득 차 있다. 위성사진으로 보면 검은 적갈색 물이 담긴 이 호수는 마치 지구에 난 상처처럼 보인다. 지역 주민들은 이 호수를 '죽음의 호수'라고 부른다. 이는 과장이 아니라 문자 그대로의 표현이다. 중국인들은 死亡之湖(사망지호)라 부른다.

바오터우의 참상은 단순한 환경 오염을 넘어선다. 이곳은 마치 과학 소설 속 디스토피아를 현실화한 곳이다. 낮에도 하늘이 누렇게 흐리고, 공기에는 화학물질 냄새가 진동한다. 공장 굴뚝에서 나오는 연기는 희토류 정제 과정에서 발생하는 황산과 염산, 질산 등의 혼합물이다. 이 연기는 산성비를 만들어 주변 농토를 황폐화시킨다. 토양 중금속(카드뮴, 납) 농도는 WHO 기준 50배를 초과한다. 한때 푸른 초원이었던 이 지역은 이제 식물이 자라지 않는 불모지가 되었다. 아이러니하게도 우리의 스마트폰과 전기차를 위해 지구의 한 부분이 화성처럼 변해가고 있는 것이다. 만약 외계인이 지구를 방문한다면 바오터우를 보고 '이미 다른 문명이 살다가 망한 행성'이라고 생각할

지도 모른다. 중국과학원 연구(2018)는 바오터우 반경 수십 km 내 식생 대부분의 소멸을 보고했다. Greenpeace 보고서(2023)에 따르면 우리가 휴대하는 스마트폰 하나에는 바오터우의 흙 1 kg이 담겨 있다고 한다. 물론, 이 환경단체의 비유는 환경 부담을 강조한 상징적 문장에 가깝지만, 실제 스마트폰에 들어가는 바오터우 채굴 물질의 부담이 크다는 의미다.

희토류 원광에는 토륨과 우라늄 같은 방사성 원소가 함께 들어 있다. 네오디뮴 1 t을 생산하는 과정에서 수천 t 규모의 방사성 폐기물이 발생한다. 이 폐기물들은 적절한 처리 없이 거대한 저장 시설에 쌓여있다. 바오터우 호수 인근 토양의 토륨 농도는 정상치의 수십 배, 지하수 역시 WHO 기준의 수십 배를 초과한다. 인근 농촌 지역에서는 암 발병률이 급증했고, 기형아 출산 사례도 보고되고 있다. 하지만 이런 문제들은 대부분 중국 정부에 의해 은폐되거나 축소 발표되고 있다. 진실을 알리려는 환경 운동가들은 체포되거나 감시받는다. 가장 가까운 진실은 이 지역 주민들의 증언이다. 2011년 영국 BBC의 다큐멘터리 〈The Rare Earth Crisis〉에서 한 주민은 이렇게 말했다. "우리는 세상에서 가장 더러운 일을 하고 있지만, 세상에서 가장 깨끗한 기술을 만들고 있다." 이 역설적인 표현은 현대 기술 문명의 모순을 한 마디로 요약한다.

희토류의 악한 얼굴은 채굴에서 끝나지 않는다. 정제 과정 자체도 환경에 치명적이다. 네오디뮴을 다른 희토류 원소들과 분리하기 위해서는 강산과 강염기, 유기 용매 등 수십 가지 화학물질이 사용된다. 이 과정에서 발생하는 산성 폐수는 pH 2 이하로, 위산만큼 강한 산성이다. 생명을 지닌 유기물은 녹여낼 정도로 강하다. 게다가 정제 과정에서 엄청난 양의 물이 소모된다. 네오디뮴 1 kg을 생산하는 데 약 16,000 L의 물이 필요하다. 이는 일반 가정이 한 달 동안 사용하는 물의 양(15 t)에 해당한다. 물이 귀한 건조지역인 내몽골 지역에서 이런 양의 물을 사용한다는 것은 지하수 고갈의 원인이 되고 지역 생태계에 치명적인 영향을 미친다. 정제 공정의 복잡성 역시 문제다. 분리하기가 극도로 어렵다는 게 복잡성을 증가시킨다. 액체-액체 추출법이라는 정제 과정에서는 수백 단계의 화학 반응이 필요하다. 이 과정에서 사용되는 화학물질들은 대부분 독성이 강하다. 트리부틸포스페이트(TBP), 디에틸헥실포스포릭산(DEHPA) 같은 유기 인산 화합물들이 주로 사용되는데, 국제 암 연구기관인 IARC에서 발암 가능성 물질로 분류되며, 동물 실험에서 신장·간 손상, 생식 독성이 확인된 물질이다. 작업자들은 이런 화학물질에 장기간 노출되면서 건강을 잃고 있다. 중국 정부는 정확한 통계를 공개하지 않지만, 희토류 공장 작업자들의 폐질환과 암 발병률이 전국 평균보다 현저히 높다는 것은 공공연한 비밀이다. 이제 험악한 일들은 다 지난걸까.

가장 심각한 문제는 폐기물의 장기 저장이다. 희토류 정제 과정에서 나오는 방사성 폐기물 중 일부는 반감기가 수십만 년에 달한다. 이는 인류 문명이 시작된 이후 지금까지의 시간보다 훨씬 긴 기간이다. 우리는 스마트폰을 몇 년 사용하고 버리지만, 그 안의 네오디뮴을 만들기 위해 발생한 폐기물은 수십만 년 동안 지구에 남아있을 것이다. 이것이야말로 세대 간 환경 정의의 문제가 아닐까. 어떤 대가를 지불하는 것은 이익이 있어서다. 하지만 우리가 얻는 편의의 대가를 미래 세대가 치르고 있는 것이다. 아이러니하게도 전기차나 풍력발전기처럼 환경을 구하기 위한 청정 기술이 환경을 파괴하는 원료에 의존하고 있다. 이런 모순은 단순히 기술적 해결로는 극복하기 어렵다. 환경 비용이 제대로 반영되지 않은 채 저렴한 희토류에 의존하는 현재의 시스템 자체를 바꿔야 한다는 목소리가 높아지고 있다.

흥미롭게도 이런 환경 문제는 중국 정부에게도 골칫거리가 되고 있다. 베이징의 엘리트들도 바오터우의 오염된 공기를 마시고 싶어하지 않는다. 2015년 이후 중국은 환경 기준을 강화하고 불법 채굴을 단속하기 시작했다. 하지만 이미 누적된 환경 피해를 복구하는 데 수십 년이 걸릴 것으로 예상된다. 더욱이 환경 기준 강화로 중국 내 희토류 생산 비용이 상승하면서, 일부 생산이 미얀마나 아프리카로 이전되고 있다. 문제는 해결되는 것이 아니라 단지 다른 곳으로 옮겨지고 있을 뿐이다. 마치 더러운 빨래를 다른 사람의 집 세탁기로 옮기는 것과 같은 상황이다. 최근 일부 환경단체들은 '진정한 청정에너지'를 위해서는 희토류 사용을 최소화해야 한다고 주장한다. 하지만 현실적으로 네오디뮴을 완전히 대체할 수 있는 기술은 아직 없다. 대신 희토류 생산 과정의 환경 기준을 강화하고, 재활용 기술을 발전시키는 것이 현재로서는 최선의 대안으로 여겨진다. 중국도 최근 환경 기준을 강화하고 있지만, 여전히 국제 기준에는 미치지 못하는 상황이다. 결국 네오디뮴의 환경 문제는 기술적 해결과 정치적 의지가 함께 필요한 복합적 과제인 것이다.

순환하는 미래의 가능성

과학의 역사는 늘 그랬다. 문제에 직면했을 때 해결책을 찾아내는 인간의 창의력으로 가득하다. 네오디뮴의 지속가능한 미래는 재활용에 달려 있다. 다행히 네오디뮴은 다른 희토류와 달리 비교적 재활용이 용이한 편이다. 사용이 끝난 하드디스크, 스피커, 모터에서 네오디뮴 자석을 분리해 새로운 자석으로 재생산할 수 있다. 일본의 히타치는 이미 자체 에어컨에서 나온 네오디뮴을 사실상 전량에 가까운 수준으로 재활용하는 시스템을 운영 중이다. 이 기술은 폐기물에서 네오디뮴을 분리해 순도 98% 이상으로 재생산한다. 결과적으로 신규 채굴 대비 CO_2 배출을 절반가량 감소시킬 수 있다. 유럽연합도 2030년까지 희토류 재활용률을 현재의 1% 미만에서 25%로 끌어올리겠다는 목표를 세운 SUSMAGPRO 프로젝트를 가동 중이다. EU는 플라스틱을 포함한 많은 부분의 재활용 자원 역시 2030년에 타이머를 맞춰 놓았다. 이는 마치 도시에서 금광을 찾는 것과 같은 도전이지만, 단순한 목표가 아니라 기술적으로는 충분히 가능한 일이다.

재활용 기술의 발전은 놀라울 정도로 정교해지고 있다. 독일 프라운호퍼 연구소는 자기 분리법이라는 혁신적 기술을 개발했다. 이는 폐자석을 특정 온도(500℃)로 가열해 자성을 약화시킨 후, 강력한 자기장을 이용해 네오디뮴 성분만 선별적으로 분리하는 방법이다. 마치 자석이 자신의 동료를 찾아내는 것과 같은 원리다. 이 기술로 순도 99.2%까지 네오디뮴을 회수할 수 있다. 이 기술은 2023년부터 산업에 적용을 시작했다. 프랑스의 로디아(現 Solvay)는 더 나아가 화학적 침출법을 개발했는데, 이는 특수 용매인 트리부틸포스페이트TBP를 사용해 네오디뮴을 선택적으로 추출하는 기술이다. 신규 채굴만큼 순수한 네오디뮴을 얻을 수 있어서 '도시 광산'이라는 용어가 과장이 아님을 입증하고 있다. 물론 낙관적인 것만은 아니다. 재활용에도 한계가 있다. 스마트폰이나 헤드폰에 사용되는 네오디뮴 자석은 워낙 작아서 분리 비용이 자석 가치를 초과한다. 또한 재활용 과정에서도 화학물질 사용과 에너지 소비가 발생한다. 완벽한 해결책은 아니지만, 신규 채굴량을 줄이는 데는 분명히 도움이 된다. 특히 전기차나 풍력발전기처럼 대형 네오디뮴 자석이 사용되는 분야에서는 재활용의 경제성이 충분하다. 테슬라는 2025년부터 배터리뿐만 아니라 모터의 네오디뮴 자석도 재활용하겠다고 밝힌 바 있다. 자동차 한 대에서 나오는 네오디뮴만으로도 스마트폰 1,000대에 사용할 자석을 만들 수 있다.

재활용의 또 다른 혁신은 원격 해체 기술이다. 일본의 파나소닉은 로봇을 이용해 전자제품을 자동으로 분해하는 시스템을 개발했다. 이 로봇은 X선으로 제품 내부를 스캔해 네오디뮴 자석의 위치를 파악한 후, 정밀한 레이저로 분리한다. 인간보다 100배 빠르고 정확하다. 마치 외과의사가 수술하듯 정교한 작업도 가능하다. 이런 기술이 상용화되면 재활용 비용을 획기적으로 줄일 수 있을 것이다. 여기에 인공지능이 결합되면서 개발 속도는 더욱 빨라졌다.

인공지능은 자석의 탄생 단계부터 관여한다. 구글 딥마인드는 AI를 활용해 최소한의 네오디뮴으로 최대 성능을 내는 자석 구조를 설계하는 프로그램을 개발했다. 이 AI는 수백만 가지 조합을 시뮬레이션하며 최적의 해답을 찾아낸다. 인간 설계자가 몇 개월 걸릴 작업도 몇 시간 만에 완료된다. 이런 기술이 발전하면 네오디뮴 사용 효율을 획기적으로 높일 수 있으며, 마치 AI가 자석의 맞춤 설계사가 되는 셈이다.

대체 기술 개발 역시 활발하다. 일본의 국립재료연구소(NIMS)

연구진은 세륨과 란탄족 합금으로 네오디뮴 사용량을 50% 줄인 새로운 합금 자석을 개발했다. 또한 자석 설계를 최적화해 같은 성능을 더 적은 네오디뮴으로 구현하는 기술도 발전하고 있다. 심지어 네오디뮴을 전혀 사용하지 않는 새로운 형태의 모터도 연구되고 있다. 하지만 이런 기술들이 상용화되기까지는 상당한 시간이 걸릴 것으로 예상된다. 독일의 지멘스는 '희토류 프리' 풍력발전기를 개발하고 있지만, 아직 네오디뮴 방식보다 효율이 떨어진다. 조급할 건 없다. 과학의 진보는 종종 인내심을 요구하는 게 당연하다. 가장 혁신적인 대안 중 하나는 자기 냉각법을 이용한 새로운 자석이다. 네오디뮴 자석은 고온에서 자성을 잃는 단점이 있는데, 이를 극복하기 위해 자기열량효과magnetocaloric effect를 이용한 자기 냉각 시스템을 내장한 자석이 개발되고 있다. 온도 변화 시 자기장이 변하는 현상을 역이용해 자석 내부 온도를 조절하는 원리다. 마치 자석이 스스로 체온을 조절하는 생명체처럼 작동한다. 이 기술이 완성되면 네오디뮴 사용량을 대폭 줄이면서도 성능을 향상시킬 수 있다. 이 기술 또한 인내심이 요구된다. 미국 에너지부(DOE)와 유럽의 연구팀이 프로토타입 개발 중이고, 상용화는 2030년 전후를 목표로 예상하고 있다.

한편 분자 자석이라는 완전히 새로운 접근법도 주목받고 있다. 이는 탄소나노튜브와 유기 분자의 자기적 성질과 결합해 자석을 만드는 기술로, 희토류를 전혀 사용하지 않는다. 네덜란드 델프트 공대의 탄소 나노튜브 기반 분자 자석 연구는 네이처 머티리얼스(2023)에 발표되었다. 아직 초기 단계지만, 성공하면 자석 기술의 패러다임을 완전히 바꿀 수 있다. 이론적으로는 네오디뮴보다 더 큰 자기 에너지 밀도를 만들 수 있다고 한다. 만약 이 기술이 성공한다면 희토류 의존에서 완전히 벗어날 수 있을 것이다. 이 기술 또한 상용화까지는 10년 이상 걸릴 것이다. 이러한 대안 기술은 자석 산업의 게임 체인저가 될 잠재력을 지녔지만, 실용화까지는 여전히 장벽이 존재한다.

가장 근본적인 변화는 소비 패턴의 변화일 수 있다. 스마트폰 교체 주기를 늘리고, 수리 가능한 제품을 선호하며, 불필요한 전자제품 구매를 줄이는 것이 결국 네오디뮴 수요를 줄이는 가장 확실한 방법이다. 일부 환경 단체들은 '디지털 미니멀리즘'을 제창하며 진정 필요한 기술만을 사용하자고 주장한다. 하지만 기술 발전의 흐름을 거스르기는 쉽지 않다. 오히려 기술을 더 효율적으로 사용하는 방향으로 나아가야 한다는 의견도 있다. 물론 기술 문명 자체를 비판하는 양비론도 존재한다.

가장 혁신적인 시도는 바다에서 희토류를 추출하는 기술이다. 일본은 태평양 심해저에서 희토류가 풍부한 진흙을 발견했다고 발표했다. 아직 기술적 난제가 많지만, 성공하면 중국의 독점 구조를 부분적으로 깨뜨리고 공급망 다변화를 가져올 수 있다. 바다는 어느 나라의 소유도 아니니까. 하지만 심해 채굴이 해양 생태계에 미칠 영향도 신중히 고려해야 한다. 인류는 늘 그래왔다. 구덩이를 메우려고 다른 구덩이를 파내는 모습이 반복됐다. 네오디뮴의 미래는 결국 인류가 기술과 환경 사이에서 어떤 균형을 찾느냐에 달려 있다. 이 작은 원소 하나가 던지는 질문은 생각보다 크다. 우리는 편리함을 위해 어디까지 환경을 희생할 수 있는가? 진정한 지속가능성이란 무엇인가? 이 질문에 대해 더 이상 외면하면 안 될 지점에 와 있다. 이것이 네오디뮴이 우리에게 던지는 가장 큰 숙제다. 이는 단순한 기술적 문제가 아니라 철학적, 윤리적 질문이기도 하다. 이 질문에 답을 찾는 것이 21세기 인류가 직면한 가장 중요한 과제 중 하나일 것이다. 우리가 어떤 선택을 하느냐에 따라 이 원소는 인류의 축복이 될 수도, 저주가 될 수도 있다. 1885년 칼 아우어가 실험실에서 분리한 '새로운 쌍둥이'의 무게가 생각보다 무겁다. 그 선택의 무게를 감당하는 것이 바로 현 세대의 책임이 아닐까.

제10장

하늘에서 온 가장 가벼운 경고, 헬륨

2

He

Helium

4.0026

He

이 이야기는 한 줄기 노란 빛으로 시작한다. 1868년 8월 18일, 프랑스 천문학자 피에르 장센Jules Janssen은 인도 군투르Guntur에서 개기 일식을 관측하고 있었다. 달이 태양을 완전히 가린 순간, 그는 분광기를 통해 태양의 코로나에서 나오는 빛을 분석했다. 그런데 분광기에 이상한 노란색(파장 587.49 nm) 스펙트럼 선 한 줄이 보였다. 그 스펙트럼 파장은 지금까지 알려진 지구상의 어떤 원소와도 일치하지 않았다. 마치 태양이 지구에게 보내는 암호 같았다. 같은 해 10월, 영국의 천문학자 노먼 로키어Norman Lockyer 역시 같은 노란 스펙트럼 선을 다시 발견했다. 그는 이 선을 D_3선이라 이름을 붙이고, 지구에 없는 새로운 원소임을 주장했다. 로키어와 동료 화학자 에드워드 프랭클랜드는 이 원소를 그리스 태양신 '헬리오스Helios'에서 유래한 '헬륨Helium'이라고 명명했다. 과학사에서 유일하게 지구가 아닌 다른 천체에서 먼저 발견된 원소였다.

당시 과학자들은 당황했다. 지구상의 모든 물질이 몇 가지 기본 원소로 구성되어 있다고 믿었는데, 갑자기 태양에만 존재하는 신비한 원소가 나타난 것이다. 일부는 이를 측정 오류라고 주장했고, 다른 이들은 태양과 지구가 서로 다른 물질로 이루어져 있을 가능성을 제기했다. 마치 우주가 지구인들에게 "너희가 아는 것이 전부가 아니야"라고 속삭이는 것 같았다. 실제로 헬륨이 지구에 존재하는지 오랫동안 확신하지 못했다. 1882년 이탈리아의 루이지 팔미에리Luigi Palmieri가 베수비오 화산의 용암에서 헬륨의 스펙트럼 선을 관측했으나, 명확한 증거로 받아들여지진 않았다. 다시 13년이 흐른 1895년, 윌리엄 램지William Ramsay가 마침내 지구에서 헬륨을 발견했을 때의 감격은 상상할 만하다. 우라늄이 함유된 광물을 산으로 처리하던 중 정체불명의 기체가 발생했고, 그 기체의 스펙트럼이 태양의 그 노란 선과 정확히 일치했다. 태양의 D_3선과 일치하는 헬륨을 지구에서 최초로 분리·확인한 것이다. 27년 전 태양의 메시지를 해독한 순간이었다.

스펙트럼 분석이라는 방법 자체가 당시로서는 혁명적이었다. 빛을 프리즘으로 분해해서 물질의 정체를 알아낸다는 발상은 마치 지문으로 범인을 찾는 것과 같았다. 독일의 구스타프 키르히호프Gustav Kirchhoff와 로베르트 분젠Robert Bunsen이 1859년 개발한 분광법spectroscopy은 화학을 완전히 새로운 차원으로 끌어올렸다. 분젠 버너로 유명한 그 분젠이다. 아이러니하게도 분젠은 색맹이었는데, 분광법은 색깔보다 스펙트럼 선의 위치와 밝기가 중요하다. 그래서 오히려 스펙트럼의 미세한 선들에 더 집중할 수 있었다고 한다. 장애가 과학적 발견의 원동력이 된 셈이다.

헬륨의 발견 과정에서 가장 흥미로운 점은 당시 과학자들 사이의 치열한 경쟁이었다. 장센이 인도에서 일식을 관측한 같은 해, 영국의 로키어는 런던에서 독립적으로 같은 스펙트럼 선을 발견했다.

두 사람 모두 자신이 먼저 발견했다고 주장했지만, 결국 공동 발견자로 인정받았다. 과학사에서 이런 동시 발견은 드문 일이 아니다. 마치 시간이 무르익으면 여러 곳에서 동시에 같은 아이디어가 떠오르는 것처럼 말이다. 다윈과 월리스의 진화론, 라이프니츠와 뉴턴의 미적분학처럼 말이다.

헬륨이라는 이름을 제안한 로키어는 당시 《네이처》지의 창간 편집자이기도 했다. 그는 헬륨뿐만 아니라 태양의 흑점 활동과 지구 기후의 관계를 연구한 선구자였다. 지금의 기후변화 연구를 이끈 선구자라 할 만하다. 로키어가 헬륨에 붙인 이름은 매우 로맨틱했지만, 그는 자신이 이름 붙인 이 원소가 훗날 인류 문명의 생명선이 될 것이라고는 상상조차 못했을 것이다. 헬륨의 발견 과정 자체가 우주와 지구를 연결하는 다리 역할을 했다. 이는 인류가 처음으로 우주적 관점에서 물질을 이해하기 시작한 계기가 되었다. 태양에서 온 빛 한 줄기가 우리에게 원소의 보편성을 가르쳐준 것이다. 지구와 태양, 그리고 우주 전체가 같은 물질로 이루어져 있다는 깨달음은 당시로서는 혁명적이었다. 헬륨은 단순한 화학 원소가 아니라 우주의 균질성을 증명하는 증거였다. 우리가 밤하늘의 별을 바라볼 때, 그 별들이 우리와 같은 원소들로 이루어져 있다는 사실을 처음 알려준 원소가 바로 헬륨이다.

극저온과 초고온

헬륨은 우주의 역사에서 매우 특별한 위치를 차지한다. 빅뱅

직후 약 3분 동안 일어난 원시 핵합성에서 수소 다음으로 많이 만들어진 원소가 바로 헬륨이다. 이는 우연이 아니다. 우주 초기의 극한 조건에서 양성자와 중성자가 결합해 만들 수 있는 가장 안정한 핵이 헬륨-4였기 때문이다. 현재 우주 보통 물질(바리온) 질량의 약 24%가 헬륨으로 구성되어 있는데, 이는 우주 탄생의 직접적인 증거이기도 하다.

헬륨의 원자 구조는 단순하면서도 완벽하다. 원자번호 2번인 헬륨은 핵에 양성자 2개와 중성자 2개를 가지고 있고, 주위에 전자 2개가 쌍으로 존재하고 있다. 이 전자쌍은 화학에서 말하는 '완전한 전자껍질'을 형성한다. 마치 만족한 사람이 더 이상 아무것도 원하지 않는 것처럼, 헬륨은 다른 물질과 전자를 교환하지 않는다. 즉, 다른 원소와 반응할 이유가 전혀 없다. 이것이 헬륨을 비활성기체noble gas로 만드는 이유다. 실제로 헬륨은 너무나 완벽해서 화학 반응을 거의 하지 않는다. 21세기 초 $XeHe^+$, HeH^+ 등 특수한 이온성 화합물이 실험적으로 확인된 적이 있지만, 일반적인 화학 결합에서 헬륨 화합물을 만드는 것은 거의 불가능하다.

헬륨의 물리적 성질은 더욱 흥미롭다. 끓는점이 -268.9℃로 모든 원소 중 가장 낮다. 이는 절대온도 4.2K에 해당하는데, 절대영도에서 겨우 4℃ 위의 온도다. 헬륨은 고체가 되기도 어렵다. 일반적인 압력에서는 절대영도까지 냉각해도 액체 상태를 유지한다. 고체 헬륨을 만들려면 약 25기압 이상의 압력이 필요하다. 이는 마치 헬륨이 "나는 자유롭게 움직이고 싶어!"라고 외치는 것과 같다. 가장 놀라운 것은 헬륨-4가 2.17K 이하에서 보이는 초유체superfluid현상이다. 이 온도에서 액체 헬륨은 점성이 완전히 사라져 마찰 없이 흐른다. 컵 벽을 타고 올라가 밖으로 흘러나오고, 좁은 틈새를 통해 분수처럼 솟아오르기도 한다. 이는 양자역학적 현상으로, 거시적 세계에서 양자 효과를 직접 관찰할 수 있는 몇 안 되는 사례 중 하나다. 내가 액체 헬륨을 다뤄본 경험은 정말 마법을 보는 것 같았다. 플라스크에 담긴 액체 헬륨은 마치 투명한 물처럼 보였지만, 그 안에는 상상할 수 없는 양자 세계가 펼쳐져 있었다. 초유체 상태의 헬륨은 뉴턴의 운동 법칙을 거스르는 것처럼 보였다. 회전하는 용기 안의 초유체는 용기와 함께 회전하지 않고 정지해 있었다. 하지만 임계 속도critical velocity를 넘어서자 초유체가 유체처럼 거동하기 시작했다. 그런데, 익히 알고 있는 움직임이 아니었다. 양자 소용돌이quantized vortex가 생성되기 시작한 것이다. 양자 소용돌이의 실제 모습은 고전적인 일반 유체의 소용돌이와는 매우 달랐다. 정밀 카메라로 본 소용돌이는 어두운 배경에 밝은 실선들이 규칙적으로 배열된 모습이었고 흐름이 아니었다. 소용돌이 선이 서로 얽히거나, 격자 형태로 정렬된 모습이었다. 당시 실험을 하시던 물리학 교수님은 양자 소용돌이의 운동량(각운동량)이 양자화된(불연속적인) 값을 가진다고 설명했다. 일반 유체에서 소용돌이는 연속적으로 아무 크기나 가질 수 있지만, 초유체에서는 소용돌이의 세기가 특정 값(플랑크 상수의 정수배)만 가능하다는 것이다. 불연속이라는, 이론으로만 알고 있었던 '양자' 개념을 눈으로 확인하는 건 마법을 보는 것 같았다. 왜냐하면 거시세계에서 미시세계의 현상이 건너와 실현됐기 때문이다. 이런 현상들은 헬륨이 단순한 기체가 아니라 양자역학의 살아있는 교과서라는 것을 보여준다. 헬륨 없이는 현대 물리학의 많은 이론을 실험으로 확인할 수 없었을 것이다. 실제로 초유체 헬륨은 양자역학, 통계역학, 응집물질물리학 등 현대 물리학의 다양한 이론을 실험적으로 검증하는 데 핵심적인 역할을 해왔다.

헬륨의 동위원소 이야기는 더욱 흥미롭다. 일반적인 헬륨-4 외에도 헬륨-3(^3He)라는 희귀한 동위원소가 있다. 헬륨-3는 중성자가 하나 적어서 완전히 다른 성질을 보인다. 이 동위원소는 지구에서는 극히 드물지만, 달 표면에는 상당량 존재한다. 지구는 자기장과 대기가 태양풍을 차단하는 반면, 달에는 그런 보호막이 없어 수십억 년 동안 헬륨-3가 표면에 쌓였기 때문이다. NASA가 달 탐사에 그토록 열성적인 이유 중 하나가 바로 이 헬륨-3 때문이다. 핵융합 연료로 사용할 수 있는 ^3He 1 t이면 1만 t의 석탄과 같은 에너지를 낼 수 있다. 또 다른 장점은 생성되는 입자는 헬륨-3 융합의 주요 반응 채널에서는 모두 전하를 띤 입자(알파 입자와 양성자)이다. 이들은 자기장이나 전기장으로 제어할 수 있어, 열로 변환하지 않고도 직접 전기에너지로 전환할 수 있다. 이론적으로 최대 70%까지 높은 변환 효율이 예측된다. 반면, 현재 진행중인 인공태양의 D-T 융합에서는 대부분의 에너지가 중성자 형태로 방출되어, 이를 열로 변환한 뒤 다시 전기로 바꾸는 과정에서 에너지 손실이 있다. 하지만, 중수소(D)와 헬륨-3(^3He)를 융합하는 반응은 고온(수억 도)의 플라즈마 환경이 필요하다. 현재 인류가 상업적으로 구현할 수 있는 단계는 아니다. D-^3He 융합은 기존의 D-T(중수소-삼중수소) 융합보다 훨씬 높은 온도와 기술적 난이도를 요구한다. 헬륨 융합은 마치 SF 영화의 설정 같지만, 이는 엄연한 과학적 사실이다. 달의 헬륨-3 매장량에 대해 보수적으로 추정해도 수백만 t에 달한다고 알려져 있다. 헬륨-3의 또 다른 놀라운 특성은 '희석 냉장 효과'다. 헬륨-3와 헬륨-4를 섞으면 절대영도에 가까운 극저온(0.001K 이하)을 만들 수 있다. 이는 마치 얼음물에 소금을 넣으면 온도가 더 떨어지는 것과 비슷한 원리지만, 차원이 다를 정도로 극적인 효과를 낸다. 희석 냉장기dilution refrigerator로 만든 극저온 환경에서는 원자들이 거의 정지 상태에 가까워져, 양자역학적 현상을 직접 관찰할 수 있다. 원자 입자들이 파동으로 변한 것을 직접 볼 수 있다. 2003년 노벨물리학상을 받은 안소니 레게트Anthony Leggett의 연구도 바로 이런 극저온에서의 헬륨 연구였다.

헬륨 원자의 내부 구조를 보면 왜 이렇게 특별한지 알 수 있다. 알파 입자라고도 불리는 헬륨 핵은 양성자 2개와 중성자 2개가 매우 안정적으로 결합되어 있다. 이 결합은 너무나 견고해서 다른 원자핵이 붕괴할 때 통째로 방출되기도 한다. 라듐이나 우라늄이 방사성 붕괴할 때 나오는 알파선이 바로 헬륨 핵이다. 이런 이유로 지하 깊은 곳에서 오랜 시간에 걸쳐 헬륨이 축적되는 것이다. 자연이 수백만 년에 걸쳐 만들어낸 헬륨 저장고인 셈이다. 실제로 상업적으로 생산되는 헬륨의 대부분은 천연가스전에서 추출한다.

온도가 올라갈수록 헬륨의 행동은 더욱 예측 불가능해진다. 고온에서 헬륨은 플라즈마 상태가 되는데, 이때의 헬륨은 지구상의 그 어떤 물질과도 다른 성질을 보인다. 태양의 핵에서 수소가 헬륨으로 변하는 핵융합 반응이 바로 이런 고온 플라즈마 상태에서 일어난다. 1억℃가 넘는 온도에서 양성자들이 서로 충돌해 헬륨을 만들어내는 것이다. 아이러니하게도 가장 차가운 온도에서 신비로운 성질을 보이는 헬륨이, 가장 뜨거운 온도에서도 우주의 에너지원 역할을 하고 있는 것이다.

과학을 식히는 원소

현대 과학기술에서 헬륨이 차지하는 위치는 절대적이다. MRI 장비가 없는 병원을 상상할 수 있는가? MRI의 심장부에는 초전도 자석이 있고, 이 자석을 작동시키려면 액체 헬륨으로 냉각해야 한다. 일반적인 MRI 장비 하나에는 수백~1,500 L 정도의 액체 헬륨이 들어간다. 이 헬륨이 없으면 초전도 자석은 거대한 금속덩어리에 불과하다. 전 세계 MRI 장비에서 사용되는 헬륨만으로도 연간 수천 t 규모에 달한다. 헬륨이 초전도 자석 냉각에 필수적인 이유는 무엇일까? 초전도 현상은 특정 온도 이하에서 전기 저항이 완전히 사라지는 현상이다. 이때 전류가 손실 없이 흘러 강력한 자기장을 만들 수 있다. 하지만 대부분의 초전도체는 액체 헬륨 온도까지 냉각해야만 이런 성질을 보인다. MRI의 자기장 강도는 지구 자기장의 3만~5만 배에 달하는데, 이런 강력한 자기장은 오직 초전도 자석이 아니면 사실상 만들 수 없다. 만약 헬륨 공급망이 중단되면 전 세계 MRI 장비의 절반 이상이 작동을 멈출 것이다.

반도체 제조에서도 헬륨은 필수불가결하다. 실리콘 웨이퍼를 식히고 불순물을 제거하는 과정에서 헬륨의 화학적 비활성성과 뛰어난 열전도성이 핵심 역할을 한다. 특히 최첨단 반도체 공정에서는 극도로 순수한 환경이 필요한데, 다른 기체(질소, 아르곤 등)보다 오염 위험이 적은 헬륨이 이런 조건을 제공할 수 있다. 헬륨은 다른 기체들과 달리 원자 크기가 매우 작아 미세한 누출도 감지할 수 있어 반도체 장비의 기밀성 검사에도 사용된다. 스마트폰, 컴퓨터, 자동차의 전자 부품 등 우리 일상을 둘러싼 거의 모든 전자기기가 헬륨의 도움을 받는다. 일부 공정에서는 아르곤, 질소 등으로 대체가 가능하지만, 가령 극자외선 리소그래피 등 최첨단 공정에서는 헬륨의 역할이 대체 불가에 가깝다.

반도체가 이정도면 우주 산업에서 헬륨의 역할은 말할 나위 없다. 로켓 연료 탱크의 압력을 유지하는 데 헬륨이 사용되는데, 이는 헬륨이 연료와 반응하지 않으면서도 높은 압력을 견딜 수 있기 때문이다. SpaceX의 팰컨 9 로켓이 우주로 날아갈 때마다 수백 kg의 헬륨이 함께 올라간다. 한 번 사용된 헬륨은 우주 공간으로 방출되어 지구로 돌아오지 않는다. 말 그대로 지구의 헬륨이 우주로 날아가는 것이다. 로켓 전체 비용에서는 작은 비중이지만, 헬륨 없이는 발사 자체가 불가능하다는 점에서 그 가치는 무한대라고 할 수 있다. 로켓 발사장면은 헬륨이 얼마나 소중한 자원인지 깨닫게 해주는 상징적인 장면이기도 하다. 국제우주정거장(ISS)에서도 헬륨은 다양한 실험 장비의 냉각에 사용된다. 우주의 무중력 환경에서는 액체 헬륨의 행동도 지구와 달라져, 이를 연구하는 것만으로도 중요한 과학적 발견이 나올 수 있다.

입자물리학 연구에서 헬륨의 중요성은 더욱 절대적이다. CERN의 대형강입자충돌기(LHC)는 세계에서 가장 큰 액체 헬륨 소비처 중 하나다. 27 km 둘레의 터널에 설치된 초전도 자석들을 냉각하기 위해 무려 120 t의 액체 헬륨이 터널을 순환한다. 이 헬륨이 없다면 힉스 입자를 발견하는 것도 불가능했을 것이다. 핵융합 연구에서도 마찬가지다. ITER 프로젝트 같은 핵융합 실험으로는 플라즈마를 가두기 위한 초전도 자석을 냉각하는 데 대량의 헬륨이 필요하다. 역설적이게도 헬륨은 미래의 청정에너지원인 핵융합을 실현하는 데 필수적인 원소인 동시에, 그 자체로 고갈 위기에 직면한 자원이기도 하다.

정보통신에서 헬륨의 역할은 덜 알려져 있지만 매우 중요하다. 광섬유는 극도로 순수한 유리를 만들어야 하는데, 이 과정에서 헬륨이 보호 기체purge gas 역할을 한다. 산소나 질소 같은 다른 기체들은 고온에서 유리와 반응해 산화물이나 질화물과 같은 불순물을 만들지만, 헬륨은 완전히 비활성이어서 그런 문제가 없다. 전 세계 인터넷 통신망의 90% 이상이 광섬유에 의존하고 있으니, 헬륨은 사실상 정보화 사회의 숨은 기둥인 셈이다. 구글이나 페이스북의 데이터 센터를 연결하는 해저 케이블처럼 고품질·저손실 통신용 광섬유는 모두 헬륨의 도움으로 만들어진 광섬유를 사용한다. 최근 양자컴퓨터 개발 경쟁이 치열해지면서 헬륨의 새로운 용도가 급부상하고 있다. IBM, 구글, 마이크로소프트 등이 개발하는 양자컴퓨터는 모두 양자 상태를 유지하기 위해 극저온 환경이 필요하다. 양자 비트(큐비트)는 외부 노이즈에 극도로 민감해서 mK 밀리켈빈(절대영도에서 1000분의 1도) 수준까지 냉각해야 한다. 이런 온도는 위에서 언급한 헬륨 희석 냉장기로만 달성할 수 있다. 현재 전 세계에는 수백 대의 양자컴퓨터 프로토타입이 가동 중인데, 아직은 MRI 장비만큼의 헬륨을 소비하지 않지만, 양자컴퓨터가 상용화되면 헬륨 수요는 기하급수적으로 증가할 것이다.

사라지는 기체의 경고

헬륨의 가장 큰 문제는 지구에서 한 번 사용되면 영원히 사라진다는 점이다. 대부분의 물질은 재활용이 가능하지만, 헬륨은 대기 중으로 방출되면 중력을 이기고 우주 공간으로 탈출해버린다. 그래서 지구 대기에서의 헬륨의 농도는 겨우 5.2 ppm에 불과하다. 이는 마치 올림픽 수영장에서 찻숟가락 하나 분량 정도이다. 이론적으로는 대기에서 헬륨을 추출할 수 있지만, 경제적으로는 전혀 실용적이지 않다. 이는 바닷물에서 금을 추출하는 것만큼이나 비현실적인 일이다.

지구상의 헬륨은 대부분 방사성 원소의 알파 붕괴에서 나온다. 지각 깊은 곳의 화강암이나 사암에 포함된 우라늄, 토륨, 라듐 같은 방사성 원소들이 수억 년에 걸쳐 천천히 붕괴하면서 알파 입자를 방출한다. 이 알파 입자가 주변 물질에서 전자를 얻어 헬륨 원자가 되는 것이다. 이렇게 만들어진 헬륨이 지하 암석 틈새에 수백만 년 동안 축적되어 천연가스와 함께 저장된다. 헬륨은 극도로 가벼워서 지표면까지 올라와 대기로 쉽게 탈출한다. 오직 특별한 지질 구조를 가진 곳에서만 헬륨이 포집되어 축적될 수 있다. 자연이 만든 거대한 헬륨 저장고인 셈이다. 헬륨이 지하에 축적되는 과정은 지질학적 타임스케일로 봐야 이해할 수 있다. 현재 우리가 1년에 사용하는 헬륨을 자연이 만들어내려면 수천~수만 년이 걸린다. 우리는 수만 년치 헬륨을 1년에 다 써버리고 있는 셈이다. 이는 마치 할아버지가 평생 모은 유산을 손자가 하룻밤에 탕진하는 셈이다.

전 세계 헬륨 생산의 대부분은 천연가스 정제 과정의 부산물로 얻어진다. 미국의 휴고톤-팬핸들 가스전, 카타르의 노스 가스전, 알제리의 하시 르멜 가스전 등이 주요 공급원이다. 하지만 이런 가스전들도 언젠가는 고갈될 것이고, 새로운 헬륨 매장지를 찾는 것은 점점 어려워지고 있다. 더 심각한 문제는 많은 천연가스 생산업체들이 헬륨 회수 시설을 갖추지 않고 있다는 점이다. 천연가스를 태우거나 대기로 방출할 때 함께 포함된 헬륨도 영원히 사라진다. 이는 마치 다이아몬드 광산에서 다이아몬드를 모르고 버리는 것과 같다. 아니, 사실 다이아몬드보다 더 안타까운 일이다. 적어도 다이아몬드는 땅에 떨어뜨려도 주워서 다시 쓸 수 있으니까.

미국 텍사스주의 아마릴로 근처에 있는 휴고톤 가스전은 헬륨 농도가 세계에서 가장 높은 곳 중 하나다. 이곳의 천연가스에는 2% 이상의 헬륨이 포함되어 있는데, 이는 일반적인 가스전의 10배 이상 높은 수치이다. 지질학자들은 이 지역의 지하 구조가 헬륨 축적에 완벽한 조건을 제공했다고 분석한다. 페름기 시대의 소금층이 천연 뚜껑 역할을 해서 헬륨이 지각을 뚫고 올라오는 것을 막았고, 그 아래 다공성 사암층이 저장고 역할을 한 것이다. 하지만 이런 완벽한 조건을 가진 곳은 전 세계적으로 매우 드물다. 마치 자연계의 복권 당첨과도 같은 확률이다. 최근 러시아 시베리아 지역에서 새로운 헬륨 매장지가 발견되면서 지정학적 지형이 바뀌고 있다. 러시아의 가즈프롬은 아무르 가스 프로세싱 플랜트를 통해 연간 6만 t의 헬륨을 생산할 계획이라고 발표했다. 이는 전 세계 헬륨 생산량의 20% 이상에 해당하는 엄청난 양이다. 하지만 러시아의 헬륨 농도는 0.1% 정도로 미국보다 훨씬 낮아서 추출 비용이 많이 든다. 더 큰 문제는 시베리아의 혹독한 추위와 인프라 부족으로 인한 운송의 어려움이다. 헬륨을 시베리아에서 운송한다는 것은 아이스크림을 사막에서 배달하는 것만큼이나 도전적인 일이다.

헬륨 추출 기술 자체는 의외로 복잡하다. 천연가스에서 헬륨을 분리하려면 극저온 분별 증류cryogenic fractional distillation라는 과정을 거쳐야 한다. 석유의 증류와는 다르게 온도를 낮추는 방법이다. 가스를 −200℃ 이하로 냉각해 다른 성분들을 액화시키고, 헬륨만 기체 상태로 남겨두는 것이다. 이 과정에서 엄청난 양의 에너지가 소비된다. 헬륨 1 L를 얻기 위해 수십 L 이상의 천연가스를 처리해야 하고, 전체 공정에 들어가는 에너지는 헬륨 자체의 에너지 가치보다 훨씬 크다. 단지 에너지 가치로 보면 생산할 이유가 없지만, 고비용을 들여서라도 얻어야 할 헬륨 자체의 가치가 있는 것이다. 헬륨 가격은 당연히 다른 산업 가스보다 수십 배 비싸다.

가장 우려스러운 것은 중국의 급속한 헬륨 수요 증가다. 중국은 반도체 산업 육성과 의료 인프라 확충을 위해 헬륨 수입을 급격히 늘리고 있다. 2020년 중국의 헬륨 수입량은 전년 대비 50% 증가했고, 이런 추세라면 2030년경에는 전 세계 헬륨 수요의 30%를 중국이 차지할 것으로 예상된다. 하지만 중국 자체의 헬륨 생산량은 수요의 10%도 충족하지 못한다. 대부분을 미국, 카타르, 러시아 등에서 수입하고 있다. 이는 헬륨 시장의 공급-수요 불균형을 더욱 심화시킬 수 있다. 마치 거대한 고래가 작은 연못에 뛰어든 격이다.

2013년 미국 정부가 전략 헬륨 비축고Helium Reserve 매각을 결정한 사건이 헬륨 위기를 가속화했다. 1960년대 구축된 이 비축고는 한때 30% 가까이 전 세계 헬륨 공급을 담당하고 있었는데, 갑작스러운 매각 결정으로 헬륨 가격이 급등했다. 2012년에 입방미터당 4.5달러였던 헬륨 가격이 2018년에는 20달러를 넘어섰다. 일부 연구기관에서는 헬륨 구매가 제한되어 실험을 중단해야 하는 사태까지 벌어졌다. 과학자들은 마치 석유 파동을 겪는 것처럼 헬륨 파동helium crisis을 경험했다. 이는 단순한 가격 문제가 아니라 과학 연구 자체가 특정 자원에 얼마나 의존적인지를 보여주는 경고였다. 어떤 의미에서는 과학계가 처음 겪어보는 '자원 외교'의 쓴맛이었다.

풍선과 MRI 사이의 딜레마

헬륨을 둘러싼 가장 아이러니한 상황은 의료용과 파티용 사이의 격차다. 아이들 생일 파티에서 풍선을 띄우는 데 사용되는 헬륨과 환자의 생명을 구하는 MRI에 사용되는 헬륨이 같은 자원이라는 사실을 아는 사람은 많지 않다. 이는 마치 같은 다이아몬드가 어떤 때는 약혼반지가 되고 어떤 때는 공업용 절삭 도구가 되는 것과 같다. 파티 풍선 하나에는 약 14 L의 헬륨이 들어가는데, 이는 MRI 한 대에 담긴 필요한 헬륨의 극히 일부분(100분의 1 수준)에 해당한다. 숫자로만 보면 별것 아닌 것 같지만, 전 세계에서 매년 사용되는 파티용 헬륨의 총량은 의외로 상당하다. 미국에서만 연간 약 80억 개의 헬륨 풍선이 판매된다. 이를 헬륨 부피로 환산하면 약 1억 입방미터에 달한다. 이는 MRI 장비 수만 대를 가동할 수 있는 양이다. 물론 파티용 헬륨을 금지한다고 해서 의료용 헬륨 부족 문제가 해결되는 것은 아니다. 하지만 이런 대비는 우리가 얼마나 무의식적으로 귀중한 자원을 소비하고 있는지 깨닫게 해준다.

더 문제가 되는 것은 할로윈이나 신년 같은 특별한 날에 일어나는 대량 소비다. 2019년 뉴욕의 신년 행사에서는 수십만 개의 헬륨 풍선이 사용되었는데, 이는 중간 규모 도시의 연간 의료용 헬륨 소비

축제에서 헬륨 풍선을 하늘로 날리는 모습

량과 맞먹는 양이었다. 이런 행사가 끝나면 대부분의 풍선은 터지거나 바람에 날려 환경 오염을 일으키고, 그 안의 헬륨은 영원히 우주로 사라진다. 하루의 축제를 위해 수백만 년 동안 축적된 자원을 소모하는 셈이다. 사실 생각해보면 꽤 낭만적인 일이기도 하다. 우리의 파티 풍선들이 결국 우주로 떠나 별들로 다시 탄생하니까.

헬륨 업계에서는 이런 딜레마를 해결하기 위해 다양한 노력을 기울이고 있다. 일부 업체는 파티용 헬륨 대신 질소와 공기의 혼합물을 사용한 풍선을 개발했다. 이런 풍선은 헬륨 풍선만큼 높이 떠오르지는 못하지만 여전히 충분히 떠다닐 수 있다. 또한 헬륨 회수 시스템을 갖춘 행사장도 늘어나고 있다. 대형 행사에서 사용한 헬륨을 회수해 재사용하는 것이다. 하지만 이런 노력만으로는 근본적인 해결책이 되지 못한다. 필요한 것은 헬륨의 가치에 대한 사회 전체의 인식

변화다. 헬륨이 단순한 유희 도구가 아니라 과학과 의료의 생명선이라는 사실을 더 많은 사람들이 알아야 한다. 헬륨 시장의 구조적 문제는 생산과 소비의 지리적 불일치에서 시작된다. 주요 생산국은 미국, 카타르, 알제리, 러시아이지만, 주요 소비국은 일본, 독일, 영국, 한국 등이다. 이런 불일치는 복잡한 국제 무역망을 만들어내고, 운송 과정에서의 손실과 비용 증가를 불러온다. 헬륨은 액화 상태로 운송해야 하는데, 이를 위해서는 특수한 극저온 탱커가 필요하다. 전 세계에 헬륨 전용 운송선은 고작 십여 척에 불과하다. 이는 석유나 천연가스와 비교할 때 턱없이 부족한 인프라다. 헬륨 운송선은 거의 멸종 위기의 희귀 동물 수준이다.

카타르는 현재 전 세계 공급의 대략 25~30%를 차지하는 세계 최대 헬륨 수출국이지만, 이 작은 국가의 정치적 불안정이 전 세계 헬륨 공급에 미치는 영향은 엄청나다. 2017년 사우디아라비아 주도의 카타르 봉쇄 사태 때, 헬륨 가격이 급등한 것은 이런 취약성을 보여주는 대표적 사례다. 당시 카타르는 육로와 해로가 모두 차단되면서 헬륨 수출에 큰 어려움을 겪었다. 다행히 터키와 이란을 통한 우회 수출로 위기를 넘겼지만, 이 과정에서 헬륨 가격은 수십 % 이상 올랐다. 헬륨 무역에서 가장 흥미로운 점은 그 복잡한 가격 구조다. 같은 헬륨이라도 용도에 따라 가격이 천차만별이다. 산업용 헬륨은 입방미터당 10~15달러 정도지만, 의료용 고순도 헬륨은 50달러, 연구용 초고순도 헬륨은 100달러를 넘는다. 파티용 헬륨은 일반적으로 산업용 등급을 사용하지만, 여기에 소매 마진과 운송비가 더해져 소비자 가격은 몇 배로 뛴다. 결국 아이 생일 파티용 풍선 하나가 대학 연구실의 하루 헬륨 예산과 맞먹는 상황이 벌어지는 것이다. 헬륨의 세계에서는

'같은 값이면 다홍치마'가 아니라 '같은 헬륨이라도 다른 값'인 셈이다.

국가별 헬륨 정책도 각양각색이다. 미국은 1996년 헬륨 민영화법Helium Privatization Act을 통해 정부 비축 헬륨의 시장 매각을 결정했지만, 2013년 헬륨 스튜어드십 법Helium Stewardship Act으로 방향을 바꿔 전략 비축의 중요성을 다시 인정했다. 일본은 헬륨 100%를 수입에 의존하면서도 별도의 비축 정책이 없어 공급 불안에 취약하다. 반면 독일은 연방 정부 차원에서 헬륨 재활용 프로그램을 지원하고 있다. 한국은 어떨까. 최근 들어 헬륨의 전략적 가치를 인식하기 시작했지만, 구체적인 정책은 아직 부족한 상황이다. 사회적 인식 변화를 위한 노력도 다양하게 전개되고 있다. 영국의 왕립화학회(RSC)는 2019년 '헬륨을 구하자Save Helium' 캠페인을 시작했다. 이 캠페인은 헬륨의 과학적 가치를 알리고, 불필요한 낭비를 줄이자는 메시지를 담고 있다. 독일의 막스 플랑크 연구소는 연구자들에게 헬륨 회수 교육을 의무화했고, 회수율에 따라 연구비를 차등 지급하는 인센티브 제도를 도입했다. 이런 노력의 결과로 독일 과학계의 헬륨 재활용률은 일부 연구기관에서 80%를 넘어섰다. 하지만 가장 효과적인 변화는 경제적 인센티브에서 나온다. 헬륨 가격이 오르면서 자연스럽게 절약 의식이 높아지고 있다. 파티 플래너들은 헬륨 풍선 대신 공기 풍선이나 다른 장식을 찾기 시작했고, 병원들은 헬륨 회수 시스템 도입을 진지하게 고려하고 있다. 시장의 보이지 않는 손이 헬륨 절약을 유도하고 있는 셈이다. 하지만 이런 시장 기제만으로는 부족하다. 헬륨의 진정한 가치가 반영된 정책과 사회적 합의가 필요하다. 아담 스미스도 헬륨에 대해서는 생각해보지 못했을 것이다.

미래를 위한 새로운 상상

헬륨 공급망의 취약성은 2019년 코로나19 팬데믹 때 더욱 분명해졌다. 여행 제한과 물류 대란으로 헬륨 운송이 어려워지면서 많은 연구기관과 병원이 헬륨 부족 사태를 겪었다. 일부 병원의 MRI 장비는 헬륨 공급 중단으로 가동을 멈춰야 했고, 중요한 의료 진단이 지연되는 상황이 벌어졌다. 이는 현대 의료 시스템이 얼마나 헬륨에 의존하고 있는지, 그리고 그 공급망이 얼마나 취약한지를 보여주는 생생한 사례였다. 과학자들은 이때 처음으로 헬륨이 단순한 실험 재료가 아니라 과학 연구의 생명선이라는 것을 절감했다. 바이러스보다 더 무서운 것이 헬륨 공급 중단일 수도 있다는 사실을 깨달은 것이다.

헬륨 위기에 대응하기 위한 과학기술계의 노력은 다방면에서 진행되고 있다. 가장 직접적인 해결책은 헬륨 회수와 재활용 기술의 발전이다. 기존에는 사용 후 그대로 방출되던 헬륨을 회수해 정제하여 재사용하는 시스템이 개발되고 있었다. 독일 막스 플랑크 연구소나 MIT 같은 연구기관에서는 헬륨 회수율 90%에 가깝게 달성하는 시스템을 운영하고 있다. 하지만 이런 시스템의 구축 비용이 만만치 않아 널리 보급되기까지는 시간이 걸릴 것으로 보인다. 과학에서도 '재활용'이 새로운 트렌드가 되고 있다. 더 근본적인 해결책은 헬륨을 대체할 수 있는 기술의 개발이다. 고온 초전도체 연구가 그 핵심이다. 현재의 초전도 자석은 액체 헬륨으로 냉각해야 하지만, 액체 질소 온도에서도 작동하는 고온 초전도체가 개발된다면 헬륨 의존도를 크게 줄일 수 있다. 액체 질소는 헬륨보다 훨씬 저렴하고 쉽게 구할 수 있다. 일부 새로운 MRI 프로토타입 장비들은 이미 액체 질소 냉각 방식을 시험하기 시작했다. 또한 희석 냉장기나 펄스 튜브 냉각기 같은 기계적 냉각 방식도 발전하고 있어, 일부 응용 분야에서는 헬륨을 대체할 수 있을 것으로 기대된다.

달에서 헬륨-3를 채굴하자는 아이디어도 있다. 달 표면에는 태양풍에 의해 헬륨-3가 축적되어 있는데, 이는 청정 핵융합 연료로 사용할 수 있다. 하지만 이는 아직 SF에 가까운 이야기다. 달에서 헬륨-3를 채굴해 지구로 운송하는 기술은 현재로서는 경제성이 전혀 없다. 그보다는 지구상에서 헬륨을 더 효율적으로 활용하고 재활용하는 기술이 현실적인 대안이다. 결국 헬륨 문제의 해결책은 기술 발전과 함께 사회적 인식의 변화에서 찾아야 할 것이다. 헬륨을 귀중한 과학 자원으로 인식하고, 불필요한 낭비를 줄이며, 재활용과 대체 기술 개발에 투자하는 것이다. 달까지 가는 것보다 지구에서 아껴 쓰는 것이 훨씬 현실적이다.

차세대 냉각 기술의 발전은 헬륨 의존도를 줄이는 핵심 열쇠다. 가령, 펄스 튜브 냉장기Pulse Tube Refrigerator는 기계적 방식으로 4K까지 냉각할 수 있어 소규모 응용에서는 액체 헬륨을 대체하고 있다. 이 기술은 압축기로 헬륨 가스를 압축했다 팽창시키는 과정을 반복해 냉각 효과를 얻는다. 움직이는 부품이 적어 고장이 적고, 헬륨을 소모하지 않고, 밀폐 회로 내에서 재사용한다는 장점이 있다. 최근 서울대 물리학과에서 도입한 새로운 MRI는 이런 기계적 냉각 방식을 사용해 액체 헬륨 소비를 90%에 가까이 줄였다. 이는 마치 운송수단에서 내연기관이 등장하며 말이 필요 없어진 것과 같은 기술적 도약이다.

무냉매 냉장기Dry Dilution Refrigerator 기술도 주목받고 있다. 기존의 희석 냉장기는 헬륨-3와 헬륨-4의 혼합물을 사용했지만, 새로운 기술은 이를 밀폐된 시스템에서 순환시켜 헬륨 소모를 최소화한다. 옥스퍼드 인스트루먼츠가 개발한 이 기술은 양자컴퓨터 냉각에 특히 유용하다. 기존 방식 대비 헬륨 사용량을 90% 안팎으로 줄이면서도 동일한 냉각 성능을 달성했다. 이런 기술이 상용화되면 양자컴퓨터의 운영비용을 크게 줄일 수 있을 것이다.

인공지능을 활용한 헬륨 최적화 시스템도 개발되고 있다. MIT의 연구팀은 머신러닝 알고리즘을 사용해 실험실의 헬륨 사용 패턴을 분석하고, 최적의 회수 시점과 재활용 방법을 제안하는 시스템을 개발했다. 이 시스템은 실험 스케줄, 장비 상태, 환경 조건 등을 종합적으로 고려해 헬륨 효율성을 수십 % 이상 개선했다. 독일의 막스 플랑크 연구소에서는 이와 유사한 시스템을 도입해 연간 헬륨 비용을 약 수십만 유로까지 절약하고 있다. AI가 헬륨까지 관리하는 시대가 온 것이다.

바이오 기반 초전도체 연구도 흥미로운 방향이다. 최근 발견된 일부 단백질과 효소는 상온에서도 전자를 거의 손실 없이 전달할 수 있다는 사실이 밝혀졌다. 광합성에서 전자 전달을 담당하는 단백질 복합체가 대표적이다. 이런 생체 물질의 원리를 모방한 인공 초전도체가 개발된다면, 극저온 냉각이 필요 없는 완전히 새로운 기술 패러다임이 열릴 수 있다. 물론 이는 아직 기초 연구 단계지만, 10~20년 후에는 현실이 될 가능성이 있다. 자연이 수십억 년 동안 개발해온 기술을 우리가 빌려 쓰는 셈이다.

국제 협력 체계의 구축도 중요한 대안이다. 국제원자력기구IAEA의 모델을 참고해 '국제헬륨기구'를 설립하자는 제안이 나오고 있다. 이 기구는 전 세계 헬륨 매장량을 조사하고, 생산과 소비를 조율하며, 회수 기술의 표준화를 추진할 수 있다. 유럽연합은 이미 '헬륨 전략 계획'을 수립해 회원국 간의 헬륨 공유와 재활용 협력을 추진하고 있다. 가장 혁신적인 아이디어는 '헬륨 은행' 시스템이다. 이는 사용자들이 헬륨을 '대여'받아 사용 후 반납하는 개념이다. 싱가포르 국립대학에서 시범 운영 중인 이 시스템은 블록체인 기술을 활용해 헬륨의 이동과 순도를 실시간으로 추적한다. 사용자는 필요한 만큼만 빌려 쓰고, 회수된 헬륨은 정제 후 다시 대여풀에 들어간다. 이런 공유 경제 모델이 확산되면 헬륨의 전체적인 효율성을 크게 높일 수 있다. 마치 자동차 공유 서비스가 도시 교통 시스템을 바꾼 것처럼, 헬륨 공유도 과학 연구의 패러다임을 바꿀 수 있을 것이다. 헬륨도 이제 '소유'가 아닌 '공유'의 시대로 접어들고 있다.

지금까지 미래 인류 문명에 영향을 주는 원소를 다루며 원소와 관련한 주요한 반응식이나 화학식을 꺼냈지만, 유독 헬륨 편에는 없다. 헬륨은 방사능 붕괴에서 다뤄지는 게 유일할 정도로 독립적이고 반응성이 없다. 불안정한 핵에서마저 붕괴하며 탈출할 정도로 독립적이지 않은가. 가장 가볍고 때로는 외로워 보이는 원소가 현대 과학기술에 가장 무거운 책임을 지고 있다는 역설, 우주에서 두 번째로 흔한 원소가 지구에서는 가장 희귀한 자원 중 하나라는 아이러니, 그리고 한 번 사용하면 영원히 사라지는 자원의 소중함. 헬륨은 태양에서 온 첫 번째 메시지였다. 이제 그 메시지는 우리에게 경고가 되어 돌아왔다. 우리가 우주의 선물을 어떻게 사용하느냐에 따라 미래 과학의 운명이 결정될 것이라는 경고 말이다. 1868년 피에르 장센이 태양의 스펙트럼에서 발견한 그 노란 선은 단순한 빛이 아니라 미래에 대한 예언이었는지도 모른다. 헬륨이 우리에게 가르쳐준 것은 과학의 경이로움과 동시에 자원의 한계, 그리고 지속 가능한 미래를 위해 우리가 해야 할 선택들이다. 가장 가벼운 원소가 던지는 가장 무거운 질문에 우리는 어떻게 답을 해야 할까. 어쩌면 헬륨은 우리에게 마지막 기회를 주고 있는 것일지도 모른다. 이번에는 정말로 마지막이다. 한 번 놓치면 문자 그대로 우주로 날아가 버리니까.

찾아보기

철에서 헬륨까지, 인류 미래에 꼭 필요한 10가지 원소 이야기

원소, 끝나지 않은 이야기

저 자 김병민
발행인 김지영
발행처 자유아카데미
주 소 경기도 파주시 회동길 37-42
파주출판도시
전 화 031-955-1321
팩 스 031-955-1322
홈페이지 www.freeaca.com
전자우편 main@freeaca.com(대표)
editor@freeaca.com(편집)
crm@freeaca.com(영업)
등 록 제406-2003-017호, 1980. 7. 12
제1판1쇄 2026년 1월 20일 발행

ISBN 979-11-5808-795-1 93430